"十四五"新工科应用型教材建设项目成果

21 世 技能创新型人才培养系列教材
纪 建筑系列

U0166403

工程测量

主 编◎林长进 林志维
副主编◎吕加宝 周桂容

中国人民大学出版社
·北京·

图书在版编目（CIP）数据

工程测量 / 林长进，林志维主编. -- 北京：中国
人民大学出版社，2024.6
21世纪技能创新型人才培养系列教材. 建筑系列
ISBN 978-7-300-32439-5

Ⅰ. ①工… Ⅱ. ①林… ②林… Ⅲ. ①工程测量－教
材 Ⅳ. ① TB22

中国国家版本馆 CIP 数据核字（2024）第 016675 号

"十四五"新工科应用型教材建设项目成果
21世纪技能创新型人才培养系列教材·建筑系列
工程测量
主　编　林长进　林志维
副主编　吕加宝　周桂容
Gongcheng Celiang

出版发行	中国人民大学出版社			
社　　址	北京中关村大街 31 号		**邮政编码**	100080
电　　话	010 - 62511242（总编室）		010 - 62511770（质管部）	
	010 - 82501766（邮购部）		010 - 62514148（门市部）	
	010 - 62515195（发行公司）		010 - 62515275（盗版举报）	
网　　址	http://www.crup.com.cn			
经　　销	新华书店			
印　　刷	天津鑫丰华印务有限公司			
开　　本	787 mm × 1092 mm　1/16		**版　　次**	2024 年 6 月第 1 版
印　　张	20.75		**印　　次**	2024 年 6 月第 1 次印刷
字　　数	416 000		**定　　价**	56.00 元

前言 PREFACE

党的二十大报告指出，教育、科技、人才是全面建设社会主义现代化国家的基础性、战略性支撑。教育是国之大计、党之大计。职业教育是我国教育体系的重要组成部分，肩负着"为党育人、为国育才"的神圣使命。本教材以习近平新时代中国特色社会主义思想为指导，深入贯彻落实党的二十大精神，将思想道德建设与专业素质培养融为一体，着力培养爱党爱国、敬业奉献，具有工匠精神的高素质技能人才。

工程测量是测量学的组成部分，是研究各种工程建设和资源开发的勘测设计、施工、竣工和运营环节的测量工作的基本理论和技术方法的学科，是一门极其实用的工程技术，为国民经济建设提供基础性资料，在农林资源调查、城镇规划与建设、土地规划与利用、工业与民用建筑施工、水利工程、道路交通工程、房地产管理等方面都发挥了重要作用。

本教材依据土建类专业技能型人才培养要求编写，在介绍工程测量基本理论、基本知识的基础上，重点解决"怎么做"的问题，突出对学生专业技能应用能力的培养。教材内容取舍以"必需与够用"为标准，力求叙述概念准确，原理阐述简明扼要，操作步骤条理清晰，配套实例丰富，工作记录及表单紧密联系实际工作。各单元均设置了学习目标和单元小结栏目，便于学生查阅和掌握重点内容。此外，为了便于实操，本教材选取了8个有代表性的工程测量实训，以工作手册的形式呈现。

本教材由13个单元组成，可以分为三大部分：第一部分（单元1～单元5）为测量学基础部分，阐述测量学基本知识及普通测量仪器的使用；第二部分（单元6和单元7）为测图与用图部分，介绍小地区控制测量、大比例尺地形图的测绘以及地形图的应用；第三部分（单元8～单元13）为专业测量部分，包括公路工程测量、地下工程测量、工民建的施工测量、市政工程测量等。教材涉及的各项技术指标均按照最新的国家标准《工程测量规范》，名词术语遵照最新国家标准《工程测量基本术语标准》。

本教材主编为林长进（厦门东海职业技术学院）、林志维（漳州职业技术学院），副主编为吕加宝（厦门东海职业技术学院）、周桂容（漳州职业技术学院）。

本教材在编写过程中得到了厦门东海职业技术学院的领导和许多老师的大力支持和帮助，在此表示感谢！

　　由于时间仓促，加之编者水平有限，错漏之处在所难免，恳请广大读者批评指正。

编者

目录 CONTENTS

单元 1　测量基础知识

1. 明确工程测量的任务、作用。
2. 理解坐标、绝对高程、相对高程、高差、大地水准面、水准面的概念。
3. 掌握点位的确定方法。
4. 了解水平面代替水准面的限度。
5. 掌握测量的程序与要求。
6. 掌握测量误差的来源和精度的评定。

1.1　测量学在土木工程中的任务

1.1.1　测量学的研究对象和任务

测量学是一门研究地球表面的形状和大小，以及确定地球表面（包含空中、地下和海底）点位的学科，包括测定和测设两部分。

测定（测绘）——由地面到图形。使用测量仪器，通过测量和计算得到一系列测量数据，或把地球表面的地形缩绘成地形图，供科学研究、经济建设和国防建设使用。

测设（放样）——由图形到地面。把图纸上规划设计好的建（构）筑物的位置在地面上标定出来，作为施工的依据。

测量学科按照研究范围和对象的不同，产生了许多分支学科。如：大地测量学、普通测量学、工程测量学等。

（1）大地测量学。研究和确定地球形状、大小、重力场、整体与局部运动和地面点的几何位置以及它们的变化理论和技术的学科。其基本任务是建立国家大地控制网，测定地球的形状、大小和重力场，为地形测图和各种工程测量提供基础起算数据；为空间科学、军事科学及研究地壳变形、地震预报等提供重要资料。按照测量手段的不同，大地测量学又分为常规大地测量学、卫星大地测量学及物理大地测量学。

（2）普通测量学。研究地球表面局部区域的测绘工作，主要包括小区域的控制测量，地形图测绘和一般工程测设。

（3）工程测量学。研究各种工程建设和资源开发领域的勘测设计、施工、竣工和运营环节的测量工作的基本理论和技术方法的学科。它主要以建筑工程、公路工程、机器和设备等工程为研究和服务对象。具有应用广泛、实践性强、技术革新快、与工程结合紧密等特点。

（4）地形测量学。研究如何将地球表面局部区域内的地物、地貌及其他有关信息测绘成地形图的理论、方法和技术的学科。按成图方式的不同，可分为模拟化测图和数字化测图。

（5）摄影测量学。研究利用电磁波传感器获取目标物的影像数据，从中提取语义和非语义信息，并用图形、图像和数字形式表达的学科。其基本任务是通过对摄影照片或遥感图像进行处理、量测、解译，以测定物体的形状、大小和位置进而制作成图。根据获得影像的方式及遥感距离的不同，该学科又分为地面摄影测量学、航空摄影测量学和航天遥感测量学等。

（6）地图制图学。研究模拟地图和数字地图的基础理论、设计、编绘、复制的技术、方法及应用的学科。它的基本任务是利用各种测量成果编制各类地图，其内容一般包括地图投影、地图编制、地图整饰和地图制印等。

测量学各分支学科之间相互渗透、相互补充、相辅相成。本课程主要讲述的是普通测量学和工程测量学的有关内容。

1.1.2 工程测量的任务和内容

工程测量包括在工程建设勘测、设计、施工和管理阶段所进行的各种测量工作，它是直接为各项建设项目的勘测、设计、施工、安装、竣工、监测以及营运管理等一系列工程工序服务的。可以这样说，没有测量工作为工程建设提供数据和图纸，并及时与之配合，进行指挥，任何工程建设都无法完成。因此，具备工程测量技能是建设工程相关专业学生从事实际工作必备的基本素质和能力。

【职业素养】弘扬"热爱祖国、忠诚事业、艰苦奋斗、无私奉献"的测绘精神，在改革中创新，以自己的实际行动诠释测绘精神。

1.2 地面点位的确定

1.2.1 地球的形状和大小

地球的自然表面高低起伏，有高山、丘陵、平原、江河、湖泊和海洋等，是一个凹凸不平的复杂曲面。其最高处珠穆朗玛峰高出海水面达 8 848.86m（2020 年 12 月 8 日），最低处马里亚纳海沟低于海水面达 11 022m，但是这样的高低起伏，相对于地球半径 6 371km 来说还是很小的。地球的表面海洋面积约占 71%，陆地面积仅占 29%，人们习惯上把海水面所包围的地球形体看作地球的形状。

地球上的任何物体都受到地球自转产生的离心力和地心吸引力的影响，这两个力的合力称为重力。重力的作用线称为铅垂线。铅垂线是测量工作的基准线。

地球上自由静止的水面称为水准面，它是一个处处与重力方向垂直的连续的闭合曲面。与水准面相切的平面称为该切点处的水平面。水准面因高度不同而有无数个，其中一个与平均海水面重合并向大陆岛屿内延伸而形成的闭合曲面称为大地水准面。大地水准面是测量工作的基准面，可作为地面点计算高程的起算面，高程起算面也叫作高程基准面。由大地水准面所包围的形体称为大地体。

用大地体表示地球的形状是恰当的，由于地球内部质量分布不均匀，使铅垂线的方向产生不规则的变化，导致大地水准面成为一个复杂的曲面，人们无法在这个曲面上进行测量数据的处理。为了计算方便，人们用一个非常接近于大地水准面，并可用数学式来表示的几何体来代表地球的形状，作为测量计算工作的基准面，这就引出了"旋转椭球"的概念。旋转椭球是由一椭圆（长半轴 a，短半轴 b）绕其短半轴 b 旋转而成的形体。故地球又称"旋转椭球"，如图 1-1 所示。

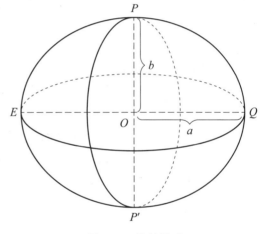

图 1-1　旋转椭球

旋转椭球体的形状和大小是由长半轴 a、短半轴 b 和扁率 α 所决定的。我国目前采用的参考椭球体的元素值为：

长半轴 a=6 378 137m
短半轴 b=6 356 752m
扁率 α=$(a-b)/a$=1/298.257

我国选择陕西省泾阳县永乐镇某点为大地原点，进行大地定位，并由此建立全国统一坐标系，也就是现在使用的 1980 年国家大地坐标系。

由于地球的参考椭球的扁率很小，所以当测区面积不大时，可把这个参考椭球近似看作半径为 6 371km 的圆球。

1.2.2 确定地面点位的坐标系

测量工作的基本任务是确定地面点的空间位置。一般用某点在基准面上的投影到平面上的二维坐标，及该点到大地水准面的铅垂距离来确定地面点在投影面上的坐标和高程。

确定地面点位的坐标系时，可根据具体情况选用大地坐标系、独立平面直角坐标系、高斯平面直角坐标系。

1. 大地坐标系

用大地经度和大地纬度来表示地面点在参考椭球面上投影位置的坐标系称为大地坐标系。如图 1-2 所示，O 为地心，PP' 为地球旋转轴，简称地轴，通过地轴的平面称为子午面，子午面与地球表面的交线称为子午线（经线），过地心 O 垂直于地轴的平面称为赤道面，赤道面与地球表面的交线称为赤道。确定地理坐标时，采用的是地面点的地理坐标，以赤道面和首子午面（过英国格林尼治天文台）作为基准面，自首子午线向东或向西从 0° 起算至 180°，在首子午线以东者为东经，以西者为西经。同一子午线上各点的经度相同。

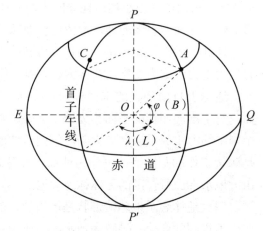

图 1-2 地理坐标

地面上任意一点的纬度即通过该点的铅垂线与赤道面的夹角。以赤道为基准，向北 0°～90° 为北纬，向南 0°～90° 为南纬。纬度相同的点的连线称为纬线。同一纬线上各点的纬度相同。

以法线为依据，以参考椭球面为基准面的地理坐标称为大地地理坐标，用 L、B 表示。经度——点所在的子午面与首子午面的夹角；纬度——点的铅垂线与赤道面之间的夹角。

以铅垂线为依据，以大地水准面为基准线的地理坐标称为天文地理坐标，用 λ、ψ 表示。天文地理坐标是用天文测量的方法直接测定的；而大地地理坐标是根据起始的大地原点的坐标推算的。大地原点的天文地理坐标和大地地理坐标是一致的。地面上每一点都有一对地理坐标。

2. 独立平面直角坐标系

在小区域范围内，将大地水准面当作水平面看待，由此产生的误差不大，因此可以用平面直角坐标来代替球面坐标。根据研究分析，在以 10km 为半径的范围内，可以用水平面代替水准面，由此产生的变形误差对一般测量工作而言可以忽略不计。因此，我们在进行一般工程项目的测量工作时，可以采用平面直角坐标系统，即将小块区域直接投射到平面上进行有关计算。在平面上进行计算要比在曲面上计算简单得多，且又不影响测量工作的精度。

如图 1-3 所示为一平面直角坐标系统。规定纵轴为 X 轴，表示南北方向，向北为正，向南为负；规定横轴为 Y 轴，表示东西方向，向东为正，向西为负。为了避免测区内的坐标出现负值，可将坐标原点选择在测区的西南角上。坐标象限按顺时针方向编号，其编号顺序与数学上的直角坐标系（见图 1-4）的象限编号顺序相反，且 X、Y 轴与数学直角坐标系的 X、Y 轴互换，这是为了在测量计算时可以直接应用数学公式，而无须做任何修改。

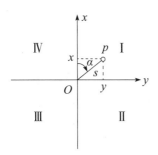

图 1－3　测量平面直角坐标

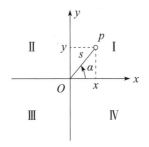

图 1－4　数学平面直角坐标

3. 高斯平面直角坐标系

当测区范围较大时，若把水准面当作水平面来看待，把地球椭球面上的图形展绘到平面上来，必然产生变形。对此，可采用高斯投影法来减小变形。

高斯投影法是将地球划分成若干带，将每个带都投射到圆柱面上，然后展成平面。投影带的划分是自首子午线起每隔 6° 为一带，如图 1－5 所示，自西向东依次编为第 1、2、…、60 带。位于每个带中央的子午线称为中央子午线，其经度相应地为 3°、9°…。位于各带边上的子午线称为分带子午线。任意带的中央子午线按下式计算：

$$\lambda = 6N - 3 \qquad (1-1)$$

式中：λ——中央子午线经度；

N——投影带的带号。

中央子午线经度

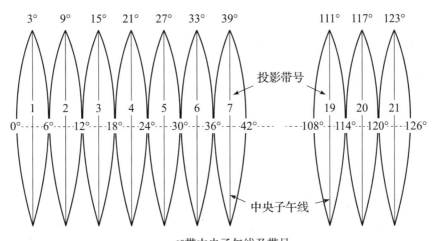

6°带中央子午线及带号

图 1－5　6° 带投影

为了便于说明，将地球看作一个圆球。设想用一个空心圆柱体横向套在地球外面，使圆柱的中心轴位于赤道面内并通过球心，让圆柱面与地球球面上某一个子午线相切，该子午线称为中央子午线，将中央子午线东西两侧球面上的图形按一定的数学法则投射到圆柱面上，然后将圆柱面沿着通过南北两极的母线切开并展平，即得到高斯投影的平面图形，如图 1-5 所示。高斯投影前后，所有角度保持不变，故高斯投影亦称为等角投影或正形投影。在投影后的高斯平面上，除中央子午线投影与赤道的投影构成两条相互垂直的直线外，其余子午线均为对称于中央子午线的曲线，而且距离中央子午线越远，长度变形越大，如分带子午线的变形就大于带内其他的子午线。为了控制变形，满足大比例尺测图和精密测量的需要，也可采用 3° 带。3° 带是从东经 1.5° 开始，自西向东每隔 3° 为一带，带号依次编为 1 ~ 120。每带中央子午线的经度按下式计算：

$$\lambda = 3N \tag{1-2}$$

式中：λ——中央子午线经度；

N——投影带的带号。

将每个投影带沿边界切开并展平，以中央子午线为纵轴向北为正，向南为负；赤道为横轴向东为正，向西为负；两轴的交点为坐标原点，这就组成了高斯平面直角坐标系，如图 1-6 所示。我国位于北半球，x 坐标为正，y 坐标有正有负。为了避免横坐标出现负值，通常将每带的坐标原点向西移 500km，这样无论横坐标的自然值是正还是负，加上 500km 后均能保证每点的横坐标为正值。为了表明地面点位于哪一个投影带内，在横坐标前冠以投影带号。因此，高斯平面直角坐标系的横坐标实际上是由带号、原坐标加上 500km 以及自然坐标值三部分组成，这样的横坐标称为国家统一坐标系横坐标通用值。

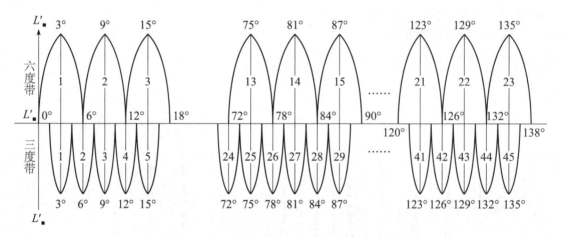

图 1-6 3° 带投影、6° 带投影

【例 1-1】已知国家高斯平面点 P（2 932 586.48，21 648 680.54），请指出其所在的带号及自然坐标为多少？

（1）点 P 至赤道的距离：$x = 2\,932\,586.48\text{m}$

（2）其投影带的带号为 21，P 点离 21 带的纵轴的实际距离：$y = 648\,680.54 - 500\,000 = 148\,680.54\text{m}$

1.2.3 地面点的高程系统

平面坐标仅表明了空间点在基准面上的投影位置。除此以外，还应确定该点沿投影方向到基准面的铅垂距离。

1. 绝对高程

地面上任意一点到大地水准面的铅垂距离称为该点的绝对高程，简称高程，用字母 H 表示，如图 1-7 所示的 H_A、H_B，分别表示 A 点的高程和 B 点的高程。

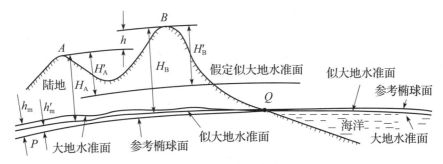

图 1-7 高程和高差

海水面受潮汐、风浪等影响，高低时刻在变化，呈现动态曲面。我国在青岛设立验潮站，长期观测黄海海水面的高低变化，取其平均值作为大地水准面的位置（其高程为零），并作为全国高程的起算面。为了建立全国统一的高程系统，测量人员在青岛验潮站附近的观象山建立了水准原点，通过精密水准测量方法将验潮站确定的高程零点引测到水准原点，求得水准原点的高程。

根据青岛验潮站 1950—1956 年收集的验潮资料，推算水准原点到验潮站平均海水面高程为 72.289m，作为全国高程的起算点，这个高程系统称为"1956 黄海高程系"。

从 1987 年开始，我国采用新的高程基准，根据青岛验潮站 1952—1979 年潮汐观测资料计算的平均海水面为国家高程起算面，称为"1985 年国家高程基准"。根据新的高程基准推算的青岛水准原点高程为 72.260m，比"1956 黄海高程系"的高程小 0.029m。

2. 相对高程

局部地区采用绝对高程有困难或者为了应用方便，也可不采用绝对高程，而是假定某一水准面作为高程的起算面。地面点到假定水准面的铅垂距离称为该点的相对高程，如图 1-7 所示的 H'_A、H'_B。

3. 高差

地面两点之间的高程之差称为高差，常用 h 表示。如图 1-7 所示的 B 点相对于 A 点的高差：

$$h_{AB}=H_B-H_A=H'_B-H'_A \tag{1-3}$$

B 点比 A 点高时，高差 h_{AB} 为正，反之为负。

例如：已知 A 点高程 $H_A=37.238m$，B 点高程 $H_B=28.549m$，则 B 点相对于 A 点的高差 $h_{AB}=28.549-37.238=-8.689m$，$B$ 点低于 A 点；而 A 点相对于 B 点的高差应为 $h_{BA}=37.238-28.549=8.689m$，$A$ 点高于与 B 点。

1.2.4 用水平面代替水准面的限度

当测区较小，或工程对测量精度要求较低时，可用水平面代替水准面，直接把地面投射到水平面上，以确定其位置。但是以水平面代替水准面有一定的限度。下面讨论采用水平面代替水准面时对距离、高程测量的影响。

1. 水平面代替水准面对距离的影响

如图 1-8 所示，在测区中选一点 A，垂直投射到水平面 P 上的投影为 a，过 a 点作切平面 P，地面上 A、B 两点投射到水平面上的弧长为 D，在水平面上的距离为 D'，则

$$D=R\theta$$
$$D'=R\tan\theta \tag{1-4}$$

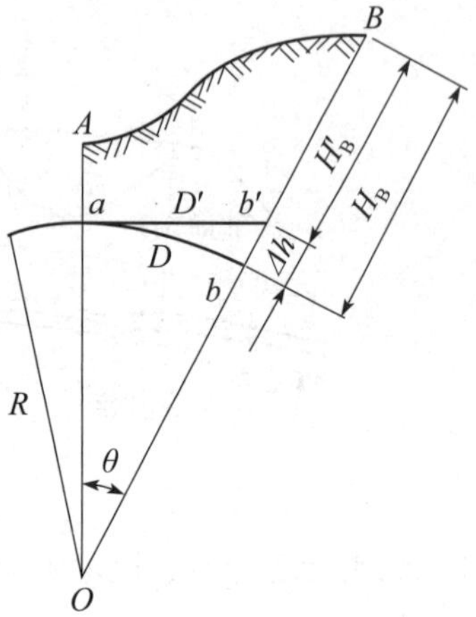

以水平长度 D' 代替弧长 D 产生的误差为

$$\Delta D=D'-D=R(\tan\theta-\theta) \tag{1-5}$$

将 $\tan\theta$ 按级数展开，略去高次项，得

$$\tan\theta=\theta+1/3\theta^3 \tag{1-6}$$

图 1-8　水平面代替水准面对距离和高程的影响

将式（1-6）代入式（1-5）并考虑 $\theta=D/R$

得 $\Delta D=R(\theta+1/3\theta^3-\theta)=R\theta^3/3=D^3/(3R^2)$ (1-7)

两端除以 D，得相对误差

$$\Delta D/D=1/3(D/R)^2 \tag{1-8}$$

地球的半径是 $R=6\,371\text{km}$，并用不同的 D 值代入，可计算出水平面代替水准面的距离误差和相对误差，见表 1-1。

表 1-1　水平面代替水准面对距离的影响

距离 D/km	距离误差 ΔD/cm	相对误差
1	0.00	—
5	0.10	1：5 000 000
10	0.82	1：1 217 700
15	2.77	1：541 516
20	6.60	1：305 000

2. 水平面代替水准面对水平角的影响

从球面三角可知，球面上的三角形内角和比平面相应内角之和多出球面角超 ε''，其值为

$$\varepsilon''=Pp''/R^2 \tag{1-9}$$

式中：ε''——球面角超，单位为秒（"）；

P——球面三角形面积；

p——206 265″。

计算的结果表明，当测区范围在 100km² 内时，对角度的影响仅为 0.51″，在一般的测量中可以忽略不计。

3. 水平面代替水准面对高程的影响

如图 1-8 所示，$b'b$ 为水平面代替水准面时产生的高程误差，令其为 Δh，也称为地球面曲率对高程的影响。

$$(R+\Delta h)^2 = 2R+D^2$$

$$2R\Delta h+\Delta h^2 = D'^2$$

$$\Delta h = D'^2/2R+\Delta h$$

上式中，用 D 代替 D'，而 Δh 相对于 $2R$ 很小，可略去不计，则

$$\Delta h = D^2/2R \qquad\qquad (1-10)$$

以不同的 D 代入上式，得出的高程误差见表 1-2。

表 1-2　水平面代替水准面对高程的影响

D/m	10	50	100	200	500	1 000
$\Delta h/mm$	0.0	0.2	0.8	3.1	19.6	78.5

由表 1-2 可见，水平面代替水准面之后，200m 时对高程就有 3.1mm 的影响。所以说地球曲率对高程的影响很大，在高程测量中，即使距离很短也应顾及地球曲率的影响。

1.3　测量工作的基本原则

地球表面复杂多样的形态可分为地物、地貌两大类。地物是指人工或自然形成的构造物，如房屋、道路、湖泊、河流等。地貌是指地面高低起伏的形态，如山岭、谷地等。不论地物还是地貌，都是由无数地面点集合而成的。测量的目的就是确定地面点的平面位置和高程，以便根据这些数据绘制成图。

1.3.1　测量工作的组织原则

测量工作的组织原则可总结为三句话：由整体到局部，先控制测量后碎部测量，从高级到低级。第一句话是对测量区的整体或布局而言，如对整个测区采用什么方案，对局部地区采用什么方案；第二句话是对测量工作的程序而言，先进行控制测量，后进行碎部测量；第三句话是对测量精度来说的，先进行高精度测量，后进行低精度测量，由高精度控制低精度。

（1）控制测量。控制测量是指在测区中选择有控制意义的点，用较精确的方法测定其

位置，这些点称为控制点，测量控制点的工作称为控制测量。如图1-9、图1-10所示，选A、B、C、D、E、F点为控制点，用仪器测量控制点之间的距离以及各边之间的高差，设A点的高程为已知，就可求出其他控制点的高程。

（2）碎部测量。碎部测量是指测量地物、地貌特征点的位置。例如，测量房屋P，就必须测定房屋的特征点1、2等，在A点测量水平夹角β_1与边长S_1即可确定1点，然后通过极坐标即可把地面上各点描绘到图纸上。

图1-9　测量工作的基本原则1

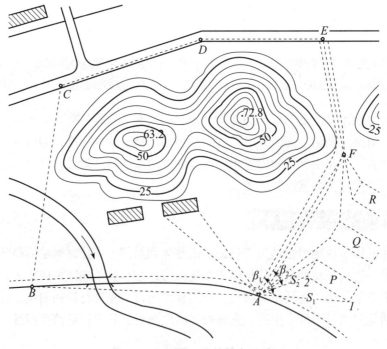

图1-10　测量工作的基本原则2

1.3.2 测量工作的操作原则

控制测量测定的控制点如有错误，以它为基础测量的碎部点也会有错误，碎部点有错，画的图就不正确，因此测量工作必须步步检核。前一步工作未检核绝不能进行下一步工作，这是测量操作必须严格遵循的重要原则。测量工作包括大量的野外作业，"步步检核"这一原则尤为重要。

1.3.3 测量工作的三要素

无论是控制测量、碎部测量，还是工程施工测设，实质都是为了确定点的位置，而确定地面点位主要是通过测量角度、距离及高差，经计算得出点位的坐标。因此，我们称测角、测距和测高差是测量工作的三要素。要学好测量学就必须掌握这三要素基本理论与相关技能；学会使用各种测量仪器；掌握计算方法；会绘制平面图与地形图；将测绘基本功"测、算、绘"打扎实。

1.4 测量误差基本知识

在测量工作中，无论使用的测量仪器多么精密、观测多么仔细，对同一个量进行多次观测时，其结果总会存在差异，这个差异称为误差。例如，对两点间的高差进行重复观测，测得的高差往往存在差异；观测三角形 3 个内角，其和往往不等于理论值 180°。这些现象之所以产生，是因为观测过程中存在测量误差。

1.4.1 测量误差产生的原因

测量工作都是观测者使用测量仪器和工具在一定的外界条件下进行的，因此测量误差产生的原因主要有以下三个方面：

（1）仪器、工具的影响。仪器或工具制造得不够精密，校正不可能十分完善，从而使观测结果产生误差。

（2）人的影响。观测人员的生理因素、观测习惯不同，所以不论如何仔细地工作，在安置仪器、照准目标及读数等环节均会产生误差。

（3）外界环境的影响。温度、湿度、风力、光照、大气折射、磁场等因素都会影响观测结果，而且外界环境随时都在变化，对观测结果的影响也是动态的。这必然会使观测结果存在误差。

人们把仪器和工具、观测人员和外界环境这三个因素综合起来，称为"观测条件"。观测条件相同的各次观测，称为等精度观测。各次观测中，只要有一个观测条件不相同，则称为不等精度观测。

测量过程中，有时也会由于人为疏忽或措施不周而导致错误。例如，读数错误；记录时误听、误记；计算时看错符号、点错小数点等。这些错误统称为粗差。误差与粗差有着本质的区别，粗差在观测结果中是不允许存在的。杜绝粗差，除了要加强测量人员的责任感和敬业度，还需要采取各种校核措施，防止产生观测错误。

总之，观测结果存在测量误差是不可避免的。测量误差越小，测量成果的精度越高。因此，在测量工作中，必须对测量误差进行研究，针对不同性质的误差采取不同的措施，以提高观测成果的质量，满足各类工程建设的需要。

1.4.2 测量误差的分类

按测量误差对观测结果的影响，可把测量误差分为系统误差和偶然误差两大类。

1. 系统误差

在相同的观测条件下，对某量进行一系列观测，如果观测误差的数值大小和正负按一定的规律变化，或保持一个常数，这种误差称为系统误差。系统误差具有以下特点：

（1）系统误差的大小（绝对值）为一常数或按一定规律变化。

（2）系统误差的符号（正、负）保持不变。

（3）系统误差具有累积性。即误差大小随单一观测值的倍数累积。

系统误差对测量结果的影响，可以通过分析找出规律，计算出某项系统误差的大小，然后对观测结果加以改正，也可通过一定的观测程序和观测方法来消除系统误差的影响，尽量把系统误差从观测结果中消除。

2. 偶然误差

在相同观测条件下，对某量进行一系列观测，如误差的符号和大小均不定，这种误差称为偶然误差。偶然误差具有一定的统计规律，其特性如下：

（1）有界性。在一定的观测条件下，偶然误差的绝对值不会超过一定的界限。

（2）集中性。绝对值大的误差比绝对值小的误差出现的可能性小。

（3）对称性。绝对值相等的正误差和负误差出现的可能性相等。

（4）抵偿性。偶然误差的算术平均值随着观测次数的无限增加而趋向于零，数学期望等于零。即：$\lim\limits_{x \to \infty} \dfrac{[\Delta]}{n} = 0$

偶然误差特性（1）说明误差出现的范围，特性（2）说明误差绝对值大小的规律，特性（3）说明误差符号出现的规律，特性（4）说明偶然误差具有抵偿性。

1.4.3 衡量精度的标准

在测量工作中，为了评定测量成果的精度，以便确定其是否符合要求，需要确定衡量精度的标准。其主要有：中误差、相对误差、极限误差。

1. 中误差

若对某量进行了 n 次等精度观测，按式（1-5）可计算出 n 个真误差 $\Delta 1$、$\Delta 2$、…、Δn。将各真误差的平方和的均值开方作为评定该组每一观测值精度的标准，即为中误差 m：

$$m = \pm\sqrt{\frac{[\Delta\Delta]}{n}} \tag{1-11}$$

式中： Δ——某量的真误差，$[\Delta\Delta]=\Delta1^2+\Delta2^2+\cdots+\Delta n^2$；

        n——观测次数；

        []——求和符号；

        m——观测值的中误差。

从式（1-11）可以看出中误差 m 与真误差的关系，中误差 m 不等于真误差，它仅是一组真误差的代表值，中误差 m 的大小不仅反映了这组观测值的精度，还能明显地反映出测量结果中较大误差的影响，因此通常采用中误差作为评定观测质量的标准。即中误差 m 绝对值越小，观测精度越高，反之越低。

2. 相对误差

在很多情况下仅仅通过中误差还不能完全反映观测精度。例如，分别测量了两段距离，一段为 100m，另一段为 200m，观测值的中误差均为 ±20mm。显然不能认为两者精度相同，因为距离的测量精度与距离本身的长度值有关。为了客观地反映观测精度，引入与观测量大小有关的另一种衡量精度的标准，即相对误差。相对误差 K 就是观测值的中误差绝对值与相应观测值之比，通常以分子为1的分式表示。即：

$$K = \frac{|m|}{D} = \frac{1}{\dfrac{D}{|m|}} \tag{1-12}$$

上例中，$K_1 = \dfrac{|m_1|}{D_1} = \dfrac{0.02}{100} = \dfrac{1}{5\,000}$

$$K_2 = \frac{|m_2|}{D_2} = \frac{0.02}{200} = \frac{1}{10\,000} \qquad K_2 < K_1$$

由此可见，用相对误差来衡量，可直观看出后者比前者精度高。

在相对误差的比值中，分子可以是某距离往返测量所得结果之差，与该距离往返测量所得结果的平均值之比。

$$K = \frac{|D_{往} - D_{返}|}{(D_{往} + D_{返})/2} = 1/X \tag{1-13}$$

式中：K——相对误差。

显然，相对误差越小，观测结果的精度越高。

注意，相对误差不能用来评定角度测量的精度，因为测角误差的大小与角度的大小无关。

3. 极限误差（容许误差）

由偶然误差的第一个特性可知，在一定的观测条件下偶然误差绝对值不会超过一定的界限，这个界限称为极限误差。由前述可知，观测值的中误差只是衡量观测精度的一种指标，它不能代表某一个观测值真误差的大小，但是它和观测值的真误差之间存在着一定的统计关系。根据误差理论和实践的统计表明，在等精度观测的一组误差中，绝对值大于 1 倍中误差的偶然误差出现的概率为 32%，大于 2 倍中误差的偶然误差出现的概率为 5%，大于 3 倍中误差的偶然误差出现的概率仅有 0.3%，即大约 300 次观测中，才可能出现一次大于 3 倍中误差的偶然误差。因此，在观测次数不多的情况下，可认为大于 3 倍中误差的偶然误差是不可能出现的。故通常以 3 倍中误差为偶然误差的极限误差，即：

$$|\Delta_容| \approx 2|m| \text{ 或 } 3|m|$$

《工程测量标准》（GB 50026—2020）对每一项测量工作分别规定了容许误差值，常以 2 倍或 3 倍的中误差作为偶然误差的容许值。即：

$$|\Delta| \approx 2|m| \text{ 或 } 3|m| \tag{1-14}$$

在测量工作中以容许误差检核观测质量，并根据观测误差是否超出容许误差而决定观测结果的取舍。

【职业素养】要热爱测绘事业，坚定方向不动摇；在测绘工作中要崇尚科学，注重开拓创新。

📝 单元小结

1. 定义

测量学是一门研究地球表面的形状和大小，以及确定地球表面（包含空中、地下和海底）点位的学科。

2. 工程测量的主要任务

阶段	任务	内容
勘测	测图	地形图
设计	用图	地形图的综合应用
施工	放样	测设定位、放线、变形观测

3. 基准面

名称	定义	性质	用途
水准面	静止状态的海水面	处处与重力方向线正交	作假定高程的起算面
大地水准面	静止的平均海水面	处处与重力方向线正交	能代表地球形状和大小，作高程基准面
高程基准面	地面点高程的起算面	随选择的面不同而异	作高程计算的零点
参考椭球面	以椭圆绕其短轴旋转的球面	处处与法线正交	充当地球的数学模型，作测量数据处理的基准面

4. 坐标系统

名称	定义	方式	用途
地理坐标	用经纬度表示地面点位的球面坐标	首子午面向东、向西 0°～180° 为东经、西经；由赤道面向北、向南 0°～90° 为北纬、南纬	适用于全球性的球面坐标系；确定点的绝对位置
平面直角坐标	用平面上的长度值表示地面点位的直角坐标	以南北方向纵轴为 X 轴，自坐标原点向北为正、向南为负。以东西方向横轴为 Y 轴，自坐标原点向东为正、向西为负。象限按顺时针编号	适用于小范围的平面直角坐标系；确定点的相对位置

5. 高程

绝对高程：地面上任意一点到大地水准面的铅垂距离称为该点的绝对高程，简称高程。

相对高程：地面点到假定水准面的铅垂距离称为该点的相对高程。

高差：地面两点之间的高程之差称为高差。

6. 误差

在测量工作中，某量的观测值与该量的真值间的差异称为误差。

7. 误差产生的原因

仪器、工具的影响；观测人员的影响；外界环境的影响。

8. 误差分类

系统误差、偶然误差。

9. 衡量精度的标准

衡量精度的标准	定义
相对误差	相对误差 K 就是观测值的中误差绝对值与观测值之比，通常以分子为 1 的分式表示
中误差	若对某量进行了 n 次等精度观测，可计算出 n 个真误差，将各真误差的平方和的均值开方即为中误差 m
容许误差	容许误差又称极限误差，是《工程测量标准》（GB 50026—2020）中规定的误差最大允许值

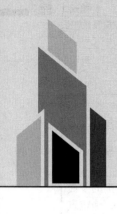

单元2 水准测量

📖 学习目标

1. 理解水准测量原理。

2. 熟悉水准仪、精密水准仪、自动安平水准仪、电子水准仪的构造及水准尺、尺垫的特点。

3. 能够熟练使用 DS₃ 水准仪，并掌握其检校方法。

4. 掌握水准测量的外业实施（观测、记录和检核）及内业数据处理（高差闭合差的调整）的方法，并能够应用于施工测量。

5. 理解水准仪测量误差产生的原因及减少误差的方法。

6. 熟悉精密水准仪和电子水准仪的操作方法。

2.1 水准测量原理

水准测量原理是利用水准仪提供的水平视线，借助水准尺来测定地面两点间的高差，然后根据已知点的高程和测得高差，推算出另一点的高程。

如图 2-1 所示，已知地面上 A 点的高程为 H_A，欲测定 B 点的高程 H_B，需要测出 A、B 两点间的高差 h_{AB}。先在 A、B 两点之间安置水准仪，再在 A、B 两点竖立水准尺。

通过水准仪的水平视线，分别读取 A、B 尺上的读数 a、b，则 B 点对 A 点的高差为：

$$h_{AB}=a-b \tag{2-1}$$

B 点的高程为：

$$H_B=H_A+h_{AB} \tag{2-2}$$

如果水准测量是由 A 到 B 进行的，如图 2-1 中的箭头所示，A 点为已知高程点，则将 A 点在尺上的读数 a 称为后视读数；B 点为待定高程点，将 B 点在尺上的读数 b 称为前视读数；两点间的高差等于后视读数减前视读数。若 a 大于 b，则高差为正，B 点高于 A

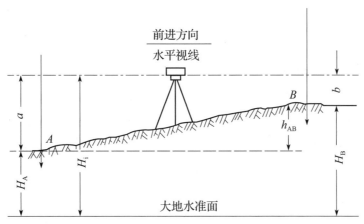

图 2 - 1　水准测量原理

点；反之高差为负，B 点低于 A 点。B 点的高程也可以通过仪器的视线高程 H_i 求得。

$$H_i = H_A + a \qquad\qquad (2-3)$$

$$H_B = H_i - b \qquad\qquad (2-4)$$

式（2-2）根据高差推算高程的方法称为高差法。式（2-4）利用视线高程推算高程的方法称为视线高法。若想安置一次仪器求出若干个地面点的高程时，使用视线高法比高差法方便，因此视线高法在建筑施工中被广泛采用。

2.2　水准测量仪器与工具

　　水准测量所使用的仪器为水准仪，使用的工具有水准尺和尺垫。

　　水准仪按其精度可分为 DS_{05}、DS_1、DS_3 和 DS_{10} 四个等级。土木工程测量广泛使用 DS_3 级水准仪，D、S 分别为"大地测量"和"水准仪"的汉语拼音第一个字母，数字 3 表示该仪器的精度，即每公里往返测量的高差中数的中误差为 ±3mm。本单元着重介绍 DS_3 水准仪。

2.2.1　DS_3 型水准仪的构造

　　水准仪主要由望远镜、水准器和基座三部分构成。DS_3 水准仪的外形和各部件名称如图 2-2 所示。

1. 望远镜

　　望远镜是用于构成水平视线、瞄准目标及读数的主要部件。图 2-3 所示为 DS_3 水准仪望远镜的构造，它主要由物镜、目镜、调焦透镜和十字丝分划板等构成。物镜装在望远镜筒前面，其作用是和调焦透镜一起将远处的目标在十字丝分划板上成像，形成缩小而明亮的实像；目镜装在望远镜筒的后面，其作用是将物镜所成的像和十字丝一起放大成虚像。

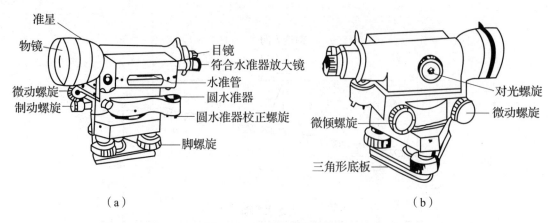

图 2-2　DS₃ 水准仪的构造

十字丝分划板是一块刻有分划线的玻璃薄片，分划板上互相垂直的两条长丝称为十字丝，如图 2-4 所示，纵丝又称为竖丝，横丝又称为中丝，竖丝与横丝是用来照准目标和读数的。在横丝的上下各有一根短丝称为视距丝，可用来测定距离。

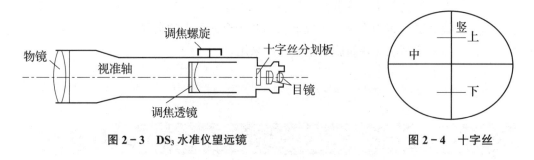

图 2-3　DS₃ 水准仪望远镜　　　　　　　　图 2-4　十字丝

十字丝的交叉点和物镜光心的连线称为望远镜的视准轴。延长视准轴并使其水平，即得到水准测量中所需的水平视线。

2. 水准器

水准器是测量人员判断水准仪安置是否正确的重要装置。水准仪上通常装有圆水准器和管水准器（简称水准管）两种水准器。圆水准器用于指示竖轴是否竖直；水准管用于指示视准轴是否水平。

（1）圆水准器装在仪器的基座上，用于对水准仪进行粗略整平。如图 2-5 所示，圆水准器内有一个气泡，这个气泡是将加热的酒精和乙醚的混合液注满后密封，液体冷却后收缩形成的空间。圆水准器顶面的内表面呈球面，其中央有一圆圈，圆圈的中心为水准器的零点，连接零点与球心的直线称为圆水准器轴，当圆水准器气泡中心与零点重合时，表示气泡居中，此时圆水准器轴处于铅垂位置。当气泡不居中时，气泡中心偏移零点 2mm，轴线所倾斜的角值称为圆水准器的分划值，一般在 $8' \sim 10'$，由于它的精度较低，故圆水准器一般用于仪器的粗略整平。

（2）水准管是纵向内壁磨成圆弧形的玻璃管，管内装酒精和乙醚的混合液，加热融封冷却后形成一个气泡。由于气泡较轻，故恒处于管内最高位置，如图2-6所示。水准管上一般刻有间隔为 2mm 的分划线，分划线的中点 O 称为水准管零点。通过零点作的水准管圆弧的切线 LL 称为水准管轴。当气泡中心与零点重合时称为气泡居中，此时水准管轴 LL 处于水平位置。水准管内壁弧长 2mm 所对应的圆心角 τ 称为水准管的分划值，DS_3 水准仪的水准管分划值为 20″，记作 20″/2mm。水准管分划值越小，灵敏度越高，用来整平仪器的精度也越高，故水准管多用于仪器的精确整平。

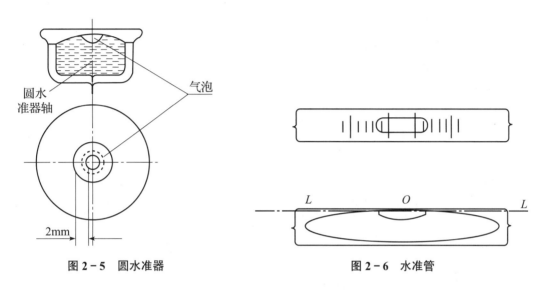

图 2-5　圆水准器

图 2-6　水准管

　　为了提高目估水准管气泡居中的精度，DS_3 水准仪在水准管的上方安装了一组符合棱镜，如图2-7（a）所示。通过符合棱镜的反射作用，可将水准管气泡两端的半个气泡的影像映在望远镜旁的符合气泡观察窗中。若气泡的半像错开，则表示气泡不居中，如图2-7（b）所示，这时，应转动微倾螺旋，使气泡的半像吻合。若气泡两端的半像吻合，表示气泡居中，如图2-7（c）所示。

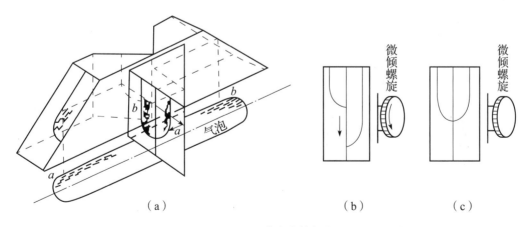

（a）　　　　　　　　（b）　　　　　　　　（c）

图 2-7　调节水准管气泡

2.2.2 水准尺、尺垫和三脚架

1. 水准尺

水准尺是进行水准测量时使用的标尺，其质量好坏直接影响水准测量的精度。水准尺常用干燥的优质木材、玻璃钢、铝合金制成，且要求尺长稳定，分划准确。水准尺有塔尺和双面尺两种，如图 2-8 所示。

塔尺如图 2-8（a）所示，仅用于等外水准测量，通常制成 3m 和 5m 两种。塔尺可以伸缩，携带方便，但接头处容易损坏，影响尺的读数长度。尺的底部为零点，尺上黑白格相间，每格宽度为 1cm（有的为 0.5cm），每一米和分米处均有注记。因为望远镜有正像和倒像两种，所以水准尺注记也有正写和倒写两种。

双面尺如图 2-8（b）所示，多用于三、四等水准测量。其长度为 3m，两根尺为一对。尺的两面都有刻度，一面为黑白相间，称为黑面尺（主尺）；另一面为红白相间，称为红面尺（辅尺）。两面的刻度间隔均为 1cm，并在分米处注记。两根尺的黑面底部起始数字均由零开始；红面底部的起始数字，一根尺为 4.687m，另一根为 4.787m。

2. 尺垫

尺垫用于在转点处放置水准尺，如图 2-9 所示。尺垫一般由生铁铸成，上方有凸出的半球体，作为临时转点的点位标记，供竖立水准尺用。下部有 3 个尖足点，可以扎入土中固稳防动。

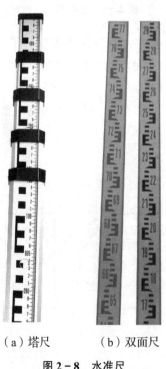

（a）塔尺　　（b）双面尺

图 2-8　水准尺

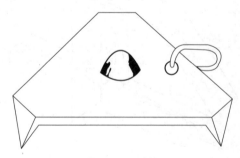

图 2-9　尺垫

2.3 DS₃ 型微倾式水准仪的使用

水准仪的使用包括仪器的安置、粗略整平、瞄准水准尺、精确整平和读数等操作步骤。

2.3.1 安置水准仪

打开三脚架并调整至高度适中，目估确保架头大致水平，检查脚架腿是否安置稳固、脚架伸缩螺旋是否拧紧，然后打开仪器箱取出水准仪，用连接螺旋将仪器固连在三脚架头上。

2.3.2 粗略整平（粗平）

粗平是借助圆水准器的气泡居中原理，使仪器竖轴大致呈铅垂状，从而使视准轴粗略水平。利用脚螺旋使圆水准器气泡居中的操作步骤如图 2－10 所示，当气泡不在中心而偏在 a 处时，可先用双手以相同方向转动脚螺旋 1 和 2，使气泡移到 b 处，然后转动螺旋 3 使气泡从 b 处移动到圆圈的中心。整平时气泡移动方向与左手大拇指移动的方向一致。

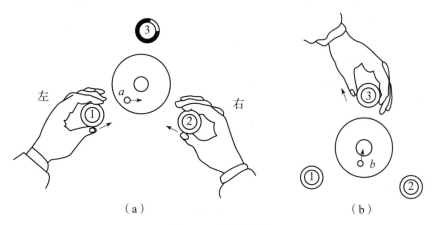

图 2－10　粗略整平

2.3.3 瞄准水准尺

首先进行目镜对光，即把望远镜对着明亮的背景，转动目镜调焦螺旋，使十字丝清晰。再松开制动螺旋，转动望远镜，用望远镜筒上的照门和准星瞄准水准尺，拧紧制动螺旋。然后从望远镜中观察；转动物镜调焦螺旋进行对光，使目标清晰，再转动微动螺旋，使竖丝对准水准尺。

当眼睛在目镜端微微上下移动时，若发现十字丝与目标影像有相对运动，则说明出现了视差。产生视差的原因是目标成像的平面和十字丝平面不重合。由于视差的存在会影响读数的正确性，因此必须消除。消除的方法是重新仔细进行物镜调焦，直到眼睛上下移动时读数不变为止。

2.3.4 精确整平（精平）

观察气泡观察窗内的水准管气泡影像，用右手缓慢且均匀地转动微倾螺旋，使气泡两端的影像吻合，即表示水准仪的视准轴已精确水平，如图 2 - 11 所示。

2.3.5 读数

仪器精平后，立即读取十字丝中丝在水准尺上的读数。不论使用的水准仪是正像或是倒像，读数总是由注记小的一端向大的一端读出。通常读数应保持四位数字，米位、分米位根据尺子注记的数字直接读取，厘米位则要数分划数，毫米位通过估读得到。如图 2 - 12 所示的读数为 0.995，以米为单位。但习惯只念"0995"四位数而不读小数点，即以毫米为单位。读数后再检查一下气泡是否居中，若不居中，需重新用微倾螺旋调整气泡使之符合后再次读数。

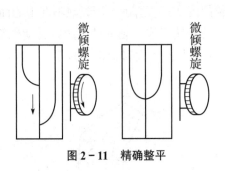

图 2 - 11　精确整平

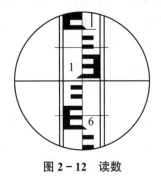

图 2 - 12　读数

精平和读数虽是两项不同的操作步骤，但在水准测量的实施过程中，却把两项操作视为一个整体，即精平后再读数，读数后还要检查水准管气泡是否完全符合。只有这样，才能取得准确的读数。

【职业素养】爱岗敬业、精益求精是每一位测量人员应具备的职业素养。正确使用、科学保养仪器是保证测量成果质量、提高工作效率的基础。

2.4　水准测量的实施与成果整理

2.4.1 水准点

采用水准测量的方法测定的高程，并达到相应精度的高程控制点称为水准点（Bench Mark，BM）。

水准点有永久性和临时性两种。国家等级水准点一般用石料或钢筋混凝土制成，深埋到地面冻土线以下。在标石的顶面设有用不锈钢或其他不易锈蚀的材料制成的半球状标志，如图 2 - 13 所示。有些水准点也可设置在稳定的墙脚上，称为墙上水准点，如图 2 - 14 所示。

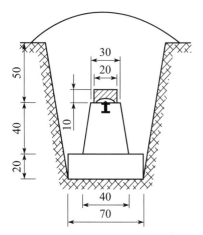

图 2 - 13　国家等级水准点

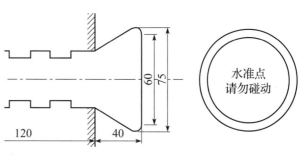

图 2 - 14　墙上水准点

建筑工地上的永久性水准点一般用混凝土制成，顶部嵌入半球状金属标志，其形状如图 2 - 15 (a) 所示。临时性水准点可用地面上凸出的坚硬岩石表示，或将大木桩打入地下，桩顶钉半球形铁钉制成，如图 2 - 15 (b) 所示。

埋设水准点后，应绘出水准点与附近固定建 (构) 筑物或其他地物的关系图，并在图上写明水准点的编号和高程，称为"点之记"，以便

(a) 永久性水准点　　(b) 临时性水准点

图 2 - 15　水准点

日后寻找水准点位置。水准点编号前通常加 BM 字样，作为水准点的代号。

2.4.2 水准路线

在水准测量中，为了避免观测、记录和计算时发生人为粗差，并保证测量成果达到一定的精度要求，往往将已知水准点和待测水准点组成水准路线，利用一定的条件来检核所测成果的正确性。对于一般的工程测量，水准路线主要有如下 3 种形式：

1. 附合水准路线

如图 2 - 16 所示，附近有 BM_A、BM_B 两个已知水准点，现需测定 1、2、3 三个点的高程。拟从已知水准点 BM_A (起始点) 出发，沿着待测点 1、2、3 进行水准测量，最后从点 3 施测到另一已知水准点 BM_B (终点)，由此构成的水准路线称为附合水准路线。

2. 闭合水准路线

如图 2 - 17 所示，由已知的水准点 BM_A 出发，沿待测高程点 1、2、3 环线进行水准测量，最后回到水准点 BM_A 上，称为闭合水准路线。

3. 支水准路线

如图 2 - 18 所示的 1 和 2 两点，由已知的水准点 BM_A 出发，经过各待测水准点进行

水准测量，既不附合到其他水准点上，也不自行闭合，称为支水准路线。支线水准路线要进行往返观测，以资检核。

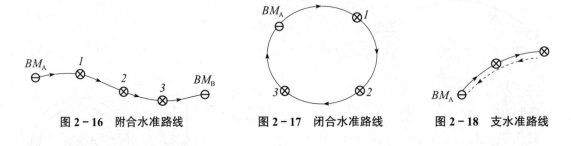

图 2-16　附合水准路线　　　图 2-17　闭合水准路线　　　图 2-18　支水准路线

2.4.3　水准测量实施

1. 测段、测站、转点

在所布设的水准路线中，两个水准点之间的水准路线称为一个测段；一条水准路线可由若干个测段组成。

在水准测量过程中，高程已知的水准点称为已知点，未知点称为待定点。每安置一次仪器称为一个测站。

当高程待定点距离已知点较远或高差较大时，仅安置一次仪器进行一个测站的测量工作是不能测出两点之间的高差的，这时需要在两点间加设若干个临时立尺点，并连续测量以求得两点的高差。这些临时加设的立尺点只作传递高程用，称为转点，用符号 TP 表示。

2. 水准路线测量

如图 2-19 所示为按普通水准测量技术要求进行两点间高差观测的示意图。BM_A 为已知水准点，其高程 $H_A=32.432m$；BM_B 为待定高程点。

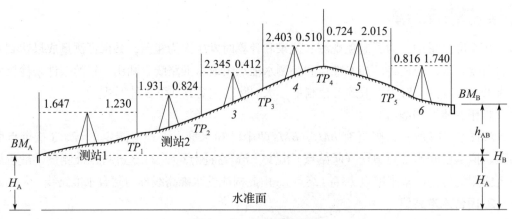

图 2-19　水准测量实施

观测方法如下：

（1）在已知点 A 立水准尺作为后视尺，选择合适的地点安置仪器作为测站，再选合适

的地点作为转点 TP_1，踏实尺垫，在尺垫上直立前视尺。要求水准尺与水准仪之间的水平距离（视线长度）不大于100m；前视距离与后视距离大致相等。

（2）观测者首先将水准仪粗平；然后瞄准后视尺，精平，读数；再瞄准前视尺，精平，读数，记录者同时记录并计算出一个测站的高差。

（3）记录者计算完毕，通知观测者前往下一个测站。原后尺手也同时前进到下一个站的前视点 TP_2。原前尺手在原地 TP_1 不动，把尺面转向下一个测站，成为后视尺。按照前一站的方法观测。重复上述过程，一直观测至待定点 BM_B。

（4）记录者在现场应完成每页记录手簿的计算校核项，即

$$h_{AB} = \sum a - \sum b \qquad\qquad (2-5)$$

$$h_{AB} = \sum h$$

记录手簿见表2-1。

表 2-1　记录手簿

日期：_____　　　仪器：<u>950164</u>　　　　　　观测：<u>张三</u>
天气：<u>晴</u>　　　地点：<u>高新区</u>　　　　　　记录：<u>李四</u>

| 测站 | 测点 | 水准尺读数（m） | | 高差（m） | | 高程（m） | 备注 |
		后视（a）	前视（b）	+	−		
Ⅰ	BM_1	1.647		0.417		32.432	
	TP_1		1.230				
Ⅱ	TP_1	1.931		1.10			
	TP_2		0.824				
Ⅲ	TP_2	2.345		1.93			
	TP_3		0.412				
Ⅳ	TP_3	2.403		1.89			
	TP_4		0.510				
Ⅴ	TP_4	0.724			1.29		
	TP_5		2.015				
Ⅵ	TP_5	0.816			0.933	35.558	
	BM_B		1.749				
Σ		9.866	6.740	5.350	2.224		
计算校核		$\sum a - \sum b = 9.866 - 6.740 = +3.126$ $\sum b = 5.350 - 2.224 = +3.126$ $H_B - H_A = 35.558 - 32.432 = +3.126$					

2.4.4　水准测量的校核

1. 测站校核

为保证每个测站的观测高差的正确性，应采取测站校核措施。

（1）两次仪器高法：在同一测站上观测两次高差，第二次观测时改变仪器的高度，使仪器的视准轴高度相差 10cm 以上。若两次测量得到的高差之差不超过限差，则取平均高差作为该站观测高差。

（2）双面尺法：仪器高度不变，观测双面尺黑面与红面的读数，分别计算黑面尺和红面尺读数的高差，其差值在 5mm 以内时，取黑、红面尺高差的平均值作为观测成果。

2. 水准路线成果校核

测站校核只能检查一个测站所测的高差是否正确，但对于整条水准路线来说，还不足以说明它的精度是否符合要求。例如，从一个测站观测结束至第二个测站观测开始，转点位置若有较大的变动，在测站校核中是检查不出来的，但在水准路线成果上能反映出来。因此，要进行水准路线成果的校核，以保证全线观测成果的正确性。校核方法如下：

（1）闭合水准路线。闭合水准路线各测段高差的总和理论值应等于零，即

$$\sum h_{理} = 0$$

由于存在测量误差，所测各段高差之和不等于零，产生高差闭合差 f_h，即

$$f_h = \sum h_{测} \tag{2-6}$$

（2）附合水准路线。附合水准路线各测段高差的总和理论值应等于终点高程减去始点高程，即

$$\sum h_{理} = H_{终} - H_{始}$$

同样，由于存在测量误差，所测各段高差之和不等于理论值，产生高差闭合差 f_h，即

$$f_h = \sum h_{测} - \sum h_{理} = \sum h_{测} - (H_{终} - H_{始}) \tag{2-7}$$

不同等级的水准测量的高差闭合差要求也不同，对于普通水准测量，国家测量规范中规定高差闭合差的容许值为

$$f_{h_{容}} = \pm 12\sqrt{n}\,\text{mm}$$

或　　$$f_{h_{r容}} = \pm 40\sqrt{L}\,\text{mm}$$

式中：n——水准路线的测站数；

L——水准路线的长度，等于由测站至立尺点的后视与前视的距离总和，单位为 km。

对于普通水准测量，一般不测定水准路线的长度，常按测站数计算高差闭合差的容许值。

（3）支水准路线。支水准路线应沿同一路线进行往测和返测。理论上，往测与返测的高差总和应为零，即往测与返测的高差绝对值应相等，符号相反。如往测与返测高差总和不等于零即为闭合差：

$$f_h = \sum h_{往} + \sum h_{返} \tag{2-8}$$

2.4.5 水准测量成果计算

水准测量成果整理的内容包括高差闭合差的计算、检核与分配、待定点高程的计算。

【例2-1】图2-20所示为附合水准路线示意图。BM_A、BM_B为已知水准点，高程分别是$H_A=10.723$m，$H_B=11.730$m，各测段的观测高差h_i及路线长度L_i如图中所示，请计算待定高程点 1、2、3 的高程。

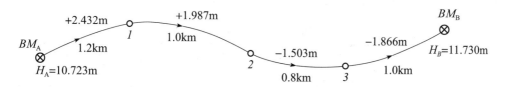

图2-20 附合水准路线示意图

解：

（1）计算附合水准路线的高差闭合差f_h。

$$f_h = \sum h_{测} - (H_B - H_A) = +1.050 - (11.730 - 10.723) = +0.043\,\text{m} = +43\,\text{mm}$$

（2）计算高差闭合差的容许值。

普通水准测量的闭合差容许值为$f_{h容} = \pm 40\sqrt{L}$mm。例题中，$L=4.0$km，$f_{h容} = \pm 40\sqrt{4.0} = \pm 80$mm，因为$f_h < f_{h容}$，说明观测成果的精度符合要求，若$f_h > f_{h容}$就必须返工外业，重新测量。

（3）高差闭合差的调整和改正后高差的计算。

高差闭合差在容许范围内，可按该测段的测站数n_i（或按距离L_i）反号成正比例分配到各测段的高差中，改正数的符号应与闭合差的符号相反。改正后的高差总和应等于理论值。即：

$$V_i = -(f_h / \sum n) \times n_i \text{ 或 } V_i = -(f_h / \sum L) \times L_i \tag{2-9}$$

每千米的高差改正数为：

$$\frac{-f_h}{L} = \frac{-(+43)}{4.0} = -10.75\,(\text{mm})$$

各测段的改正数分别为：

$$V_1 = -10.75 \times 1.2 = -13\,(\text{mm})$$
$$V_2 = -10.75 \times 1.0 = -11\,(\text{mm})$$
$$V_3 = -10.75 \times 0.8 = -8\,(\text{mm})$$
$$V_4 = -10.75 \times 1.0 = -11\,(\text{mm})$$

改正数计算检核：$\sum V = -43\text{mm} = -f_h$ (2-10)

（4）计算改正后的高差及各点高程。

$$H_1 = H_A + h'_{A1} = H_A + h_{A1} + V_1 = 13.142\,(\text{m})$$
$$H_2 = H_1 + h'_{12} = 15.118\,(\text{m})$$
$$H_3 = H_2 + h'_{23} = 13.607\,(\text{m})$$

高程计算检核：

$$H_B = H_3 + h'_{3B} = 11.730(\text{m}) = H_B\,(\text{已知}) \qquad (2-11)$$

上述计算过程可采用表 2-2 所列形式完成。首先把已知高程和观测数据填入表中相应的列，然后从左到右，逐列计算。有关高差闭合差的计算部分填在辅助计算一栏。

表 2-2 附合水准路线水准测量内业计算

点号	距离 L（km）	实测高差 h（m）	改正数 V（m）	改正后高差 h'（m）	高程 H（m）
A	1.2	+2.432	−0.013	2.419	10.723
1	1.0	+1.987	−0.011	+1.976	13.142
2	0.8	−1.503	−0.008	−1.511	15.118
3	1.0	−1.866	−0.011	−1.877	13.607
B					11.730
Σ	4.0	+1.050	−0.043	+1.007	
辅助计算	$f_h = \Sigma h - (H_B - H_A) = +43\text{mm}$ $f_{h容} = \pm 40\sqrt{4.0} = \pm 80\text{mm}$				

【例 2-2】某闭合水准路线如图 2-21 所示，已知 BM_1 的高程为 26.262m，请计算各点的高程。

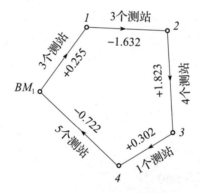

图 2-21 闭合水准路线观测结果

解：

先将测点、测站数及各段高差记入表 2-3 中，计算高差闭合差：$f_h = \sum h_{测} = +0.026\,\text{m} = +26\,\text{mm}$

测站总数 $n=16$，容许闭合差

$$f_{h容} = \pm 12\sqrt{n} = \pm 48\text{mm}$$

高差闭合差小于容许值，可按测站数比例反符号改正，每测站的改正数为 $-\dfrac{+26}{16} = -1.6\text{mm}$。$BM_1-1$ 段共 3 个测站，改正数为 -5mm，其余各段改正数分别为 -5mm、-6mm、-2mm、-8mm。

表 2 - 3　闭合水准路线水准测量内业计算

点号	测站数	实测高差 h（m）	改正数 V（mm）	改正后高差 h'（m）	高程 H（m）
BM_1					26.262
1	3	+0.255	−5	+0.250	26.512
2	3	−1.632	−5	−1.637	24.875
3	4	+1.823	−6	+1.817	26.692
4	1	+0.302	−2	+0.300	26.992
	5	−0.722	−8	−0.730	
BM_1					26.262
总和	16	+0.026	−26	0	
辅助计算	\multicolumn{5}{c}{$f_h = \Sigma h_{测} = +0.026\,m$ 　 $f_{h容} = \pm 12\sqrt{16} = \pm 48\,mm$}

【例2-3】某支水准路线如图 2 - 22 所示。支水准路线应进行往、返观测。已知水准点 A 的高程为 66.254m，往、返测站共 16 站。

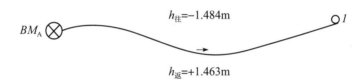

$h_{往}=-1.484m$

$h_{返}=+1.463m$

图 2 - 22　支水准路线观测成果

解：

（1）计算高差闭合差。

$$f_h = \sum h_{往} + \sum h_{返} = \left| -1.484\,m \right| - \left| 1.463\,m \right| = 0.021\,m = 21\,mm$$

（2）计算容许闭合差。

$$f_{h容} = \pm 12\sqrt{n} = \pm 12\sqrt{16} = \pm 48\ mm$$

因为 $|f_h| \leqslant |f_{h容}|$，故其精度符合要求，可做下一步计算。

（3）计算改正后高差。

支水准路线往、返测高差的平均值即为改正后高差，其符号以往测为准。即：

$$h_{A1} + (h_{往} + h_{返})/2 = (|-1.484\,m| + 1.463\,m)/2 = -1.474\,m \tag{2-12}$$

（4）计算 1 点高程。

起点高程加改正后高差，即得 1 点高程，即：

$$H_1 = H_A + h_{A1} = 66.254 - 1.474 = 64.780\,m$$

必须指出，若起始点的高程抄录错误，那么计算出的高程也是错误的。因此，应用此法时应注意检查。

【职业素养】始终坚持精益求精、高标准、专注、严谨的工作作风。

2.5 水准测量的误差及注意事项

水准测量误差包括仪器误差、观测误差和外界环境的影响产生的误差三方面。在水准测量作业中，应根据产生误差的原因，采取相应措施，尽量减少或消除其影响。

2.5.1 仪器误差

1. 仪器校正后的残余误差

水准管轴与视准轴不平行，虽经校正但仍然存在残余误差。这种误差多属于系统性的，若观测时使前、后视距离相等，便可消除或减弱此项误差的影响。

2. 水准尺误差

水准尺刻划不准确、尺长变化、尺身弯曲及底部零点磨损等，都会直接影响水准测量的精度。因此对水准尺要进行检定，凡是刻划达不到精度要求及弯曲变形的水准尺，均不能使用。对于尺底的零点差，可采取在起、终点之间设置偶数站的方法消除其对高差的影响。

2.5.2 观测误差

1. 水准管气泡居中的误差

水准气泡未能做到严格居中，造成望远镜视准轴倾斜，会产生读数误差。读数误差的大小与水准管的灵敏度有关，主要是水准管分划值 τ 的大小。此外，读数误差与视线长度成正比。视线长度越长，估读误差越大。因此，观测时要认真仔细地对符合水准管气泡进行居中，且对视线长度加以限制，以保证读数精度。

2. 视差影响

当存在视差时，尺像与十字丝平面不重合，观测时眼睛所在的位置不同，读出的数也不同，因此会产生读数误差。所以观测时要仔细进行物镜对光，严格消除视差。

3. 水准尺的倾斜误差

水准尺如果向视线的左右倾斜，观测时通过望远镜十字丝很容易察觉。但是，如果水准尺的倾斜方向与视线方向一致，则不易察觉。尺子倾斜总是使读数增大。尺的倾斜角越大，误差越大；尺上读数（即视线距地面的高度）越大，误差也越大。如水准尺倾斜3°，在水准尺上 1.5m 处读数时，将产生 2mm 的误差，由此可见，此项影响是不可忽视的。为了减少这类误差，一定要认真立尺，使尺处于铅垂位置。尺上装有圆水准器的，应使气泡居中。当地面坡度较大时，尤其注意应将尺子扶直，并应限制尺的最大读数。

2.5.3 外界环境的影响

1. 仪器下沉

仪器下沉是指在一测站上读取后视读数和前视读数之间，仪器发生下沉，使得前视读数减小，算得的高差增大。为减弱其影响，可以采用"后、前、前、后"的观测程序。这样，两次高差的平均值即可消除或减弱仪器下沉的影响。

2. 水准尺下沉

水准尺下沉的误差是指仪器在迁站过程中，转点发生下沉，使迁站后的后视读数增大，算得的高差也增大。如果采取往返测方法，取往、返高差的平均值，可以减弱水准尺下沉的影响。最有效的方法是应用尺垫，在转点的地方放置尺垫，并将其踩实，以防止水准尺在观测过程中下沉。

3. 地球曲率及大气折光影响

用水平面代替水准面对高程的影响，可以用公式 $\Delta h=D^2/(2R)$ 表示，地球半径 $R=6\,371\mathrm{km}$，当 $D=75\mathrm{m}$ 时，$\Delta h=0.44\mathrm{cm}$；当 $D=100\mathrm{m}$ 时，$\Delta h=0.78\mathrm{cm}$。显然，以水平面代替水准面时，高程所产生的误差要远大于测量高程的误差。所以，对于高程而言，即使距离很短，也不能将水准面当作水平面，一定要考虑地球曲率对高程的影响。实测中采用中间法可消除此影响。

大气折光会使视线成为一条曲率约为地球半径 7 倍的曲线，使读数减小，可以用公式 $\Delta h=D^2/(2\times 7R)$ 表示，视线离地面越近，折射越大，因此，视线距离地面的角度不应小于 0.3m，并且其影响也可用中间法消除或减弱。此外，应选择有利的时间进行观测，尽量避免在不利的气象条件下作业。

4. 温度的影响

当烈日照射水准管时，水准管本身和管内液体温度会升高，气泡向着温度高的方向移动，影响仪器整平，产生气泡居中误差，观测时应注意撑伞遮阳，防止阳光直接照射仪器。

2.5.4 水准测量注意事项

（1）在测量工作之前，应对水准仪进行检验校正。

（2）仪器应安置在稳固的地面上，以减少仪器下沉。在光滑地面上安置仪器，应采取防滑措施防止脚架滑动。

（3）前后视距离应大致相等，以消除或减少仪器引起的误差及地球曲率与大气折光的影响。

（4）每次读数前，应调节微倾螺旋，使水准管气泡居中再读数。读数后还应检查气泡是否仍居中。

（5）水准尺应竖直立于桩上或尺垫上。尺垫位置要稳固，立尺点及尺底不应沾有泥土、杂物。

（6）视线不宜过长，一般不大于 75m；视线离地面的高度一般不小于 0.2m。

（7）读数时应消除视差。尺的像有正像或倒像，均应从小到大读取数值，并估读至毫米。

（8）避免仪器被雨淋或烈日暴晒，应撑伞遮挡。

（9）读数时，记录员要复述，以便核对；记录要整齐、清楚；记录错误时不准擦去及涂改，应划去重写。

（10）测量计算结果必须进行检核。

2.6 DS₃ 微倾式水准仪的检验与校正

为了保证水准测量的正确可靠，应在作业前对水准仪进行检验，如不符合要求，应由相关部门检测；在作业时也要定期检验仪器。

2.6.1 水准仪的主要轴线及其应满足的条件

1. 水准仪的 4 条主要轴线

水准仪的 4 条主要轴线为望远镜视准轴 CC、水准管轴 LL、圆水准器轴 $L'L'$ 和仪器竖轴 VV，如图 2 - 23 所示。

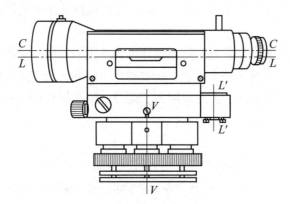

图 2 - 23　水准仪的主要轴线

2. 水准仪的主要轴线应满足的几何条件

（1）$CC /\!/ LL$。

（2）$L'L' /\!/ VV$。

（3）十字丝横丝 $\perp VV$。

2.6.2 水准仪的检验与校正方法

1. 一般检验

一般检验按水准测量规范要求进行。

2. 圆水准器的检验与校正（见图 2 - 24）

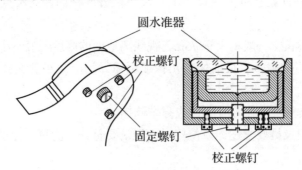

圆水准器

校正螺钉

固定螺钉

校正螺钉

图 2 - 24　圆水准器的检验与校正

（1）检验。

1）将仪器置于脚架上，然后踩紧脚架，转动脚螺旋使圆水准器气泡严格居中。

2）仪器旋转 180°，若气泡偏离中心位置，则说明两者相互不平行，需要校正。

（2）校正。

1）稍微松动圆水准器底部中央的紧固螺旋。

2）用校正针拨动圆水准器校正螺钉，使气泡返回偏离中心的一半位置。

3）转动脚螺旋使气泡严格居中。

4）此项校正需反复进行，直到仪器旋转至任何位置时，圆水准器气泡都居中为止，然后将固定螺钉拧紧。

3. 十字丝的检验与校正

（1）检验。仪器整平后，用十字丝交点对准远处目标，拧紧制动螺旋。转动微动螺旋，如果目标点始终在横丝上做相对移动，如图 2 - 25（a）、（b）所示，说明十字丝横丝垂直于仪器竖轴；如果目标偏离横丝，如图 2 - 25（c）、（d）所示，则说明十字丝横丝不垂直于仪器竖轴，应进行校正。

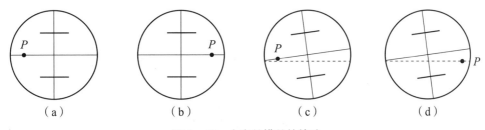

图 2 - 25 十字丝横丝的检验

（2）校正。松开目镜座上的 3 个十字丝环固定螺钉和 4 个十字丝环压环螺钉，如图 2 - 26 所示，转动十字丝环，使横丝与目标点重合，再进行检验，直至目标点在横丝上做相对移动为止。然后拧紧固定螺钉，盖好护罩。

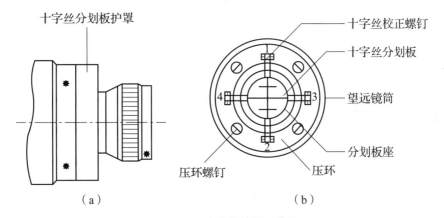

图 2 - 26 十字丝的校正装置

4. 水准管轴的检验与校正

（1）检验。如图 2 - 27 所示，在平坦的地面上，选择相距 80 ~ 100m 的两点 A 和 B，分别在两点放置尺垫，踩紧并立上水准尺，将仪器严格置于 A、B 两点中间，采用两次测量（即双仪器高法）的方法，取平均值得出 A、B 两点的正确高差 h_{AB}（注意两次高差之差不得大于 3mm）。

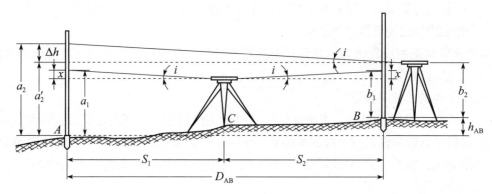

图 2 - 27　水准管轴的检验

将仪器搬至 B 点附近约 3m 处重新安置，读取 B 尺读数 b_2，计算 $a_2' = b_2 + h_{AB}$，如 A 尺读数 a_2 与 a_2' 不符，则表明误差存在，其误差大小为：$i = (a_2 - a_2') \times \rho / D_{AB}$。对于 DS$_3$ 型水准仪，当 $i > 20''$ 时，应校正。

（2）校正。首先转动微倾螺旋，使读数 a_2 变成 a_2'，如图 2 - 28 所示，然后用校正针拨动水准管的左右两个固定螺钉，再拨动上下两个校正螺钉，一松一紧，升降水准管的一端，使水准管气泡居中，符合要求后拧紧校正螺钉即可。

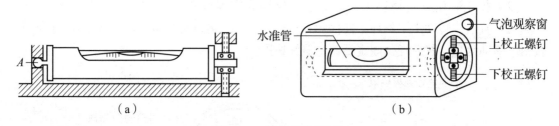

图 2 - 28　水准管校正螺钉

2.6.3 注意事项

（1）必须按规定的顺序进行检验和校正，不得颠倒。

（2）拨动校正螺钉时，应先松后紧，松一个、紧一个，用力不宜过大；校正结束后，校正螺钉不能松动，应处于稍紧状态。

（3）拨圆水准器校正螺钉前应先松动固紧螺钉，校正后再拧紧。

（4）检验与校正须反复交替进行，直到符合要求。

2.6.4 DS₃微倾式水准仪的检验与校正报告（可以在实训场地教学）

水准仪检验记录

日期_____班组_____观测者_____仪器号_____

1. 圆水准器的检验

圆水准器气泡居中后，将望远镜旋转180°，气泡_____（填"居中"或"不居中"）。

2. 十字丝横丝检验

检验次序	横丝偏离固定点的距离（mm）
1	
2	

此项检验是为满足_____的条件。

3. 水准管平行于视准轴的检验

次数	仪器在中间		仪器在____点近旁		附图
	A 点尺读数	B 点尺读数	A 点尺读数	B 点尺读数	仪器在中间
1					
	$h_{AB}=a_1-b_1=$		$h'_{AB}=a_2-b_2=$		
2					
	$h_{AB}=a_1-b_1=$		$h'_{AB}=a_2-b_2=$		
平均	h_1		h_2		仪器在____点近旁
辅助计算	远点 A 的校正尺读数 $a'_2=b_2+h_1=$ 远点 B 的校正尺计数 $b'_2=a_2-h_2=$		i 角的近似计算：		

若 $h_1=h_2$，则表明_____，几何条件满足。

若 $h_1\neq h_2$，则 h_2 中有_____的影响。如果_____超过 ±20″，则需要进行校正。

4. 检验结论

经检验，该仪器符合下列条件：

（1）圆水准器轴平行于仪器竖轴的条件（满足_____，不满足_____）。

（2）十字丝横丝垂直于仪器竖轴的条件（满足_____，不满足_____）。

（3）望远镜视准轴平行于水准管轴（在竖直面内投影）的条件（满足_____，不满足_____）。

结论 A：该仪器可以投入使用。

结论 B：该仪器需校正不满足的条件，满足后方可投入使用。

2.7　自动安平水准仪和精密水准仪

2.7.1　自动安平水准仪

　　自动安平水准仪是一种不用水准管便能自动获得水平视线的水准仪，如图 2-29 所示。由于水准管水准仪在通过微倾螺旋使气泡符合时需要花费一定的时间，且要求水准管灵敏度越高，花费的时间越长。另外，在松软的土地上安置水准仪时，还要随时注意气泡有无变动。而自动安平水准仪在通过圆水准器将仪器粗略整平后，1～2s 后即可直接读取水平视线读数。当仪器发生微小的倾斜变化时，补偿器能随时调整，始终给出正确的水平视线读数。自动安平水准仪具有观测速度快、精度高的优点，被广泛应用于各种等级的水准测量。

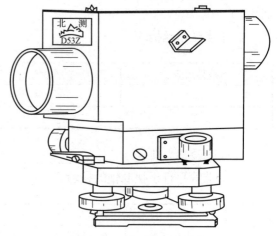

图 2-29　自动安平水准仪

　　自动安平水准仪的补偿原理如图 2-30 所示。当视准轴倾斜 α 角时，直角棱镜在重力作用下并不产生倾斜而处于正确位置，水平光线进入补偿器后，经第一个直角棱镜反射到屋脊棱镜，在屋脊棱镜中经 3 次反射后到第二个直角棱镜，从第二个直角棱镜反射出来后与水平视线成 β 角，从而使水平光线最后恰好通过十字丝交点，达到补偿的目的。因此，仪器粗平后，当视线倾斜的范围较小时，仪器的视线便自动水平。

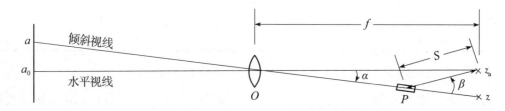

图 2-30　自动安平水准仪补偿原理

2.7.2　精密水准仪

　　精密水准仪主要用于国家一、二等水准测量和高精度的工程测量，如建筑的变形观测、大型建（构）筑物的施工及大型设备的安装等测量工作。

　　精密水准仪的构造与 DS₃ 水准仪基本相同，也是由望远镜、水准器和基座 3 个主要部件组成。精密水准仪的主要特征是望远镜光学性能好，即望远镜的照准精度高、亮度大，望远镜的放大率不小于 40 倍；符合水准器的灵敏度高，水准管分划值不大于 $10''/2mm$；装有能直读 0.1mm 的光学测微器，并配有一副温度膨胀系数很小的精密水准尺。此外，为了确保脚架坚固稳定，不采用伸缩式三脚架。如图 2-31 所示的 WILD N3 精密水准仪的光学测微器最小读数为 0.05mm。

精密水准尺在木质尺身的凹槽内，引张一根因瓦合金（低膨胀合金）钢带，其零点端固定在尺身上，另一端用弹簧以一定的拉力引张在尺身上，确保因瓦合金钢带不受尺身伸缩变形的影响。长度分划在因瓦合金钢带上，数字注记在木质尺身上，精密水准尺的分划值分为基辅分划（10mm）和奇偶分划（5mm）两种，如图 2-32(a)、(b)所示。

图 2-31　WILD N3 精密水准仪

WILD N3 水准仪的精密水准尺分划值为 10mm，水准尺全长约 3.2m，因瓦合金钢带上有两排分划，右边一排的注记数字自 0cm 至 300cm，称为基本分划；左边一排注记数字自 300cm 至 600cm，称为辅助分划。基本分划和辅助分划有差数 K，K 等于 3.015 50m，称为基辅差。右边一排分划为偶数值，左边一排分划为奇数值；右边注记为米数，左边注记为分米数。小三角形表示半分米处，长三角形表示分米的起始线。厘米分划的实际间隔为 5mm，尺面值为实际长度的两倍。所以，用此水准尺观测高差时，结果除以 2 才是实际高差值。靖江 DS₁ 级水准仪和 Ni004 水准仪配套用的精密水准尺如图 2-33 所示，为 5mm 分划，该尺只有基本分划。

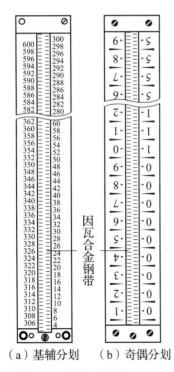

（a）基辅分划　（b）奇偶分划

图 2-32　精密水准尺

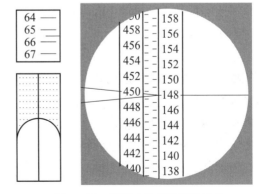

图 2-33　精密水准尺的读数方法

精密水准仪的操作方法与普通水准仪基本相同，不同之处在于精密水准仪是采用光学测微器测量不足一个分格的数值。作业时，先转动微倾螺旋，使望远镜视场左侧的符合水准气泡两端的影像精确符合，这时视线水平。再转动测微轮，使十字丝上楔形丝精确地夹在整分划线处，读取该分划线读数，如图 2 - 33 所示，为 1.48m，再从目镜右下方的测微尺读数窗内读取测微尺读数，为 6.55mm。水准尺的全读数等于楔形丝所夹分划线的读数与测微尺读数之和，等于 1.486 55m。

2.8 电子水准仪

电子水准仪（又称数字水准仪）如图 2 - 34 所示，它是在自动安平水准仪的基础上研发的。

图 2 - 34 电子水准仪的外部结构及条形码尺

2.8.1 构造与工作原理

1. 构造

电子水准仪是一种自动化程度很高的智能水准仪器，它由基座、水准器、望远镜及数据处理系统组成。

电子水准仪具有内置应用软件和良好的操作界面，可以自动完成读数、记录和计算处理等工作，并可通过数据通信装置将数据传输到计算机内进行后续处理，还可以通过远程通信系统将测量成果直接传输给其他用户。

2. 电子水准仪的工作情况

电子水准仪可将图像信息转换成水准尺读数和水平距离或其他所需要的数据，并自动储存在记录器中或在显示器上显示。

2.8.2 条码水准尺

条码水准尺是与电子水准仪配套的专用尺，各厂家标尺的条码图案不相同，不能互换使用。条码水准尺由玻璃纤维塑料制成，或用钢钢制成尺面并镶嵌在基尺上。尺面上刻有宽度不同的水平的、黑白相间的分划（条码）。该条码相当于普通水准尺上的分划和注记，全长为 2 ～ 4.05m。

2.8.3 操作步骤

电子水准仪的操作方法与自动安平水准仪类似，先安置仪器并使圆水准器气泡居中（粗平），打开电源开关键，设置测量模式，然后用望远镜照准条码水准尺，按下测量键 3 ～ 5s，即可显示测量结果，记录或再次按键存储结果。

单元小结

1. 水准测量原理，水准仪的构造及使用

主要阐述了水准测量原理，微倾式水准仪的基本构造和使用方法，要求重点掌握水准仪的粗平、瞄准、精平和读数方法，这是水准测量的基本功，同时也是学习使用其他水准仪的基础。

2. 普通水准测量的施测与内业计算

施测和内业计算是水准测量的核心内容。明确水准测量的施测包括路线布设、观测、数据记录的计算和检核这三个环节，掌握水准测量高差闭合差的计算与调整方法。

3. 水准仪的检验与校正

在了解水准仪应满足的几何条件的基础上，掌握圆水准器、十字丝、水准管轴的检验与校正方法。

4. 水准测量的误差消除方法

在了解产生水准测量误差的主要原因的基础上，掌握消除或减少误差的基本措施，这对提高测量精度具有重要意义。

5. 电子水准仪的操作

电子水准仪的操作方法与自动安平水准仪类似，分为粗平、照准、读数三步。

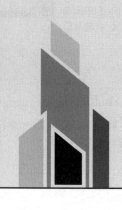

单元 3 角度测量

📖 **学习目标**

1. 了解经纬仪的构造特点。
2. 理解水平角与竖直角的观测原理与测量方法，能计算水平角与竖直角。
3. 掌握 DJ_6 型光学经纬仪的使用方法，能够进行经纬仪的检验与校正。
4. 熟悉角度测量中产生误差的原因及其消减的方法。
5. 熟悉电子经纬仪，会使用电子经纬仪。

3.1 角度测量的原理

角度测量是确定地面点位置的基本测量工作之一，包括水平角测量和竖直角测量。

3.1.1 水平角测量原理

空间两条直线之间的夹角在水平面上的投影称为水平角。如图 3-1 所示，A、B、C 是地面上任意三点，将此三点沿铅垂线投影到水平面 P 上，得到相应的 3 个投影点 A_1、B_1、C_1，则直线 B_1A_1、B_1C_1 即为空间直线 BA、BC 在水平面 P 上的投影，水平线 B_1A_1、B_1C_1 之间的夹角 β 即为地面 BA 与 BC 两方向线之间的水平角。

为了测定水平角 β 的大小，可设想在角顶 B 点上方的任一高度处水平地安置一个带有顺时针刻划、注记的圆盘——度盘，并使圆心 O 能放置在 B 点铅垂线上，通过

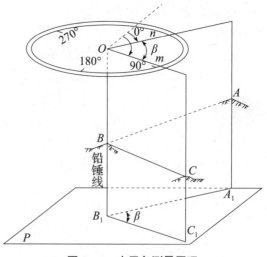

图 3-1 水平角测量原理

BA 和 BC 作竖直面，在度盘上截得的读数为 m 和 n，则水平角为两个读数之差。

即　　$\beta = m - n$

3.1.2 竖直角测量原理

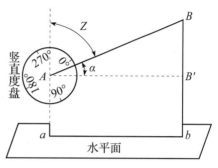

测站点到目标点的视线与水平线之间的夹角称为竖直角，用 α 表示，如图 3 - 2 所示。其角值从水平线算起，视线在水平线向上者为正，称为仰角，范围为 $0° \sim +90°$。视线在水平线向下者为负，称为俯角，范围为 $0° \sim -90°$。

视线与铅垂线之间的夹角称为天顶距，用 Z 表示，其角值范围为 $0° \sim 180°$，均为正值。显然，同一目标方向的竖直角 α 和天顶距 Z 之间有如下关系：

图 3 - 2　竖直角测量原理

$$\alpha = 90° - Z$$

由此可见，进行水平角和竖直角测量的仪器，必须具备以下基本装置：

（1）一个圆心能安置在角顶铅垂线上的水平度盘。

（2）一个能随着望远镜上下转动的竖直度盘。

（3）能在度盘上读取读数的设备。

光学经纬仪即是依据上述测角原理设计，且满足 3 个基本装置要求的测角仪器。

3.2　DJ₆型光学经纬仪

目前，我国将经纬仪按其精度不同分为 DJ₀₇、DJ₁、DJ₂、DJ₆ 等类型。"D"和"J"分别是"大地测量"和"经纬仪"的汉语拼音的第一个字母，"07""1""2""6"等表示该仪器的精度，即该仪器一测回方向观测中误差的秒数，数字越小，精度越高。

工程测量中常用的经纬仪有 DJ₂ 型和 DJ₆ 型两种。不同厂家生产的光学经纬仪各有特点，但基本结构大致相同，本节介绍 DJ₆ 型光学经纬仪的基本构造和读数方法。

3.2.1 DJ₆型光学经纬仪的基本构造

光学经纬仪主要由照准部、水平度盘和基座 3 个部分组成。DJ₆ 型光学经纬仪的构造、部件及光路图如图 3 - 3、图 3 - 4 所示。

1. 照准部

照准部是光学经纬仪的重要组成部分，主要由望远镜、横轴、竖直度盘、读数显微镜、支架、照准部水准管及照准部旋转轴组成。

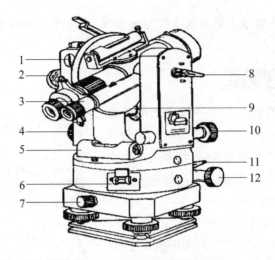

图3-3 DJ₆型光学经纬仪的构造

1—竖盘指标水准管；2—反光镜；3—读数显微镜；4—测微轮；5—照准部水准管；
6—复测扳手；7—中心锁紧螺旋；8—望远镜制动螺旋；9—竖盘指标水准管微动螺旋；
10—望远镜微动螺旋；11—水平制动螺旋；12—水平微动螺旋

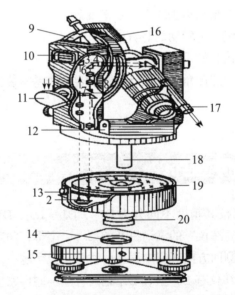

图3-4 DJ₆型光学经纬仪的部件及光路图

1、2、3、5、6、7、8—光学读数系统棱镜；4—分微尺指标镜；9—竖直度盘；
10—竖盘指标水准管；11—反光镜；12—照准部水准管；13—度盘变换手轮；14—轴套；
15—基座；16—望远镜；17—读数显微镜；18—内轴；19—水平度盘；20—外轴

（1）望远镜：它固定在仪器横轴（又称水平轴）上，可绕横轴转动以照准不同的目标，并由望远镜制动螺旋和微动螺旋控制。

（2）照准部水准管：用于精确整平仪器。

（3）竖直度盘：用光学玻璃制成，可随望远镜一起转动，用于测量竖直角。

（4）竖盘指标水准管：在竖直角测量中，通过竖盘指标水准管微动螺旋使气泡居中，保证竖盘读数指标线处于正确位置。

2. 水平度盘

水平度盘部分主要由水平度盘、度盘旋转轴、复测盘及轴套组成。水平度盘是用光学玻璃制成的圆盘，按顺时针方向在 0° ～ 360° 间每隔 1° 刻划并注记度数，用于测量水平角。度盘旋转轴是空心的，套在轴套外面，可自由转动，旋转轴的几何中心线应通过水平度盘中心。在水平度盘下方，度盘旋转轴上装有一金属圆盘，为复测盘，可配合复测盘外壳上的离合按钮（也称复测器）使水平度盘与照准部连接和分离。向下拨复测扳手，复测扳手的弹簧片夹住复测盘，使水平度盘与照准部结合在一起，借照准部的转动来带动度盘转动。向上拨复测扳手，复测扳手的弹簧片与复测盘分离，即水平度盘与照准部分离，当照准部转动时，水平度盘是静止的。北京光学仪器厂生产的 DJ$_6$ 型光学经纬仪就采用此种构造。有的经纬仪不设复测器，而安置一个水平度盘的变换手轮来控制度盘的转动，如西安光学仪器厂生产的 DJ$_6$ 型光学经纬仪就采用此种构造。

3. 基座

基座部分主要由基座、脚螺旋及连接板组成，基座是支撑仪器的底座。照准部连同水平度盘一起插入轴套后，必须用基座侧面的固定螺旋固紧。在基座下面，用中心螺旋把整个经纬仪与三脚架连接起来，中心螺旋下的挂钩可悬挂锤球，便于使仪器竖轴中心对准地面标志中心。基座上装有 3 个脚螺旋，用来整平仪器。有的经纬仪装有光学对准器，与锤球对中相比具有精度高和不受风吹摆动影响的优点。

光学经纬仪 3 个主要部分之间的关系是：照准部旋转轴插入空心轴套之中，拧紧照准部连接螺钉后再将轴套插入基座的轴套座孔内，拧紧基座上的固定螺旋，3 个部分就连接成一个整体。

3.2.2 ┊ DJ$_6$ 型光学经纬仪的读数装置与读数方法

度盘分划值为 1°，按顺时针方向注记每度的度数。读数显微镜内所看到的度盘和分微尺的影像中，注有 "H"（或水平）的为水平度盘读数窗，注有 "V"（或竖直）的为竖直度盘读数窗。分微尺的长度等于度盘分划线间隔 1° 的长度，分微尺分为 60 个小格，每小格为 1′。分微尺每 10 小格注有数字，表示 0′、10′、20′、…、60′，直接读到 1′，估读到 6″（把每格估分 10份）。其注记增加方向与度盘注记相反。

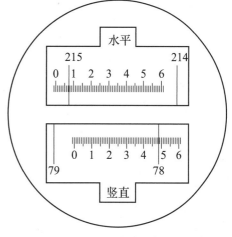

图 3 − 5 分微尺读数

读数时，以分微尺上起始的分划为读数指标，先读出在分微尺间的一根度盘分划线的度数，再读出该分划线所指分微尺上的分数。如图 3 − 5 所示，水平度盘的读数为 215°+7.5′=215°07′30″，竖直度盘的读数为 78°+48.3′=78°48′18″。

3.3 电子经纬仪简介

电子经纬仪的主要结构与普通经纬仪相同（如图 3 - 6 所示为南方 ET-02/05/05B 电子经纬仪），不同的是使用了光电度盘，即度盘的角值符号变成能被光电器件识别和接受的特定信号，然后转换成常规的角值，从而实现了读数记录的数字化和自动化。按角值和光电信号的转换，电子经纬仪大体分为两类：一是将度盘分区、环进行编码，称为编码度盘，它直接把角度转换成二进制代码，因此称为绝对转换系统；二是利用光栅度盘把单位角度转换成脉冲信号，然后利用计算机累计变化的脉冲数求得相应的角度值，因此称为增量转换系统。

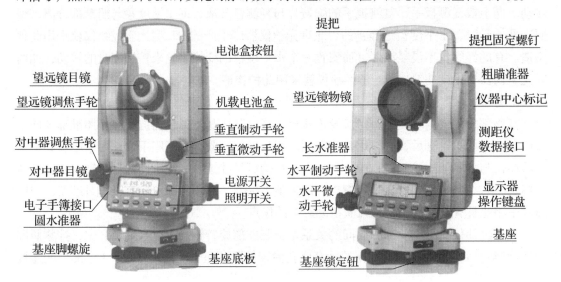

图 3 - 6 南方 ET-02/05/05B 电子经纬仪

3.3.1 电子经纬仪的读数装置

由于生产厂家不同，电子经纬仪的型号、读数装置及使用方法不尽相同。下面主要以南方 ET-02/05/05B 系列电子经纬仪的读数装置为例介绍。

1. 键盘符号与功能（扫描）

本仪器的键盘具有一键双重功能的特点。一般情况下，仪器执行按键上方标注的功能，即第一（测角）功能；按下 MODE 键后再按其余各键则执行按键下方标注的功能，即第二（测距）功能。具体见表 3 - 1。

表 3 - 1 键盘符号与功能

按键	功能
R/L 键 CONS	R/L：显示右旋 / 左旋水平角选择键。连续按此键，两种角值交替显示。 CONS：专项特种功能模式键
HOLD 键 MEAS （◀）	HOLD：水平角锁定键。按此键两次，水平角锁定；再按一次解除。 MEAS：测距键。按此键连续精确测距（电子经纬仪无效）。 （◀）：左移键。在特种功能模式中按此键，显示屏中的光标向左移动

续表

按键	功能
0 SET ⎯TRK⎯ 键 (▶)	0 SET：水平角置零键，按此键两次，水平角置零。 TRK：跟踪测距键。按此键每秒跟踪测距一次，精度至 0.01（电子经纬仪无效）。 (▶)：右移键。在特种功能模式中按此键，显示屏中的光标向右移动
V % ⎯⎯ 键 ▲	V%：竖直角和斜率百分比显示键。连续按此键则交替显示。 在测距模式，连续按此键则交替显示斜距（◢）、平距（◣）、高差（◢▮）。 (▲)：增量键。在特种功能模式中按此键，显示屏中的光标上下移动或使数字增加
MODE ⎯⎯ 键 ▼	MODE：测角、测距模式转换键。按此键，仪器交替进入其中一种模式，分别执行键上或下标示的功能。 (▼)：减量键。在特种功能模式中按此键，显示屏中的光标上下移动或使数字减少
☼ 键 ● REC	(☼)：望远镜十字丝和显示光屏照明键。按键一次打开照明灯；再按则关闭照明灯（若不按键，10s 后自动熄灭）。 REC：记录键。令电子手簿执行记录功能
PWR ■ 键	PWR：电源开关键。按键开机；按住按键大于 2s 则关机

2. 信息显示符号

液晶显示屏采用线条式液晶显示模式，常用符号全部显示的状态如图 3-7 所示。中间两行各 8 个数位，用于显示角度或距离等观测数据或提示字符串，左右两侧显示的符号或字母表示数据的内容或采用的单位名称，具体见表 3-2。

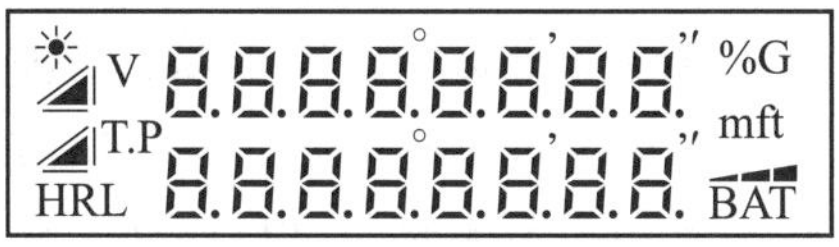

☼ ◢ V 8.8.8.8.8.8.8.8. °′″ %G
◢ T.P 8.8.8.8.8.8.8. ′″ mft
HRL 8.8.8.8.8.8.8. BAT

图 3-7　经纬仪液晶显示屏

表 3-2　显示符号及功能

显示	内容	显示	内容
V	竖直角	G	角度显示单位 GON
HR	右水平角	R/L	水平角测量方式（左、右角）
HL	左水平角	HOLD	保持水平角读数
Ht	复测法测角	0 SET	水平角设置为零
8AVG	复测次数 / 平均角值	POWER	电源开关
TITL	倾斜改正模式	FUNC	按键上方注记功能选择
F	功能键选择方式	REP	重复角度测量
%	百分比		

3.3.2 电子经纬仪的使用

电子经纬仪的使用方法与 DJ_6 型光学经纬仪类似，这里不再赘述。

【职业素养】测绘人应以精雕细琢、精益求精的"工匠精神"打造高质量的优质工程。

3.4 经纬仪的使用

经纬仪的使用包括仪器安置、瞄准和读数三项工作。

3.4.1 经纬仪的安置

经纬仪的安置操作程序：打开三脚架腿，调整好长度，使脚架高度适合观测者的高度。张开三脚架，将其安置在测站上，使架头大致水平。从仪器箱中取出经纬仪放置在三脚架头上，并使仪器基座中心基本对齐三脚架的中心，旋紧连接螺旋后，即可进行安置环节中主要的两项工作——对中和整平。

1. 对中

对中的目的是使仪器中心与测站点的标志中心在同一铅垂线上。进行对中时，先将三脚架打开，安置在测站上，使脚架头大致水平，架头的中心大致对准测站标志，同时注意脚架的高度要适中，以便观测。然后踩紧三脚架，装上仪器，旋紧中心螺旋，挂上锤球。如果锤球尖偏离测站点，就稍松中心螺旋，在架头上移动仪器，使锤球尖准确对中，再旋紧中心螺旋，使仪器稳固。如果在架头上移动仪器还无法准确对中，则要调整三脚架的脚位，这时要注意先把仪器基座放回移动范围的中心，旋紧中心螺旋，防止摔坏仪器。调整脚位时应注意，当锤球尖与测站点相差不大时，可只移动一条腿，并同时保持架顶大致水平；如果相差较大，则需移动两条腿进行调整。对中误差一般应小于 $2\sim3mm$。

采用光学对中器可提高对中精度，一般可使对中误差小于 $1mm$。由于对中时要求竖轴竖直，因此，采用光学对中器对中时，应先将仪器整平，然后松开中心螺旋，一边移动仪器，一边从对中器中观察，使地面上的点位中心落在对中器的圆圈中央；再次整平、对中，直至二者同时满足要求为止，最后将中心螺旋旋紧。

2. 整平

整平的目的是使仪器的水平度盘处于水平位置，竖轴竖直。整平时，转动仪器的照准部，使水准管先平行于任意两个脚螺旋，然后两手按箭头的方向同时转动这两个脚螺旋，使气泡居中，如图 3-8（a）所示。再将照准部旋转 $90°$，使水准管垂直于原先的位置，通过另一只脚螺旋再使气泡居中，如图 3-8（b）所示。按上述方法反复操作几次，直至水准管在任何位置，其气泡偏离零点均不超过 1 格为止。需要注意的是气泡移动的方向与左手大拇指转动的方向一致。

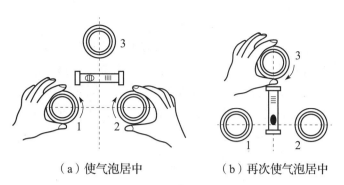

（a）使气泡居中　　　　（b）再次使气泡居中

图 3-8　经纬仪的整平

对于照准部上装有圆水准器的经纬仪，则可以像水准仪那样先将圆水准器气泡居中，再用水准管进行整平。

3.4.2　瞄准目标

仪器安置好后，先松开照准部和望远镜的制动螺旋，利用望远镜上的缺口和准星（或瞄准器）瞄准目标。在望远镜内看到目标后，旋紧两个制动螺旋，调节目镜使十字丝清晰，再调节物镜使目标清晰并消除视差。然后利用照准部和望远镜的微动螺旋精确瞄准目标。

瞄准目标时应注意：水平角观测时要用竖丝尽量瞄准目标底部，若目标离仪器较近，成像较大，可用十字丝单丝平分目标；若目标离仪器较远，可用双丝夹住目标或使单丝和目标重合，如图 3-9（a）所示。竖直角观测时，应用横丝中丝瞄准目标底部或某一预定位置，如图 3-9（b）所示。

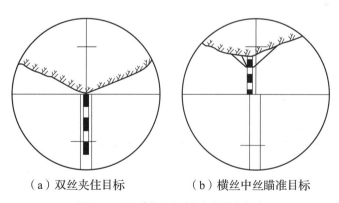

（a）双丝夹住目标　　　　（b）横丝中丝瞄准目标

图 3-9　经纬仪望远镜瞄准照准标志

3.4.3　读数和置数

1. 读数

准确瞄准目标后，打开反光镜，调节读数显微镜调焦螺旋，使度盘成像清晰，然后读取度盘读数。

2. 置数

在水平角观测或工程施工放样中，常常需要使某一方向的读数为零或某一预定值。照准某一方向时，使度盘读数为某一预定值的工作称为置数。分微尺读数装置的经纬仪多采用度盘变换器结构，其置数方法为"先瞄准，后置数"，即先精确瞄准目标，并固紧水平及望远镜制动螺旋，再打开度盘变换手轮保险装置，转动度盘变换手轮，使度盘读数为预定数值，然后关上变换手轮保险装置。

3.5 水平角观测

水平角观测的方法有测回法、方向观测法，无论采用何种方法，为了消除仪器的误差，一般用盘左和盘右两个位置进行观测。盘左是指观测者对着望远镜的目镜时，竖盘在望远镜的左边；盘右是指观测者对着望远镜的目镜时，竖盘在望远镜的右边。盘左又称正镜；盘右又称倒镜。

3.5.1 测回法

测回法只适用于观测两个方向之间的单角。设要测的水平角为 $\angle AOB$，如图 3-10 所示。在 O 点安置经纬仪，分别照准 A、B 两点的目标并读数，两读数之差即为要测定的水平角值。

图 3-10　测回法观测水平角

具体操作步骤如下：

（1）在测站点 O 安置经纬仪，对中、整平。在测点 A、B 分别竖立标杆或插测钎。

（2）盘左位置。松开水平和望远镜制动螺旋，使仪器处于盘左位置。瞄准左边目标 A，使标杆或测钎准确地夹在双竖丝中间（或用单丝去平分），旋紧水平制动螺旋，读取水平度盘读数 $a_左$，记入观测手簿。为了减弱标杆或测钎竖立不直的影响，应尽量瞄准标杆或测钎的最下部。

（3）松开水平和望远镜制动螺旋，顺时针方向转动照准部，用同样的方法瞄准右边的

目标 B，读记水平度盘读数 $b_左$。

上述步骤（2）和（3）叫作盘左半测回或上半测回，测得角值为

$$\beta_左 = b_左 - a_左 \qquad (3-1)$$

$\beta_左$ 称为上半测回角值。

（4）倒转望远镜于盘右位置，精确瞄准右边的目标 B，读记水平度盘的读数 $b_右$。

（5）逆时针方向转动照准部，瞄准左边的目标 A，读记水平度盘的读数 $a_右$。

上述步骤（4）和（5）叫作盘右半测回或下半测回，测得的角值为

$$\beta_右 = b_右 - a_右 \qquad (3-2)$$

$\beta_右$ 称为下半测回角值。

盘左和盘右两个半测回合在一起叫作一测回，两个半测回测得的角值的平均值就是一测回的观测结果，即

$$\beta = \frac{1}{2}(\beta_左 + \beta_右) \qquad (3-3)$$

β 称为一测回的角值。

对于 DJ_6 型光学经纬仪，各测回上、下半测回之差一般要求不大于 $\pm 36''$。

为了提高观测精度，常需观测多个测回。当测量水平角需要观测几个测回时，为了减弱度盘分划误差的影响，在每一测回观测完毕后，应根据测回数 n 将度盘读数改变 $180°/n$，再开始下一测回的观测。例如，要测两个测回，第一测回开始时，度盘读数可配置在 $0°00'$ 或稍大于 $0°$ 的读数处；第二测回开始时，度盘读数应配置在 $90°00'$ 或稍大的读数处。

测回法观测水平角的手簿记录格式见表 3-3。

表 3-3　测回法观测手簿

测站	测回	垂直度盘位置	目标	度盘读数 (° ′ ″)	半测回角值 (° ′ ″)	一测回角值 (° ′ ″)	各测回平均值 (° ′ ″)	备注
O	1	左	A	0 00 06	85 35 42	85 35 39	85 35 41	
			B	85 35 48				
		右	B	180 00 12	85 35 36			
			A	265 35 48				
O	2	左	A	90 01 06	85 35 48	85 35 42		
			B	175 36 54				
		右	B	270 01 06	85 35 36			
			A	355 36 42				

3.5.2 方向观测法

观测 3 个以上方向时，通常采用方向观测法（两个目标亦可用此法）。设在图 3-11

所示的测站 O 上观测 O 点到 A、B、C、D 各方向之间的水平角。

方向观测法的操作步骤如下：

（1）盘左。安置经纬仪于 O 点，盘左位置调整水平度盘的读数在 0°00′ 或稍大于 0° 的读数处。先观测所选定的起始方向（又称零方向）A，再按顺时针方向依次观测 B、C、D 方向，每观测一个方向均读取水平度盘读数，并记入观测手簿。最后再瞄准起始目标 A，读取读数，称为归零，起始方向两次读数之差称为半测回归零差。"归零"的目的

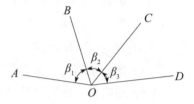

图 3-11　方向观测法

是检查水平度盘的位置在观测过程中是否发生变动。上述全部工作叫作盘左半测回或上半测回。

（2）倒转望远镜成盘右位置，按逆时针方向依次观测 A、D、C、B、A，读数并记录。此项工作叫作盘右半测回或下半测回。

上、下半测回合起来为一测回，表 3-4 为两个测回的方向观测法的手簿记录和计算实例。

表 3-4　方向观测法手簿

名　　称：_____　　　　　观测者：_____　　　　　记录者：_____
观测日期：_____　　　　　天　气：_____　　　　　仪　器：_____

测站	站点	水平度盘读数		2c	平均读数	一测回归零方向值	各测回平均方向值	角值
		盘左	盘右					
		(° ′ ″)	(° ′ ″)	″	(° ′ ″)	(° ′ ″)	(° ′ ″)	(° ′ ″)
1	2	3	4	5	6	7	8	9
O	第一测回				(0 00 34)			
	A	0 00 54	180 00 24	+30	0 00 39	0 00 00	0 00 00	
	B	79 27 48	259 27 30	+18	79 27 39	79 27 05	79 26 59	79 26 59
	C	142 31 18	322 31 00	+18	142 31 09	142 30 35	142 30 29	63 03 30
	D	288 46 30	108 46 06	+24	288 46 18	288 45 44	288 45 47	146 15 18
	A	0 00 42	180 00 18	+24	0 00 30			71 14 13
	△	−12	−6					
O	第二测回				(90 00 52)			
	A	90 01 06	270 00 48	+18	90 00 57	0 00 00		
	B	169 27 54	349 27 36	+18	169 27 45	79 26 53		
	C	232 31 30	42 34 00	+30	232 31 15	142 30 23		
	D	18 46 48	198 46 36	+12	18 46 42	288 45 50		
	A	90 01 00	270 00 36	+24	90 00 48			
	▲	−6	−12					

方向观测法的计算步骤如下：

（1）计算二倍照准误差 $2c$ 值。

$$2c = 盘左读数 -（盘右读数 ±180°）$$

$2c$ 是观测成果中一个有限差规定的项目，但它不是以 $2c$ 的绝对值的大小作为是否超限的标准，而是以各个方向的 $2c$ 的变化值（即最大值与最小值之差）是否超过表 3-3 中的规定标准；若超限应在原度盘位置重测。采用 DJ_6 型光学经纬仪进行观测时，可不考虑 $2c$ 的值。

（2）计算各方向的平均读数。

$$平均读数 = 1/2 [盘左读数 +（盘右读数 ±180°）]$$

起始方向的两个平均读数，其差数在容许范围内，取其平均值，填入第一个平均数上方的括号内。

（3）计算归零后的方向值。

为了便于以后的计算和比较，要把起始方向值转化为 $0°00'00''$。归零后的方向值，即将计算出的各方向平均读数分别减去起始方向 OA "归零" 后的平均读数。

（4）计算各测回归零后方向值的平均值，作为该方向的最终结果。

（5）计算各水平角值。将相邻两方向相减即可求得各水平角值。水平角方向观测法的各项限差要求见表 3-5。

表 3-5 水平角方向观测法的各项限差要求　　　　单位：$''$

项目	经纬仪型号		
	DJ_1	DJ_2	DJ_6
光学测微器两次重合读数差	1	3	
半测回归零差	6	8	18
一测回内 $2c$ 互差	9	13	
同一方向值各测回互差	6	9	24

方向观测法通常有 3 项限差规定：

（1）半测回中两次瞄准起始方向的读数之差，称为半测回归零差。

（2）上、下半测回同一方向的方向值之差。

（3）各测回同一方向的方向值之差，称为各测回方向差。以上 3 项限差，根据不同精度的仪器有不同的规定。

3.5.3 水平角观测注意事项

（1）水平度盘刻划是按顺时针方向标注的，因此计算水平角值时，总是以右边方向的读数减去左边方向的读数。若不够减，则在右边方向加 360°，再减左边方向的读数，切不可倒过来减。

（2）要精确对中，特别是短边测角，对中应更加严格。

（3）当观测目标间高低相差较大时，更须注意仪器整平。

（4）照准标志要竖直，尽量瞄准标志的底部。

（5）在水平角观测过程中，若水准管气泡偏离中央2格，应重新整平仪器，重新观测。

【职业素养】失之毫厘，谬以千里，测绘人要养成一丝不苟的敬业精神。

3.6 竖直角观测

3.6.1 竖直度盘的构造

1. 组成

竖直度盘部分包括竖盘、竖盘指标水准管和竖盘指标水准管微动螺旋，如图3-12所示。

2. 竖盘

竖盘固定在望远镜横轴的一端，其面与横轴垂直。望远镜绕横轴旋转时，竖盘亦随之转动，而竖盘指标不动。当望远镜视线水平，竖盘指标水准管气泡居中时，盘左竖盘读数应为90°，盘右竖盘读数应为270°。

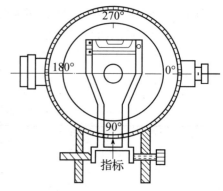

图 3 - 12　竖直度盘的构造

3. 竖盘指标

竖盘指标为分（测）微尺的零分划线，它与竖盘指标水准管固连在一起，当旋转竖盘指标水准管微动螺旋使指标水准管气泡居中时，竖盘指标即处于正确位置。

3.6.2 竖直角的计算

竖直角是测点到目标点的倾斜视线与水平视线之间的夹角，因此，与水平角的计算一样，竖直角是两个方向线的竖盘读数之差。由于视线水平时竖盘读数为一定值，称为始读数，所以只要瞄准目标读取竖盘读数，即可计算出竖直角。

光学经纬仪竖盘的刻划注记有顺时针和逆时针两种类型。图3-13（a）所示为顺时针注记，图3-13（b）所示为逆时针注记。两种注记当中，当竖盘指标水准管气泡居中，视线水平，盘左时竖盘读数均为90°，盘右时竖盘读数均为270°。竖盘的刻划方式不同，计算竖直角的公式也不同。在观测竖直角之前，将望远镜转到大致水平的位置，确定竖盘始读数，然后将望远镜慢慢向上倾斜，观察其读数是增大还是减小。在盘左位置若读数增大，则瞄准目标时的读数减去视线水平时的读数，即为竖直角；若读数减小，则视线水平时的读数减去瞄准目标时的读数，即为竖直角。

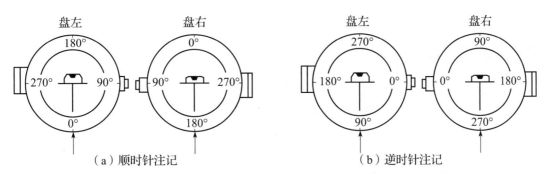

图 3 - 13　竖盘注记形式

如图 3 - 14 所示，设盘左时的读数为 L，盘右时的读数为 R，竖盘刻划为顺时针时的竖直角计算公式为：

盘左位置：$\alpha_左 = 90° - L$

盘右位置：$\alpha_右 = R - 270°$

即　　$\alpha = \dfrac{1}{2}(\alpha_左 + \alpha_右)$　　　　　　　　　　　　　　　　（3 - 4）

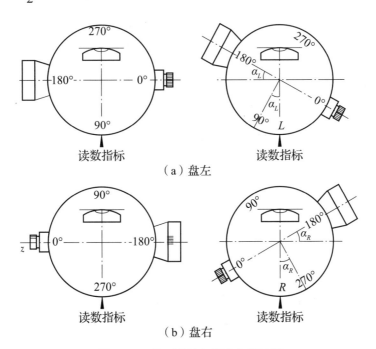

图 3 - 14　顺时针注记竖直角的计算

同理，可得出竖盘刻划为逆时针时的竖直角计算公式为：

盘左位置：$\alpha_左 = L - 90°$

盘右位置：$\alpha_右 = 270° - R$

即　　$\alpha = \dfrac{1}{2}(\alpha_左 + \alpha_右)$　　　　　　　　　　　　　　　　（3 - 5）

计算出的角值为"＋"时，α 为仰角；为"－"时 α 为俯角。

3.6.3 竖盘指标差

应用竖直角计算公式的前提是假定读数指标线位置正确。在实际中，由于受仪器的安装精度和搬动过程中的振动等因素影响，竖盘指标不一定在正确位置。换句话说，当望远镜视线水平，竖盘指标水准管气泡居中时，竖盘读数不是始读数，而是一个比始读数大或小的角值。我们把这个角值与正确读数之间的差值称为指标差，用符号 x 表示，如图 3-15 所示。当指标偏移方向与竖盘注记方向一致时，竖盘读数就增大了一个 x 值，故 x 值为正；反之，指标偏移方向与竖盘注记方向相反时，则使竖盘读数减小了一个 x 值，故 x 值为负。

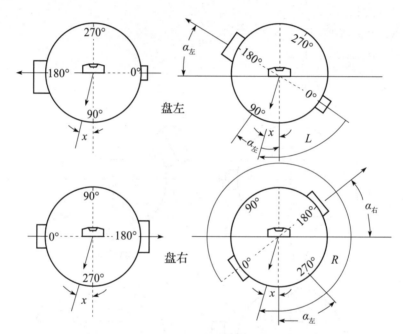

图 3-15　竖盘指标差示意图

指标差对竖直角的影响从图 3-15 中可以看出，设正确的竖直角为 α，由竖盘读取数据计算出的竖直角盘左和盘右位置时分别为 $\alpha_{左}$、$\alpha_{右}$，则

对于顺时针注记正确的竖直角：

盘左时：$\alpha=(90°+x)-L=\alpha_{左}+x$　　　　　　　　　　　　　（3-6）

盘右时：$\alpha=R-(270°+x)=\alpha_{右}-x$　　　　　　　　　　　　（3-7）

式（3-6）、式（3-7）相加取平均值可得正确的竖直角 α：

$$\alpha=\frac{1}{2}[(R+L)-180°]=\frac{\alpha_{左}+\alpha_{右}}{2}$$　　　　　　　　（3-8）

式（3-8）与式（3-4）完全相同，故盘左、盘右竖直角的平均值可以消除指标差的误差，得到正确的竖直角。

将式（3-6）、式（3-7）相减得

$$x = \frac{1}{2}[(R+L) - 360°] \tag{3-9}$$

或　　$x = \frac{1}{2}(\alpha_右 - \alpha_左)$

式（3-9）即为竖盘指标差的计算公式。

3.6.4 竖直角观测

（1）在测站上安置经纬仪，对中，整平。

（2）使望远镜大致水平，确定竖盘的始读数。

（3）将望远镜逐渐抬高，观察竖盘读数增减情况，确定竖直角的计算公式。

（4）盘左位置瞄准目标，使十字丝中丝的中央部分切准目标的某一位置，如图3-9（b）所示。调节竖盘指标水准管中的气泡使其居中，读取竖盘读数 L 并记入观测手簿。

（5）纵转望远镜，用盘右位置瞄准目标，用同样的方法读取并记录竖盘读数 R。

竖直角观测手簿见表3-6。

表3-6　竖直角观测手簿

测站	目标	盘位	竖盘读数 （° ′ ″）	半测回读数 （° ′ ″）	指标差 ″	一测回角值 （° ′ ″）	备注
O	M	盘左	93 17 24	−3 17 24	+3	−3 17 21	竖盘顺时针注记
		盘右	266 42 42	−3 17 18			
	N	盘左	84 25 00	+5 35 00	+6	+5 35 06	
		盘右	275 35 12	+5 35 12			

3.6.5 竖盘指标自动归零

为了提高测量成果精度，目前生产的经纬仪均采用自动归零补偿器代替竖盘指标水准器，即使仪器稍有倾斜，也能读得相当于水准管气泡居中时的竖盘正确读数。

3.7 角度测量的误差及其消减方法

3.7.1 水平角测量误差

水平角的测量误差可以归纳为三类：仪器本身的误差、观测过程中人为因素造成的观测误差和外界条件的影响等。

1. 仪器误差

仪器误差的来源可分为两方面。一是仪器制造加工不完善，如度盘刻划的误差及度盘偏心差等。前者可采用度盘不同位置进行观测（按 $180°/n$ 计算各测回度盘起始读数）加以消减；后者采用盘左盘右取平均值的方法予以消除。二是仪器校正不完善，其视准轴不垂直于横轴及横轴不垂直于竖轴。可采用盘左盘右取平均值的方法予以消除。但照准部水准管不垂直于竖轴的误差不能用盘左盘右的观测方法消除。因为水准管气泡居中时，水准管轴虽水平，竖轴却与铅垂线间有一夹角 θ，如图 3-16 所示。水平度盘不是在水平位置，而是倾斜 θ 角，用盘左、盘右来观测，水平度盘的倾角 θ 没有变动，俯仰望远镜产生的倾斜面也未变，且瞄准目标的俯仰角越大，误差影响也越大，因此测量水平角时若观测目标的高差较大，更应注意整平。

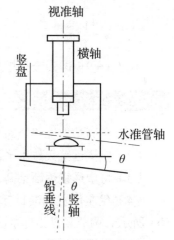

图 3-16 竖轴倾斜误差

2. 观测误差

（1）对中误差，如图 3-17 所示。

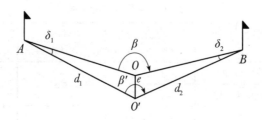

图 3-17 对中误差

观测时若仪器对中不精确，致使度盘中心与测站中心 O 不重合而偏至 O'，OO' 的距离 e 称为测站偏心距，此时测得的角值 β' 与正确角值 β 之差 $\Delta\beta$ 即为对中不良所产生的误差，由图可知 $\Delta\beta = \beta - \beta' = \delta_1 + \delta_2$。因偏心距 e 是一较小数值，故 δ_1 和 δ_2 应为一小角度角，于是把 e 近似地看作一段小圆弧，所以得

$$\Delta\beta = \delta_1 + \delta_2 = e\rho''\left(\frac{1}{d_1} + \frac{1}{d_2}\right) \qquad (3-10)$$

式中：d_1、d_2——水平角两边的边长；

　　　e——测站偏心距；

　　　$\rho = 206\,265''$。

由上式可知，对中误差与偏心距 e 成正比，与边长 d_1 和 d_2 成反比。例如：$e=3\text{mm}$、$d_1=d_2=100\text{m}$，则 $\Delta\beta=12.4''$；如果 $d_1=d_2=50\text{m}$，则 $\Delta\beta=24.8''$。故当边长较短时，应认真进行对中，使 e 值减小，减弱对中误差的影响。

（2）整平误差。

观测时，若仪器未严格整平，竖轴将处于倾斜位置，这种误差与上面分析的水准管轴不垂直于竖轴的误差性质相同，不能通过适当的观测方法加以消除，应特别注意仪器的整平，一般每测回观测完毕，应重新整平仪器再进行下一个测回的观测。此外，当有太阳时，必须打伞，避免阳光照射水准管，影响仪器的整平。

（3）目标偏心误差。

如图 3-18 所示，若供瞄准的目标偏心，观测时不是瞄准 A 点而是瞄准 A' 点，偏心距 $AA'=e_1$，这时测得的角值 β' 与正确角值 β 之差 δ_1 为目标偏心所产生的误差。

$$\delta_1 = \beta - \beta' = \frac{e_1}{d_1}\rho'' \tag{3-11}$$

由上式可知，这种误差与对中误差的性质相同，即与偏心距成正比，与边长成反比，故当边长较短时应特别注意减小目标的偏心，若观测目标有一定高度，应尽量瞄准目标的底部，以减弱目标偏心的影响。

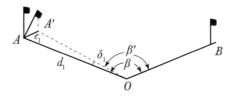

图 3-18　目标偏心误差

（4）照准误差。

照准误差与人眼的分辨能力和望远镜放大倍率有关。一般认为人眼的分辨率为 $60''$，用放大率为 V 的望远镜观测，则照准目标的误差为

$$m_V = \pm\frac{60''}{V} \tag{3-12}$$

如 $V=28$，则照准误差 $m_V=2.1''$。但观测时应注意消除视差，否则照准误差将增大。

（5）读数误差。

读数误差与测微尺的精度、照明情况及观测者的经验有关。主要取决于测微尺的精度。在光学经纬仪上按测微器读数，一般可估读到分微尺最小格值的十分之一，若最小格值为 $1'$，则读数误差可认为是 $\pm 1'/10 = \pm 6''$。读数时应注意消除读数显微镜的视差。

3. 外界条件的影响

外界条件的影响是多方面的。如大气中存在温度梯度，视线通过大气中不同的密度层，传播的方向将不是一条直线而是一条曲线，如图 3-19 所示，这时在 A 点的望远镜视准轴处于曲线的切线位置，即已照准 B 点，切线与曲线的夹角 δ 即为大气折光在水平方向所产生的误差，称为旁折光差。旁折光差的 δ 角的大小除与大气温度梯度有关，还与距离 d 的平方成正比，故观测时对于长边应特别注意选择有利的观测时间（如阴天）。此外，视线离障碍物应在 1m 以外，否则旁折光差会明显增大。

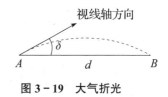

图 3-19　大气折光

晴天，由于受到地面辐射热的影响，瞄准目标的像会产生跳动；大气温度的变化会导致仪器轴系关系的改变；松软的土质或较大的风力会使仪器的稳定性变差，进而影响测角的精度。对此，视线应离地面1m以上；观测时必须打伞保护仪器；仪器从箱子里拿出来后，应放置半小时以上，令仪器适应外界温度后再开始观测；安置仪器时应将脚架踩牢。总之，要设法避免或减小外界条件的影响，尽量保证应有的观测精度。

3.7.2 竖直角测量误差

1. 仪器误差

仪器误差主要包括度盘刻划误差、度盘偏心差及竖盘指标差。其中，度盘刻划误差不能采用改变度盘位置（每一测回开始的始读数不变）进行观测的方法加以消除。基于目前的仪器制造工艺，度盘刻划误差可以保持在较小的范围内，一般不大于0.2″。度盘偏心差可采用对向观测取平均值的方法加以消减（即由 A 观测 B，再由 B 观测 A）。竖盘指标差可采用盘左盘右观测取平均值的方法加以消除。

2. 观测误差

观测误差主要包括照准误差、读数误差和竖盘指标水准管整平误差。其中，前两项误差在水平角测量误差中已阐述，要降低指标水准管整平误差，除观测时认真整平外，还应注意打伞保护仪器，切忌使仪器局部受热。

【职业素养】敬业是从业者基于对职业的敬畏和热爱而产生的一种全身心投入的认认真真、尽职尽责的职业精神状态。

3.8 DJ₆ 型光学经纬仪的检验与校正

3.8.1 经纬仪的主要轴线及其应满足的条件

经纬仪的主要轴线有：竖轴（VV）、横轴（HH）、视准轴（CC）和水准管轴（LL）。在使用前应进行检验与校正，以确保经纬仪各轴线满足几何关系。

（1）水准管轴应垂直于竖轴（$LL \perp VV$）。

（2）十字丝纵丝应垂直于横轴。

（3）视准轴应垂直于横轴（$CC \perp HH$）。

（4）横轴应垂直于竖轴（$HH \perp VV$）。

（5）望远镜视准轴水平、竖盘指标水准管气泡居中时，指标读数应为90°的整数倍，即竖盘指标差为零。

3.8.2 照准部水准管的检验与校正

（1）检验。首先利用圆水准器粗略整平仪器，然后转动照准部使水准管平行于任意两个脚螺旋的连线方向，调节这两个脚螺旋使水准管气泡居中，再将仪器旋转 180°，如水准管气泡仍居中，说明水准管轴与竖轴垂直；若气泡不再居中，则说明水准管轴与竖轴不垂直，需要校正。

（2）校正。如图 3-20（a）所示，设竖轴与水准管轴不垂直，偏离了 α 角，则当仪器绕竖轴旋转 180° 后，竖轴不垂直于水准管轴的偏角为 2α，如图 3-20（b）所示。

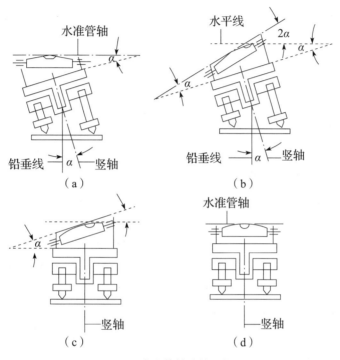

图 3-20　水准管轴的检验与校正

校正时，用校正针拨动水准管一端的校正螺钉，使气泡回到偏离中心位置的一半，即图 3-20（c）所示位置，此时水准管轴与竖轴垂直，然后相对转动这两只脚螺旋，使气泡居中，如图 3-20（d）所示。

此项检校需要反复进行，直至仪器旋转到任意方向，气泡仍然居中或偏离零点不大于半格为止。

3.8.3 十字丝竖丝垂直于横轴的检验与校正

（1）检验。整平仪器后，用十字丝竖丝的上端或下端精确对准墙上或远处一明显的目标点，固定水平制动螺旋和望远镜制动螺旋，旋转望远镜微动螺旋，使望远镜轻微俯仰，望远镜下端对准该点，如果目标点始终在竖丝上移动，说明条件满足，如图 3-21（a）所示；否则需要校正，如图 3-21（b）所示。

（2）校正。校正时，先旋下目镜分划板护盖，松开 4 个压环螺钉，转动目镜筒，使目标点在望远镜轻微俯仰时始终在十字丝竖丝上移动为止，最后将压环螺钉拧紧，拧上护盖。如图 3-22 所示。

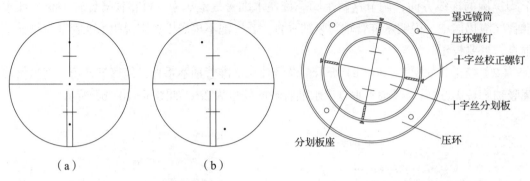

（a）	（b）

图 3 - 21　十字丝竖丝的检验　　　　　图 3 - 22　十字丝竖丝的校正

3.8.4 视准轴的检验与校正

望远镜视准轴不垂直于横轴时，所偏离的角度 c 称为视准误差。有视准误差的经纬仪，当望远镜绕横轴旋转时，望远镜视准轴所扫过的面不是竖直平面，而是一个圆锥面。因此当观测同一竖直面上不同高度的点时，水平读数各不相同，从而产生测角误差。

1. 检校与校正方法一

（1）检验。在平坦地面上选择一直线 AB，长约 $60 \sim 100$m，在 AB 中点 O 架设仪器，并在 B 点垂直横置一小尺。盘左瞄准 A，倒转望远镜在 B 点小尺上读取 B_1；再用盘右瞄准 A，倒转望远镜在 B 点小尺上读取 B_2。

用皮尺量得 $OB =$ _____。B_1 处读数为 _____，B_2 处读数为 _____，$B_1B_2 =$ _____。

计算 $c'' = \dfrac{B_1B_2}{4OB}\rho'' =$ _____。若 $2c > 60''$，则需校正。如图 3 - 23 所示。

（2）校正。用拨针拨动图 3 - 22 所示的左右两个十字丝校正螺钉，呈一松一紧。

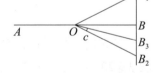

图 3 - 23　视准轴误差

2. 检校与校正方法二

（1）检验。

1）在平坦的地面上选择一条长约 100m 的直线 AB，将经纬仪安置在 A、B 两点的中点 O 处，并在 A 点设置一瞄准标志，在 B 点横放一根刻有毫米分划的尺子，使尺子与 OB 尽量垂直，标志、尺子应大致与仪器同高。

2）用盘左瞄准 A 点，制动照准部，倒转望远镜在 B 点尺上读取 B_1。

3）用盘右瞄准 A 点，制动照准部，倒转望远镜在 B 点尺上读取 B_2。

若 B_1 与 B_2 两读数相同，则说明条件满足。如不相同，则必须校正。

（2）校正。校正时，在尺子上定出一点 B_3，使 $B_2B_3 = B_1B_2/4$，OB_3 便与横轴垂直。用拨针拨动左右两个十字丝校正螺钉，呈一松一紧，左右移动十字丝分划板，直至十字丝交点与 B_3 影像重合。这项检校需反复进行。

3. 横轴 （HH） 垂直竖轴 （VV） 的检验与校正

（1）检校目的。整平仪器后，横轴能处于水平位置。

（2）检验。如图 3-24 所示，在一面高墙上固定一个清晰的照准标志 P，在距墙面 $10 \sim 20m$ 处安置仪器，先盘左位置照准点 P（仰角宜大于 $30°$），固定照准部，然后放置望远镜，视准轴水平，在墙面上标出照准点 P_1；倒转望远镜，盘右再次照准 P 点，固定照准部，然后放置望远镜，视准轴水平，在墙面上标出照准点 P_2，则横轴误差的计算公式为：

$$i = \frac{P_1 P_2}{2D \tan \alpha} \rho \qquad (3-13)$$

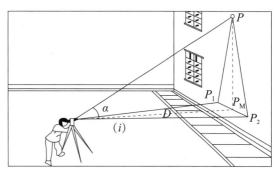

图 3-24 横轴的检验与校正

式中：α——P 点的竖直角，通过对 P 点的竖直角观测一测回获得；

D——测站至 P 点的水平距离。

计算出来的 $i \geq 20''$ 时，必须校正。

（3）校正。横轴与竖轴不正交的主要原因是横轴两端支架不等高。故校正时，需打开仪器的支架护盖，调整偏心轴承环，抬高或降低横轴的一端使 $i=0''$。此项检校需在无尘的室内环境中使用专用的平行光管进行，一般由专业维修人员校正。

3.8.5 竖盘指标差的检验与校正

（1）检验。安置仪器并整平，用盘左、盘右分别瞄准同一目标，正确读取竖盘读数 L 和 R，并按式分别计算竖直角和指标差 x，记录与计算表格式见表 3-7，当 x 值超过规定值时，加以校正。

表 3-7 竖直角和指标差 x 观测记录与计算

测点	目标	竖盘位置	竖盘读数 （° ′ ″）	半测回竖直角 （° ′ ″）	指标差 （″）	一测回竖直角 （° ′ ″）
		左				
		右				
		左				
		右				
		左				
		右				
		左				
		右				

（2）校正。先计算出盘右（或盘左）时的竖盘正确读数 $R_0 = R + x$（或 $L_0 = L - x$），仪器

仍保持照准原目标，调节竖盘指标水准管微动螺旋，使竖盘指标在竖盘正确读数 $R_应$（或 $L_应$）上，此时竖盘指标水准管气泡不再居中，用校正针拨动水准管一端的校正螺钉，使气泡居中。

此项检校需反复进行，直至指标差小于规定的限度为止。

3.8.6 光学对中器的检验与校正

安置好经纬仪后，使光学对中器十字丝中心精确对准地面上一点，即仪器对中后，绕竖轴旋转任意方向，光学对中器分划圈始终对准中心。说明光学对中器的光学垂线与仪器竖轴重合，否则应校正。

校正时通常是调节相应的螺钉，使分划圈中心左右或前后移动来对准中点，反复进行，直到照准部转到任意方向，光学对中器分划圈始终对准中心为止。

3.8.7 注意事项

（1）各项目检验的顺序不能颠倒。各项校正后，校正螺钉应处于稍紧状态。
（2）选择测站时，应顾及视准轴与横轴两项检验。

3.8.8 经纬仪的检验与校正记录表

可按表 3-8 所示格式填写检验记录。

表 3-8　检验与校正记录表

日期：_____　天气：_____　班级：_____　小组：_____　仪器型号：_____
观测：_____　记录：_____

项目		成绩	
检验目的			
主要仪器工具			
1. 照准部水准管轴的检验与校正。			
2. 十字丝竖丝垂直于横轴的检验与校正。			
3. 视准轴垂直于横轴的检验与校正。			
4. 总结			

【职业素养】我们应不断传承并发扬测绘精神，不忘初心，努力成为高素质的测绘人才。

单元小结

本单元主要介绍了 DJ$_6$ 型光学经纬仪的构造及其操作方法；电子经纬仪的原理及操作方法；水平角和竖直角的测量原理与观测方法；角度测量中误差的产生原因及其消减方法；经纬仪的检验与校正方法。

角度测量要点

内容	要点
经纬仪的使用	安置仪器，瞄准目标，读数；其中，安置仪器包括对中和整平
水平角	空间两条直线的夹角在水平面上的投影称为水平角
水平角观测方法	测回法，方向观测方法
竖直角	竖直角是测点到目标点的倾斜视线与水平视线的夹角，是两个方向线的竖盘读数之差。瞄准目标读取竖盘读数即可计算出竖直角

单元 4　距离测量与全站仪的使用

学习目标

1. 掌握直线定线方法。
2. 掌握钢尺量距、视距测量、光电测距的原理和方法。
3. 会计算测距结果。
4. 理解距离测量误差产生的原因及削减方法。
5. 掌握全站仪的测量原理，并能熟练使用全站仪。

4.1　钢尺量距

距离测量是确定地面点位的基本测量工作之一。所谓距离是指两点间的水平长度。如果测得的是倾斜距离，还必须改算为水平距离。常用的距离测量方法有钢尺量距、视距测量和光电测距仪测距等。

4.1.1　钢尺量距的一般方法

1. 量距的工具

距离丈量常用的工具有钢尺、测钎、标杆（花杆）及垂球等。

钢尺又称钢卷尺，是用钢制成的带状尺，尺的长度通常有 15m、30m、50m 等。钢尺卷放于金属尺架上，如图 4-1 所示。钢尺的基本分划为毫米，每米处、分米处、厘米处都有数字注记。由于尺上零点位置的不同，有端点尺和刻线尺之分，如图 4-2 所示。

图 4-1　钢尺卷

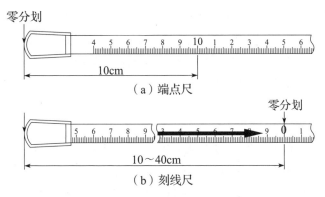

图 4-2　端点尺和刻线尺

钢尺量距的辅助工具有测钎、标杆和垂球。测钎用于标定尺段的起点和终点位置，如图 4-3（a）所示。标杆又称花杆，多用木料制成，直径约 3cm，长度为 2～3m，其上以 20cm 长的红、白漆间隔，如图 4-3（b）所示，用来标定直线的方向。垂球用于不平坦地面丈量时的投点定位。

2. 直线定线

当地面上两点之间的距离超过钢尺的全长时，用钢尺一次不能量完，量距前就需要在直线方向上标定若干个点，并竖立标杆或测钎标明方向，这项工作称为直线定线。直线定线可以采用目估定线和经纬仪定线的方法。一般情况下通过目估定线。当量距精度要求较高时，可通过经纬仪定线。

（1）目估定线。如图 4-4 所示，A、B 为地面上待测距离的两个端点，可先在 A、B 两点分别竖立标杆，测量员甲站在 A 点标杆后 1～2m 处，由 A

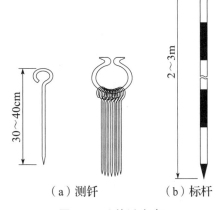

图 4-3　测钎和标杆

瞄向 B，同时指挥测量员乙左右移动标杆，直到与 A、B 标杆在同一直线上为止，并在此位置上竖立标杆或插上测钎，作为定点标志。采用相同的方法可定出直线上的其他点。定线时相邻点的间距要小于或等于一整尺的长度，定点一般由远而近进行。

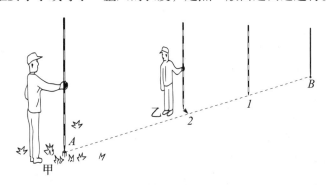

图 4-4　目估定线

（2）经纬仪定线。测量员甲先在直线的一个端点安置经纬仪，然后对中、整平，用望远镜十字丝竖丝瞄准另一个端点目标，固定照准部。而后指挥测量员乙持标杆前进至 A、B 直线附近的某点，左右移动标杆至标杆与望远镜十字丝纵丝位置重合，定下此位置。采用相同的方法，由远而近定出直线上的其他点。

3. 量距的方法

（1）平坦地区的距离丈量。

如图 4-5 所示，丈量工作一般由两人进行。后尺手持一测钎并持尺的零点端位于 A 点，前尺手携带一束测钎，同时手持尺的末端沿 AB 方向前进，至一尺段长处停下。由后尺手指挥，使钢尺位于 AB 方向线上，这时后尺手将尺的零点对准 A 点，两人同时用力将钢尺拉平，前尺手在尺的末端刻划处插一测钎作为标记（对于坚硬地面，可用铅笔在地面划线作标记）。然后，后尺手持测钎与前尺手一起抬尺前进，依次丈量后续 n 个整尺段，直到最后不足一整尺段时，后尺手在钢尺上读取余值 q，则 AB 两点之间的水平距离为：

$$D = nl + q \tag{4-1}$$

式中：n——整尺段数（即后尺手手中的测钎数）；

　　　l——钢尺的整尺长度；

　　　q——不足一整尺段的余长。

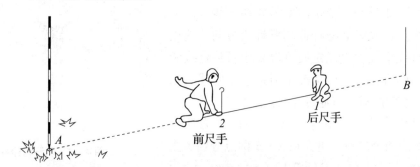

图 4-5　距离丈量

为了防止错误和提高丈量精度，需要往、返各丈量一次，取平均值为最后结果。量距精度以相对误差 K 表示，通常转换为分子为 1 的分数。

$$K = \frac{\left| D_{\text{往}} - D_{\text{返}} \right|}{D_{\text{平均}}} = \frac{\Delta D}{D_{\text{平均}}} = \frac{1}{M} \tag{4-2}$$

$$D_{\text{平均}} = \frac{D_{\text{往}} + D_{\text{返}}}{2}$$

【例 4-1】A、B 的往测距离为 162.73m，返测距离为 162.78，则相对误差 K 为

$$K = \frac{\left| 162.73 - 162.78 \right|}{162.755} = \frac{1}{3\,255}$$

相对误差的分母越大，则 K 越小，精度越高。在平坦地区，钢尺量距的相对误差一

般不应大于 1/3 000，在量距较困难地区不应大于 1/1 000。

（2）倾斜地面的距离丈量。

1）平量法。在倾斜地面丈量距离，当尺段两端的高差不大但地面坡度变化不均匀时，一般都将钢尺拉平丈量。如图 4-6 所示，丈量由 A 向 B 进行，后尺手立于 A 点，指挥前尺手将尺拉在 AB 方向线上，后尺手将尺的零点对准 A 点，前尺手将尺子抬高并目估使尺子水平，然后用垂球将尺的某一刻划投于地面上，插以测钎。用此法进行丈量，从山坡上部向下坡方向丈量比较容易，因此，丈量时两次均由高到低进行。各测段丈量结果总和即为 AB 水平距离。

2）斜量法。当倾斜地面的坡度比较均匀时，可以在斜坡丈量出 AB 的斜距 L，测出地面倾角 α，或 A、B 两点高差 h，如图 4-7 所示，然后计算出 AB 的水平距离 D，即：

$$D = L \cos \alpha \tag{4-3}$$

$$D = \sqrt{(L^2 - h^2)} \tag{4-4}$$

$$D = L + \Delta L_h = L \frac{h^2}{2L} \tag{4-5}$$

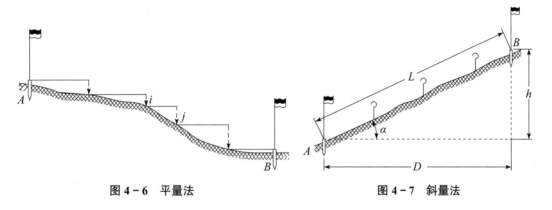

图 4-6　平量法　　　　　　　　　图 4-7　斜量法

4.1.2　钢尺量距的精密方法

1. 尺长方程式的概念

通常将钢尺在标准拉力下（30m 钢尺 100N，50m 钢尺 150N）的实际长度随温度而变化的函数式称为钢尺的尺长方程式。其一般形式为：

$$l_t = l_0 + \Delta l + \alpha(t - t_0) \tag{4-6}$$

式中：l_t——钢尺在温度 t 时的实际长度；

　　　l_0——钢尺的名义长度；

　　　Δl——整尺段的尺长改正数；

　　　α——钢尺的膨胀系数，一般取 $\alpha = 1.25 \times 10^{-5}$；

　　　t_0——标准温度 20℃；

　　　t——丈量距离时钢尺的温度。

注：此式未考虑拉力对尺长的影响。因此，量距时作用于钢尺上的拉力应与检定时的标准拉力相同。

2. 精密量距的外业

（1）清理场地。

在欲丈量的两点方向线上清除影响丈量的障碍物，必要时要适当平整场地，使钢尺在每一尺段中不致因地面高低起伏而产生挠曲。

（2）直线定线。

精密量距需用经纬仪定线。如图 4-8 所示，首先安置经纬仪于 A 点，照准 B 点，固定照准部，沿 AB 方向用钢尺进行概量，在稍短于一尺段长的位置打下木桩，桩顶高出地面 $10 \sim 20cm$，在桩顶钉一白铁皮。再用经纬仪精确定出 AB 直线方向，并在各白铁皮上划一条竖线，使其与视线方向重合，另划一条横线与其垂直，十字线的交点作为丈量时的标志。

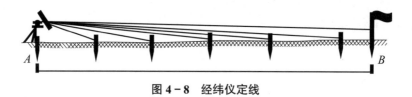

图 4-8 经纬仪定线

（3）测相邻桩顶间高差。

为将沿桩顶丈量的倾斜距离转换成水平距离，应用水准仪通过双面尺法或往返测法测出各相邻桩顶间高差。相邻桩顶间两次高差不大于 10mm，可取两次高差的平均值作为相邻桩顶间的高差。

（4）量距。

精密量距用检定过的钢尺进行，一般由五人组成，两人拉尺，两人读数，一人测温度兼记录。

丈量时，两人同时拉紧钢尺，把钢尺有刻划的一侧贴于木桩顶十字线交点，待弹簧秤指示到钢尺检定的标准拉力并达到平衡且钢尺稳定后，前、后同时读取数值，读数应估读至 0.5mm，记录员依次记入手簿，并计算尺段长度。

前、后移动钢尺 $2 \sim 3cm$，同法再次丈量。每一尺段要读 3 组读数，由 3 组读数算得的长度之差应小于 2mm，否则应重量。如在限差之内，取 3 次结果的平均值，作为该尺段的观测成果。每一尺段应该记录一次温度，估读至 0.5℃。如此继续丈量至终点，即完成一次往测。完成往测后，应立即返测。为了校核，并确保所量直线的长度达到规定的丈量精度，一般应往返若干次。

3. 精密量距的内业计算

（1）尺段长度计算。

1）尺长改正。设钢尺在标准温度、标准拉力下的实际长度为 l'，钢尺的名义长度为 l_0，两者之差 $\Delta l = l' - l_0$ 即为整尺段的尺长改正数。则每尺段的尺长改正数为：

$$\Delta L_{\mathrm{d}} = (\Delta l / l_0) / L \qquad (4-7)$$

2）温度改正。设钢尺在检定时的温度为 $t_0℃$，丈量时的温度为 $t℃$，钢尺的线膨胀系数为 α，则某尺段 l 的温度改正数为：

$$\Delta L_{\mathrm{t}} = \alpha(t - t_0)L \qquad (4-8)$$

3）倾斜改正。按式（4-5）计算倾斜改正数，倾斜改正数永远为负值。

4）改正后的水平距离。综上所述，每一尺段改正后的水平距离 d 为：

$$d = L + \Delta L_{\mathrm{d}} + \Delta L_{\mathrm{t}} + \Delta L_{\mathrm{h}} \qquad (4-9)$$

（2）计算全长。

将各个尺段改正后的水平距离相加，便得到直线的全长。

4.1.3 钢尺量距的注意事项

（1）应采用经过检定的钢尺量距。

（2）前、后尺手量距时应密切配合，定线要直，尺身要水平，尺子要拉紧，用力要均匀，待尺子稳定时再读数或插测钎。

（3）用测钎标志点位，测钎要竖直插下。前、后尺所量测钎的部位应一致。

（4）读数要细心，注意避免把 9 读成 6，或将 16.041 读成 16.140 等。

（5）记录应清楚，记好后及时回读，互相校核。

（6）钢尺性脆易折断，应防止打折、扭曲、拖拉，并严禁车辗、人踏，以免损坏。钢尺易锈，用毕需擦净、涂油。

【职业素养】再长的路，一步步也能走完；再短的路，不迈开双脚也无法到达终点。

4.2 普通视距测量

视距测量是一种间接测距方法，利用望远镜内的视距丝装置，依据几何光学原理可同时测定距离和高差。普通视距测量的测距精度虽仅有 1/200～1/300，低于钢尺量距，但由于操作简便迅速，不受地面起伏限制，因此广泛应用于测距精度要求不高的场合。

4.2.1 视距测量原理

经纬仪、水准仪等测量仪器的十字丝分划板上都有与横丝平行等距对称的两根短丝，称为视距丝。利用视距丝配合标尺就可以进行视距测量。

1. 视准轴水平时的距离与高差公式

如图 4-9 所示，在 A 点安置仪器，并使视准轴水平，在 1 点或 2 点立标尺，视准轴与标尺垂直。

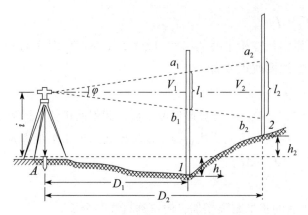

图 4 - 9 视准轴水平时的距离测量

对于倒像望远镜，下丝在标尺上的读数为 a，上丝在标尺上的读数为 b，下、上丝读数之差称为视距间隔或尺间隔 l（$l=a-b$）。由于上、下丝间距固定，两根丝引出的视线在竖直面内的夹角 φ 是一个固定角度（约为 $34'23''$），因此，尺间隔 l 和立尺点到测站的水平距离 D 成正比，即

$$\frac{D_1}{l_1}=\frac{D_2}{l_2}=k$$

式中，比例系数 K 称为视距乘常数，由上、下丝的间距来决定。制造仪器时通常使 $K=100$。因而视准轴水平时的视距公式为：

$$D = Kl = 100l \tag{4-10}$$

由图 4 - 9 可知，测站点到立尺点的高差为：

$$h = i - v \tag{4-11}$$

式中：i——仪器高，即桩顶到仪器视准轴的高度；

v——中丝在标尺上的读数。

2.视准轴倾斜时的距离与高差公式

在地面起伏较大的地区测量时，必须使视准轴倾斜才能读取尺间隔，如图 4 - 10 所示。由于视准轴不垂直于标尺，不能用式（4 - 10）和式（4 - 11）计算。如果能将尺间隔 ab 转换成与视准轴垂直的尺间隔 $a'b'$，就可按式（4 - 8）计算倾斜距离 L，根据 L 和竖直角 α 算出水平距离 D 和高差 h。

图 4 - 10 中的 $\angle aoa' = \angle bob' = \alpha$，由于 φ 角很小，可近似认为 $\angle aa'o$ 和 $\angle bb'o$ 是直角，设 $l'=a'b'$，$l=ab$，则

$$l' = a'o + ob' = ao\cos\alpha + ob\cos\alpha = l\cos\alpha$$

根据式（4 - 10）得倾斜距离为：

$$L = Kl' = Kl\cos\alpha$$

视准轴倾斜时的视距公式为：

$$D = L\cos\alpha = Kl\cos^2\alpha \tag{4-12}$$

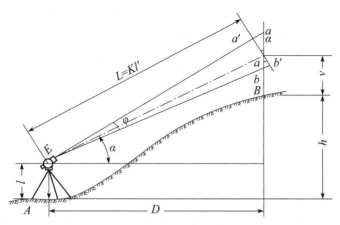

图 4 - 10 视准轴倾斜时的距离测量

由图 4 - 10 可知，测站点到立尺点的高差为：

$$h = D \operatorname{tg} \alpha + i - v \qquad (4-13)$$

上式中，D 可用式（4 - 12）代入，得：

$$h = \frac{1}{2} Kl \sin 2\alpha + i - v \qquad (4-14)$$

立尺点高程为 $H = H_0 + h$，H_0 为测站点高程。

【例 4 - 2】设测站点的高程 $H_A = 50.25\text{m}$，仪器高 $i = 1.43\text{m}$，观测竖直角时以中丝切准尺面使 $v = 1.43\text{m}$，此时下丝读数 $m = 1.684\text{m}$，上丝读数 $n = 1.132\text{m}$，竖直度盘盘左读数 $L = 88°05'36''$（竖盘为顺时针注记，竖盘指标差为 0）。计算 A 点到 B 点的平距 D 及 B 点的高程 H_B。

解：$\alpha = 90° - L = 90° - 88°05'36'' = 1°54'24''$

$D = Kl \cos^2 \alpha = 100(1.684 - 1.132)\cos^2 1°54'24'' = 55.14\,\text{m}$

$h_{AB} = D \tan \alpha = 55.14 \times \tan 1°54'24 = 1.84\,\text{m}$

$H_B = H_A + h_{AB} = 50.25 + 1.84 = 52.09\,\text{m}$

视距测量误差的主要来源有视距丝在标尺上的读数误差、标尺不竖直的误差、垂直角观测误差及大气折光影响等。

4.2.2 视距测量注意事项

（1）视距测量时主要按视距丝来读取标尺分划数，而视距会遮盖一定的宽度，估读难以准确。因此，可依视距丝的上边缘（或下边缘）来读数，以减少读数误差。

（2）当倾斜视距的竖角超过 8° 时，应特别注意立直标尺，否则将产生较大的视距误差。为此，标尺上最好安有圆水准器，以保证标尺竖直。

（3）视线离地面要有一定高度，以减少地面辐射热对读数的影响。

4.3 电磁波测距

与钢尺量距的烦琐和视距测量的低精度相比，电磁波测距具有测程长、精度高、操作简便、自动化程度高的特点。电磁波测距按精度可分为Ⅰ级（$m_D \leqslant 5mm$）、Ⅱ级（$5mm < m_D \leqslant 10mm$）和Ⅲ级（$m_D > 10mm$）。按测程可分为短程（$\leqslant 5km$）、中程（$5km <$ 中程 $\leqslant 15km$）和远程（$>15km$）。按采用的载波不同，可分为用微波作载波的微波测距仪；用光波作载波的光电测距仪。光电测距仪所使用的光源一般有激光和红外光。

4.3.1 电磁波测距的原理及方法

如图4-11所示，欲测定A、B两点间的距离D，可在A点发射调制光，使其在待测路径上传播，至B点的反射棱镜反射后又回到A点而被接收机接收，通过测定电磁波在待测距离两端点间往返一次的传播时间t，结合电磁波在大气中的传播速度c来计算两点间的距离$D = \frac{1}{2}ct$。

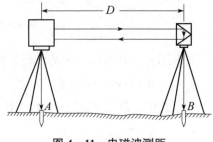

图4-11 电磁波测距

光电测距仪按照测定传播时间t的方法的不同，可分为直接测定时间的脉冲式和间接测定时间的相位式两类。脉冲式测距仪通过直接测定光脉冲在测线上往返传播的时间来求得距离。由于受脉冲宽度和电子计数器时间分辨率的限制，脉冲式测距仪的精度较低。

相位式测距仪通过测相电路来测定调制光在测线上往返传播所产生的相位差，间接测得时间，从而求出距离，测距精度较高。工程测量中使用的精密测距仪多采用相位式。红外光电测距仪就是典型的相位式测距仪。

4.3.2 相位式测距的基本原理

测距仪在A点发射的调制光在待测路径上传播，被B点的反射棱镜反射后又回到A点而被接收机接收，然后由相位计对发射信号和接收信号进行相位比较，得到调制光在待测路径上往返传播所引起的相位移φ，其相应的往返传播时间为t。如果将调制波的往程和返程展开，则可得图4-12所示的波形。

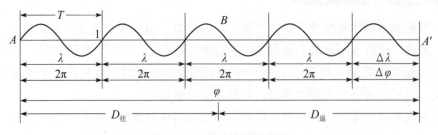

图4-12 相位法测距原理

设调制光的频率为 f（每秒振荡次数），其周期 $T = \dfrac{1}{f}$（每振荡一次的时间，单位为 s），则调制光的波长为

$$\lambda = c \cdot T = \frac{c}{f} \tag{4-15}$$

从图 4-12 中可以看出，在调制光往返的时间 t 内，其相位变化了 N 个整周（2π）及不足一周的余数 $\Delta\varphi$，而对应 $\Delta\varphi$ 的时间为 Δt，距离为 $\Delta\lambda$，则

$$\Delta N = \frac{\Delta\varphi}{2\pi} \tag{4-16}$$

为不足一整周的小数。

$$\varphi = 2\pi f t = N \cdot 2\pi + \Delta\varphi \tag{4-17}$$

将 $t = \dfrac{\varphi}{2\pi f}$ 代入 $D = \dfrac{1}{2}ct$

于是得到相位测距的基本公式

$$D = \frac{1}{2}c\frac{\varphi}{2\pi f} = \frac{c}{2f} \cdot \frac{\varphi}{2\pi} = \frac{\lambda}{2}(N + \Delta N) \tag{4-18}$$

在相位测距基本公式（4-18）中，常将 $\dfrac{\lambda}{2}$ 看作一把"光尺"的尺长，测距仪就是用这把"光尺"去丈量距离。N 则为整尺段数，ΔN 为不足一整尺段之余数。两点间的距离 D 就等于整尺段总长 $\dfrac{\lambda}{2}N$ 和余尺段长度 $\dfrac{\lambda}{2}\Delta N$ 之和。

测距仪的测相装置（相位计）只能测出不足整周（2π）的尾数 $\Delta\varphi$，而不能测定整周数 N，因此使（4-18）式产生多值解，只有当所测距离小于光尺长度时，才能有确定的数值。例如，"光尺"为 10m，只能测出小于 10m 的距离；"光尺"为 1 000m，则可测出小于 1 000m 的距离。又由于仪器测相装置的测相精度一般为 1/1 000，故测尺越长测距误差越大。为了解决测程与精度的矛盾，目前的测距仪一般采用两个调制频率，即采用两把"光尺"进行测距。用长测尺（称为粗尺）测定距离的大数，以满足测程的需要；用短测尺（称为精尺）测定距离的尾数，以保证测距的精度。将两结果衔接组合起来就是最后的距离值，并自动显示。例如：

粗测尺结果　0234

精测尺结果　　　4.718

显示距离值　234.718m

4.3.3 成果计算

在测距仪测得初始斜距值后，还需加上仪器常数改正、气象改正和倾斜改正等，最后求得水平距离。

1. 仪器常数改正

仪器常数有加常数 K 和乘常数 R 两项。

由于仪器的发射中心、接收中心与仪器旋转竖轴不一致而引起的测距偏差值，称为仪器加常数。实际上，仪器加常数还包括由于反射棱镜的组装（制造）偏心或棱镜等效反射面与棱镜安置中心不一致引起的测距偏差，称为棱镜加常数。仪器的加常数改正值 δ_K 与距离无关，并可预置于机内做自动改正。

仪器乘常数主要是由于测距频率偏移而产生的。乘常数改正值 δ_R 与所测距离成正比。在部分测距仪中可预置乘常数做自动改正。

仪器常数改正的最终式可写成

$$\Delta S = \delta_K + \delta_R = K + R \cdot S \tag{4-19}$$

2. 气象改正

仪器的测尺长度是在一定的气象条件下推算出来的。野外实际测距时的气象条件不同于制造仪器时确定仪器测尺频率所选取的基准（参考）气象条件，故测距时的实际测尺长度就不等于标称的测尺长度，使测距值产生与距离长度成正比的系统误差。所以在测距时应同时测定当时的气象元素：温度和气压，利用厂家提供的气象改正公式计算距离改正值。如某测距仪的气象改正公式为：

$$\Delta S = \left(283.37 - \frac{106.283\,3P}{273.15 + T}\right) \cdot S(\text{mm})$$

式中：P——气压（hPa）；

T——温度（℃）；

S——距离测量值（km）。

目前，所有的测距仪都可将气象参数预置于机内，在测距时自动进行气象改正。

3. 倾斜改正

测距仪所观测的距离为测距仪几何中心到反光镜几何中心的直线距离，一般为斜距，为了得到两点间的水平距离，应进行倾斜改正。

当测得斜距的竖角 δ 后，可按下式计算水平距离：

$$D = S \cos \delta \tag{4-20}$$

【职业素养】工程测量人员应当弘扬科学精神，刻苦钻研技术，大胆实践，积极进取，不断强化创新意识、增强创新能力。

4.4 全站仪测量

4.4.1 认识全站仪

全站型电子速测仪简称全站仪，由光电测距仪、电子经纬仪和数据处理系统组成。一台全站仪，除能自动测距、测角外，还能快速完成一个测站所需完成的全部工作，包括测量平距、高差、高程、坐标和施工放样等。

1. 全站仪分类

全站仪分为分体式和整体式两类。分体式全站仪的测距头和电子经纬仪不是一个整体，作业时将测距头安装在电子经纬仪上，作业结束后卸下来分开装箱。整体式全站仪是分体式全站仪的升级，测距头与电子经纬仪的望远镜结合在一起，形成一个整体，使用起来更为方便。

全站仪的生产厂家很多，国外品牌主要有瑞士徕卡公司生产的 TC 系列全站仪，日本托普康公司生产的 GTS 系列、索佳公司生产的 SET 系列、宾得公司生产的 PCS 系列、尼康公司生产的 DMT 系列等。国产品牌主要有南方测绘仪器公司生产的 NTS 系列、北京博飞仪器公司生产的 BTS 系列、苏州一光仪器公司生产的 RTS 系列等。如图 4 - 13 所示为南方全站仪的外观及结构。

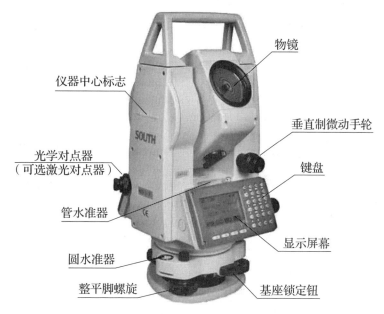

物镜
仪器中心标志
垂直制微动手轮
键盘
光学对点器
（可选激光对点器）
管水准器
显示屏幕
圆水准器
整平脚螺旋
基座锁定钮

图 4 - 13 南方全站仪的外观及结构

2. 全站仪的辅助设备

（1）反射棱镜。

在用全站仪进行除角度测量之外的所有测量工作时，反射棱镜是必不可少的。

构成反射棱镜的光学部件是直角玻璃锥体，无论光线从哪个方向入射透射面，棱镜必将入射光线反射回其发射方向，因此，测量时只要使棱镜的透射面大致垂直于侧线方向，仪器便会得到回光信号。

根据测程的不同，可以选用单棱镜、三棱镜、万向棱镜和反射片等。

（2）温度计和气压表。

由于仪器作业时的大气条件通常与基准大气条件（气象参考点）不同，光尺长度会发生变化，使测距产生误差，因此必须进行气象改正。大气条件主要指大气的温度和气压。精密测距还应考虑大气湿度。

测定气压通常使用空盒气压表。气压表的单位有毫巴（mbar，$1\text{bar}=1\times10^5\text{Pa}$）和毫米汞柱（mmHg，$1\text{mmHg}=133.322\text{Pa}$）两种。两者的换算关系为

$$1\text{mbar}=0.750\ 061\ 7\text{mmHg}$$
$$1\text{mmHg}=1.333\ 224\text{mbar}$$

测定气温通常使用通风干湿温度计。在测程较短（数百米）或测距精度要求不太高的情况下，可使用普通温度计。

测量时，只需输入当时的气温和气压，全站仪便可自动对所测数据进行修正。

3. 全站仪的测量原理

全站仪的结构原理如图 4-14 所示。其中，测距系统和测角系统为主要光电系统。键盘供测量人员调用内部指令来指挥仪器进行测量和数据处理。以上各系统通过 I/O 接口接入总线与微处理机相连。微处理机是全站仪的核心部件，如同计算机的中央处理器（CPU），主要由寄存器、运算器和控制器组成。微处理机的主要功能是根据键盘指令启动仪器，执行数据传输、处理、显示、储存等测量工作，保证整个光电测量工作有条不紊地进行。输入输出单元是与外部设备连接的装置（接口）。存储器是存储测量成果的数据库。全站仪的数字计算机中提供了程序存储器。

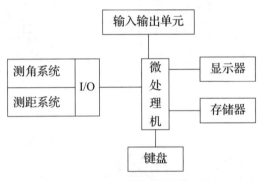

图 4-14　全站仪的结构原理

4. 全站仪的基本功能

（1）角度测量。

1）功能。可进行水平角、竖直角的测量。

2）方法。与经纬仪相同，若要测量水平角 $\angle AOB$，可执行以下操作：

①当精度要求不高时。瞄准 A 点、按"置零（0 SET）"键、瞄准 B 点，记下水平度盘 HR 的大小。

②当精度要求高时可用测回法。操作步骤同经纬仪，只是配置度盘时，按"置盘（H SET）"键。

（2）距离测量。

1）功能。可测量平距 HD、高差 VD 和斜距 SD（全站仪镜点至棱镜点间高差及斜距）。

2）方法。

①进行棱镜常数（PRISM）、气象改正数（PPM）的设置。

通常，设置 PRISM=0 或 −30mm（具体见说明书）。

气象改正数可理解为 1km 距离需改正的毫米数。输入测量时的气温（TEMP）、气压（PRESS），或计算后的 PPM 值。

②照准棱镜点，按"测量（MEAS）"键。

（3）坐标测量。

1）功能。可测量目标点的三维坐标 (X, Y, H)。测量原理如图 4-15 所示。

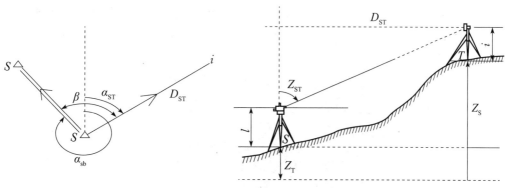

图 4-15　测量原理

若输入方位角 α_{sb}，测站坐标 (X_s, Y_s)；测得水平角 β 和平角 D_{ST}，则有

方位角：$\alpha_{ST}+\beta$

坐标：$X_T=X_s+D_{ST}\cos\alpha_{ST}$，$Y_T=Y_s+D_{ST}\sin\alpha_{ST}$

若输入测站 S 的高程 H_s；测得仪器高 i，棱镜高 v，平距 D_{ST}，竖直角 Z_{ST}，则有高程：$H_T=H_s+i+D_{ST}\tan（90°-Z_{ST}）-v$

2）方法。输入测站 S (X, Y, H)，仪器高 i，棱镜高 v，瞄准后视点 B，将水平度盘读数设置为 α_{sb}，瞄准目标棱镜点 T，按"测量（MEAS）"键，即可显示点 T 的三维坐标。

（4）点位放样。

1）功能。根据设计的待放样点 P 的坐标，在实地标出 P 点的平面位置及填挖高度。放样原理如图 4-16 所示。

2）方法。

①在大致位置竖立棱镜，测出当前位置的坐标。

②将当前坐标与待放样点的坐标相比较，得距离差值 dD 和角度差值 dHR，或纵向差值 Δx 和横向差值 Δy。

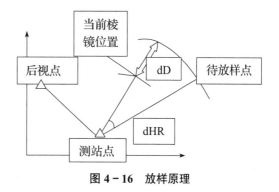

图 4-16　放样原理

③根据显示的 dD、dHR 或 Δx、Δy，逐渐找到放样点的位置。

（5）程序测量。

1）数据采集（data collecting）。

2）坐标放样（layout）。

3）对边测量（MLM）、悬高测量（REM）、面积测量（AREA）、后方交会（RESECTION）等。

4）数据存储管理。包括数据的传输、数据文件操作（改名、删除、查阅）。

4.4.2 全站仪的基本操作

1. 全站仪按键功能及符号含义

以图 4 - 17 所示的南方全站仪 NTS-350 系列为例,其键盘符号及功能见表 4 - 1,显示符号及含义见表 4 - 2。

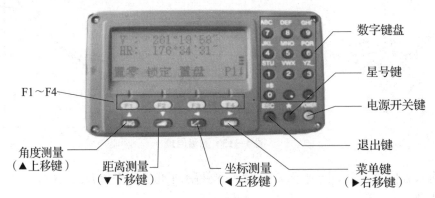

数字键盘

星号键

电源开关键

F1~F4

退出键

角度测量
(▲上移键)

菜单键
(▶右移键)

距离测量
(▼下移键)

坐标测量
(◀左移键)

图 4 - 17　南方 NTS-350 全站仪操作面板

表 4 - 1　南方 NTS-350 全站仪键盘符号及功能

按键	名称	功能
ANG	角度测量键	进入角度测量模式(▲上移键)
◢	距离测量键	进入距离测量模式(▼下移键)
◿	坐标测量键	进入坐标测量模式(◀左移键)
MENU	菜单键	进入菜单模式(▶右移键)
ESC	退出键	返回上一级状态或返回测量模式
POWER	电源开关键	电源开关
F1 ~ F4	软键(功能键)	对应于显示的软键信息
0 ~ 9	数字键	输入数字、字母、小数点、负号
★	星号键	进入星号键模式

表 4 - 2　南方 NTS-350 全站仪显示符号及含义

显示符号	内容
V%	垂直角(坡度显示)
HR	水平角(右角)
HL	水平角(左角)
HD	水平距离
VD	高差

续表

显示符号	内容
SD	倾斜
N	北向坐标
E	东向坐标
Z	高程
*	EDM（电子测距）正在进行
m	以米为单位
ft	以英尺为单位
fi	以英尺与英寸为单位

说明：1. 同一个键在不同模式下具有不同功能，详见南方全站仪使用说明书。

2. 不同品牌、不同型号的全站仪按键功能大同小异。

2. 全站仪的使用

（1）观测前的准备工作。

1）电池装入与取出。进行观测之前，应将电池充足电。把电池放入仪器盖板的电池槽中，用力推电池，使其卡入仪器中；按住电池左右两边的按钮往外拔，即可取出电池。

2）安置仪器。进行仪器的整平与对中，具体操作与光学经纬仪相同。

3）打开电源，准备观测。仪器整平后，打开电源开关（POWER 键），出现垂直角过零时，在盘左位置稍微摇摆一下测距头。确认显示窗中显示电量充足，当显示"电池电量不足"或电池用完时，应更换电池并对换下的电池及时充电。

（2）角度测量。

角度测量流程见表 4-3。

表 4-3 角度测量流程

操作过程	显示
①照准第一个目标 A	V ： 82° 09′ 30″ HR： 90° 09′ 30″ 置零　锁定　置盘　P1↓
②设置目标 A 的水平角为 0°00′00″ 按 F1（置零）键和 F3（确认）键	水平角置零 >OK? 确认 退出 V ： 82° 09′ 30″ HR： 0° 00′ 00″ 置零　锁定　置盘　P1↓

续表

操作过程	显示
③照准第二个目标B，显示目标B的V/H	V : 92° 09′ 30″ HR: 67° 09′ 30″ 置零　锁定　置盘　**P1↓**

1）在角度测量模式下，瞄准起始目标A，按"F1"键使水平度盘读数置零，并按"F3"键确认。竖盘显示A点的竖直角读数。

2）照准右侧目标B，显示的水平度盘读数即为所测的水平角度∠AOB。竖盘显示B点的竖直角读数。

①水平角（右角/左角）切换。确认仪器处于角度测量模式，按"F4"键两次，再按"F1"键（R/L）为右角/左角切换。（右角：角度按照顺时针方向计算大小；左角：角度按照逆时针方向计算大小。）水平角锁定流程见表4-4。

表4-4　水平角锁定流程

操作过程	显示
①调整水平微动螺旋转到所需的水平角	V : 122° 09′ 30″ HR: 90° 09′ 30″ 置零　锁定　置盘　**P1↓**
②按 F2 （锁定）键	水平角锁定 HR: 90° 09′ 30″ >设置　？ 确认 退出
③照准目标	
④按 F3 （确认）键完成水平角设置*，显示窗变为正常的角度测量模式	V : 122° 09′ 30″ HR: 90° 09′ 30″ 置零　锁定　置盘　**P1↓**
*若要返回上一个模式，可按 F4 （退出）键	

②水平角的设置。

水平角的设置有两种模式：通过锁定角度值进行设置或通过键盘输入进行设置。

确认仪器处于角度测量模式。

通过锁定角度值进行设置：调整水平微动螺旋转到所需的水平角，按"F2"键；瞄准目标，按"F3"键完成水平角设置，显示窗变为正常的角度测量模式。

通过键盘输入进行设置：照准目标，按"F3"键，通过键盘输入所要求的水平角。水平角设置流程见表 4 - 5。

表 4 - 5　水平角设置流程

操作过程	显示
①照准目标	V ：　122° 09′ 30″ HR：　90° 09′ 30″ 置零　锁定　置盘　P1↓
②按 F3（置盘）键	水平角设置 HR=_ 回退　　　　回车
③通过键盘输入所要求的水平角，如 150°10′20″，按 F4（回车）键确认。 随后即可基于所要求的水平角进行正常的测量。	V ：　122° 09′ 30″ HR：　150° 10′ 20″ 置零　锁定　置盘　P1↓

仪器常数设置流程见表 4 - 6。

表 4 - 6　仪器常数设置流程

操作过程	显示
①按　（距离测量）键进入距离测量模式	HR：　170° 30′ 20″ HD：　　235.343 m VD：　　36.551 m 测量　模式　S/A　P1↓
②由距离测量或坐标测量模式先测得测站周围的温度和气压	气象改正设置 PSM：－30 PPM：0.0 棱镜　PPM　温度　气压
③按 F3（温度）键执行温度设置	温度设置 　温度：　20.0　　℃ 输入　　　　回车
④按 F1（输入）键输入温度，按 F4（回车）键确认	温度设置 　温度：　25.0　　℃ 输入　　　　回车

（3）距离测量。

1）进行气象改正、温度和棱镜常数的设置。

2）选择全站仪测距时的合作模式。

NTS-302R 全站仪测距有以下 3 种合作模式可选：

①棱镜，采用此模式测距时对准棱镜。

②反射板，采用此模式测距时对准反射板。

③无合作，采用此模式测距时对准被测物体。

模式选择可通过"★"键完成。按下"★"键后出现图 4 - 18 所示的界面。

按"F1（模式）"键后可选择 3 种合作模式：按"F1"键选择的合作目标是棱镜，按"F2"键选择的合作目标是反射板，按"F3"键选择无合作目标。选择一种模式后按"ESC"键即可回到上一界面。

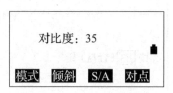

图 4 - 18　"★"键模式

3）距离测量模式的选择流程见表 4 - 7。

表 4 - 7　距离测量模式的选择流程

操作过程	显示
①照准棱镜中心	V ： 122° 09′ 30″ HR： 90° 09′ 30″ 置零　锁定　置盘　P1↓
②按 ◢（距离测量）键	HR： 170° 09′ 20″ HD*[N] VD： 测量　模式　S/A　P1↓
③当不再需要进行连续测量时，可按 F2（模式）键，再按 F1（单次精测）键，转换为单次测量	测距模式设置 F1：单次精测 F2：[连续精测] F3：连续跟踪 HR： 170° 30′ 20″ HD： 566.346 m VD： 89.678 m 测量　模式　S/A　P1↓

距离测量模式有 3 种：单次精测、连续精测、连续跟踪。在距离测量模式下，按"F2（模式）"键，再按"F1"～"F3"键即可选择不同的模式。

4）镜高和仪高输入。在坐标观测模式下，可选择镜高和仪高输入。

5）精确照准目标棱镜中心。确认处于测距模式下，按 ⊿键（或"F1"键）即可测得斜距、水平距离和高差。可按上、下键切换显示。

（4）坐标测量。

1）进行坐标测量，要先设置后视方位角、测站坐标、仪器高、棱镜高。

2）后视方位角的设置流程见表 4 - 8。

表 4 - 8　后视方位角的设置流程

操作过程	显示
①照准目标	V ： 122° 09′ 30″ HR： 90° 09′ 30″ 置零　锁定　置盘　P1↓
②按 F3（置盘）键	水平角设置 HR=_ 回退　　　　　回车
③通过键盘输入所要求的水平角，如 150°10′20″，按 F4（回车）键确认。 随后即可基于所要求的水平角进行正常的测量	V ： 122° 09′ 30″ HR： 150° 10′ 20″ 置零　锁定　置盘　P1↓

3）测站坐标、仪器高、棱镜高的设置。在坐标测量模式下，按"F4（P1↓）"键，转到第 2 页；按"F3（测站）"键进行测站坐标的设置：N 表示点位 X 坐标，E 表示点位 Y 坐标，Z 表示点位 H 坐标，分别输入并回车。测站坐标的设置流程见表 4 - 9。

表 4 - 9　测站坐标的设置流程

操作过程	显示
①在坐标测量模式下，按 F4（P1↓）键，转到第 2 页	N: 286.245 m E: 76.233 m Z: 14.568 m 测量　模式　S/A　P1↓ 镜高　仪高　测站　P2↓

续表

操作过程	显示
②按 [F3]（测站）键	N->　　　　0.000 m E:　　　　0.000 m Z:　　　　0.000 m 输入　　　　回车
③输入 N 坐标，按 [F4]（回车）键确认	N:　　　　36.976 m E->　　　　0.000 m Z:　　　　0.000 m 输入　　　　回车
④按同样方法输入 E 和 Z 坐标，输入数据后，显示屏返回坐标测量显示	N:　　　　36.976 m E:　　　　298.578 m Z:　　　　45.330 m 测量　模式　S/A　P1↓

仪器高的设置流程见表 4 - 10。

表 4 - 10　仪器高的设置流程

操作过程	显示
①在坐标测量模式下，按 [F4]（P1↓）键，转到第 2 页	N:　　　　286.245 m E:　　　　76.233 m Z:　　　　14.568 m 测量　模式　S/A　P1↓ 镜高　仪高　测站　P2↓
②按 [F2]（仪高）键，显示当前值	输入仪器高度 仪高:　　　　0.000 m 　 输入　　　　回车
③输入仪器高，按 [F4]（回车）键确认	N:　　　　286.245 m E:　　　　76.233 m Z:　　　　14.568 m 测量　模式　S/A　P1↓

棱镜高的设置流程见表 4 - 11。

表 4 - 11   棱镜高的设置流程

操作过程	显示
①在坐标测量模式下，按 F4 (P1↓) 键，进入第 2 页	N:　　　　286.245 m E:　　　　 76.233 m Z:　　　　 14.568 m 测量　模式　S/A　P1↓ 镜高　仪高　测站　P2↓
②按 F1 (镜高) 键，显示当前值	输入棱镜高度 镜高:　　　　0.000 m 输入　　　　　　　回车
③输入棱镜高，按 F4 (回车) 键确认	N:　　　　286.245 m E:　　　　 76.233 m Z:　　　　 14.568 m 测量　模式　S/A　P1↓

4）经过前面的设置，瞄准目标棱镜中心，按"F1（测量）"键，可测定未知点的坐标。

（5）放样。

1）安置仪器。进行仪器的整平与对中，开机。

2）进入坐标放样模式，进行测站点和仪器高的设置。坐标放样操作见表 4 - 12。

表 4 - 12   坐标放样操作

操作内容	显示
按 S.0 键	坐标放样　　　　　1/2 F1: 输入测站点 F2: 输入后视点 F3: 输入放样点　　　P↓

设置测站点的方法有两种：利用内存中的坐标设置（表 4 - 13 所列操作的第二步，按"F2（调用）"键）或直接键入坐标数据（表 4 - 13 所列操作的第二步，按"F3（坐标）"键）。测站坐标输入流程见表 4 - 13。

表 4 - 13 测站坐标输入流程

操作过程	显示
①打开坐标放样菜单 1/2，按 F1（输入测站点）键，即显示原有数据	测站点 点名： 输入 调用 坐标 回车
②按 F1（输入）键	测站点 点名： 回退 空格 回车
③输入点名，按 F4（回车）键确认	输入仪器高度 仪高： 0.000 m 输入 回车
④按同样方法输入仪器高，按 F4（回车）键确认，显示屏返回坐标放样菜单 1/2	坐标放样 1/2 F1：输入测站点 F2：输入后视点 F3：输入放样点 P↓

3）设置后视点。瞄准后视点目标后，即可进行后视点设置，见表 4 - 14。

表 4 - 14 后视点设置流程

操作过程	显示
①打开坐标放样菜单 1/2，按 F2（输入后视点）键，即显示原有数据	后视点 点名： 输入 调用 坐标 回车
②按 F3（坐标）键	N-> m E: m 输入 角度 回车
③按 F1（输入）键，输入坐标值，按 F4（回车）键确认	照准后视点 HB= 120° 30′ 20″ >照准? [否] [是]

续表

操作过程	显示
④照准后视点	
⑤按 F4（是）键，显示屏返回坐标放样菜单 1/2	坐标放样　　　　　　1/2 F1：输入测站点 F2：输入后视点 F3：输入放样点　　　P↓

后视点设置方法有 3 种：利用内存中的坐标数据文件；直接输入坐标数据；直接输入方位角。表 4 - 14 所列的操作是直接输入后视点坐标数据。

如果在第一步按"F2（调用）"键，便可以利用内存中的坐标数据输入后视点坐标，完成后视点设置。

如果在第三步按"F3（角度）"键，便可以直接输入后视点的方位角。

4）点位放样。放样点的数据可以通过点号调用内存中的坐标值（表 4 - 15 所列操作的第二步，按"F2（调用）"键），也可以直接输入坐标值（表 4 - 15 所列操作的第二步，按"F3（坐标）"键）。点位放样操作流程见表 4 - 15。

表 4 - 15　点位放样操作流程

操作过程	显示
①打开坐标放样菜单 1/2，按 F3（输入放样点）键	坐标放样　　　　　　1/2 F1：输入测站点 F2：输入后视点 F3：输入放样点　　　P↓ 放样点 点名： 输入　调用　坐标　回车
①按 F1（输入）键，输入点号，按 F4（回车）键确认	输入棱镜高度 镜高：　　　　0.000 m 输入　　　　　　　回车
③按同样方法输入反射镜高，当放样点设定后，仪器就进行放样元素的计算 HR：放样点的水平角计算值 HD：仪器到放样点的水平距离计算值	放样参数计算 HR：　122° 09′ 30″ HD：　　245.777 m 　　　　　　　　继续

续表

操作过程	显示
④照准棱镜，按 F4 (继续) 键 HR：实际测量的水平角 dHR：对准放样点仪器应转动的水平角 = 实际水平角 − 计算的水平角 当 dHR=0°00'00″ 时，即表明放样方向正确	角度差调为零 HR： 2° 09′ 30″ dHR： 22° 39′ 30″ 距离 坐标 换点
⑤按 F2 (距离) 键 HD：实测的水平距离 dHD：对准放样点尚差的水平距离 dZ= 实测高差 − 计算高差	HD*[1] dHD： dZ： 模式 角度 坐标 换点 HD* 245.777 m dHD： −3.223 m dZ： −0.067 m 模式 角度 坐标 换点
⑥按 F1 (模式) 键进行精测	HD*[T] dHD： dZ： 模式 角度 坐标 换点 HD* 244.789 m dHD： −3.213 m dZ： −0.047 m 模式 角度 坐标 换点
⑦当显示值 dHR、dHD 和 dZ 均为 0 时，则放样点的测设已经完成	
⑧按 F3 (坐标) 键，即显示坐标值	N： 12.322 m E： 34.286 m Z： 1.577 2 m 模式 角度 换点
⑨按 F4 (换点) 键，进行下一个放样点的测设	放样点 点名： 输入 调用 坐标 回车

3. 主菜单模式

功能：按 "MENU" 键进入，可进行数据采集、坐标放样、程序执行、内存管理（数据文件编辑、传输及查询）、参数设置等操作。

【职业素养】科学和技术的不断进步，提供了崭新的测量理论、方法和手段，使生产力诸要素更有效地组成一个整体，促进测量技术的发展。

单元小结

　　本单元重点介绍了钢尺量距的方法及成果处理；视距测量原理、测量方法和成果计算；光电测距原理，光电测距仪和全站仪的使用；电磁波相位法测距原理及推算。

　　1. 距离测量方法

分类	内容
钢尺量距	一般方法和精密方法
视距测量	经纬仪、水准仪等测量仪器的十字丝分划板上，都有与横丝平行等距对称的两根短丝，称为视距丝。利用视距丝配合标尺就可以进行视距测量
光电测距	光电测距是将可见光或红外光作为载波，通过测定光线在测线两端点间往返的传播时间（t）来计算距离（D）

　　2. 直线定线

　　目估法和经纬仪定线法。

　　3. 全站仪的基本结构及操作方法

　　（1）全站仪的结构，电子经纬仪，光电测距仪，电子手簿。

　　（2）全站仪的使用注意事项。

　　（3）全站仪各键的功能。

　　（4）全站仪的使用：角度测量、距离测量、偏心测量、坐标测量。

　　（5）全站仪数据采集的过程。

　　（6）全站仪存储管理。

单元 5　GNSS 定位原理及测量应用

📖 学习目标

1. 了解 GNSS 系统的组成。
2. 理解 WGS-84 世界大地坐标系的原理。
3. 理解 GNSS 导航定位原理。
4. 熟悉定位的基本方法。
5. 掌握 GNSS 测量方法，能进行 GNSS 测量，包括技术设计、选点与建立标志、外业观测、成果检核与处理等工作。

5.1　GNSS 定位概述

5.1.1 全球定位系统的概念及优点

　　GNSS 的英文全称为 Global Navigation Satellite System，即全球导航定位系统，是一种利用卫星进行导航、定位、测量的系统，如 GPS、GLONASS、Galileo、北斗（BDS）。GNSS 在 测 绘 领 域 既 能 进 行 高 精 度（0.01 ～ 1ppm）的 相 对 定 位，又 能 进 行 高精 度（2 ～ 3cm）的 实 时 动 态 定 位，并 具有 全 球 性、全 天 候、高 精 度、快 速 实 时 的三 维 导 航、定 位、测 速 和 授 时 功 能，以 及良 好 的 保 密 性 和 抗 干 扰 性。GPS 卫 星 定 位原 理 如 图 5-1 所 示。

　　GNSS 定位技术（以 GPS 为代表）最初主要用于军事，经过多年发展，GPS 精密定位技术已经广泛应用于经济建设和科

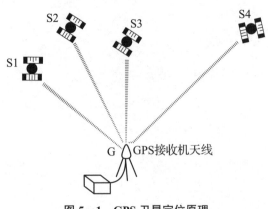

图 5-1　GPS 卫星定位原理

学技术等多个领域，尤其是在大地测量学及其相关学科领域，如地球动力学、海洋大地测量学、地球物理勘探和资源勘察、工程测量、变形监测、城市控制测量、地籍测量等。充分显示了这一卫星定位技术的高精度和高效益。

与常规的测量技术相比 GPS 具有以下优点：

（1）测站点间不要求通视，这样可根据需要布点，也无须建造觇标。

（2）定位精度高，目前单频接收机的相对定位精度可达到 $5\text{mm}+D\times10^6$，双频接收机甚至优于 $5\text{mm}+D\times10^6$。

（3）观测时间短，人力消耗少。

（4）可测三维坐标，即在精确测定平面位置的同时，可以精确测定观测站的大地高程。

（5）操作简便，自动化程度高。

（6）全天候作业，可在任何时间、任何地点连续观测，一般不受天气状况的影响。

5.1.2 GPS 全球定位系统的组成

GPS 全球定位系统主要由三大部分组成，即空间部分（GPS 卫星星座）、监控部分和用户部分，如图 5-2 所示。

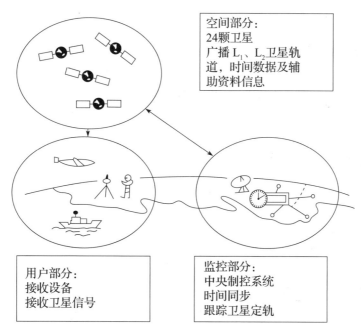

空间部分：
24颗卫星
广播 L_1、L_2 卫星轨道，时间数据及辅助资料信息

用户部分：
接收设备
接收卫星信号

监控部分：
中央制控系统
时间同步
跟踪卫星定轨

图 5-2 GPS 全球定位系统的组成

1. 空间部分

（1）GPS 卫星星座。

全球定位系统的空间部分由 24 颗卫星组成，其中包括 3 颗可随时启用的备用卫星。工作卫星分布在 6 个近圆形轨道面内，每个轨道面上有 4 颗卫星。卫星轨道面相对地球赤

道面的倾角为 55°，各轨道平面升交点的赤经相差 60°，同一轨道上两卫星之间的升交角距相差 90°，轨道平均高度为 20 200km，卫星运行周期为 11 小时 58 分。同时在地平线以上的卫星数目随时间和地点而异，最少为 4 颗，最多时达 11 颗。GPS 卫星的空间分布保障了在地球上任何地点、任何时刻均至少可同时观测到 4 颗卫星，加之卫星信号的传播和接收不受天气的影响，因此 GPS 是一种全球性、全天候的连续实时定位系统。GPS 卫星及空间分布如图 5-3 所示。

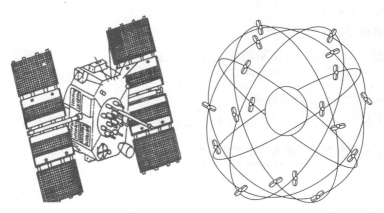

图 5-3　GPS 卫星及空间分布

（2）GPS 卫星的功能。

GPS 卫星的主体呈圆柱形，设计寿命为 7.5 年。卫星主体两侧配有能自动对日定向的双叶太阳能集电板，为卫星正常工作提供电源；通过一个驱动系统保持卫星运转并稳定轨道位置。每颗卫星装有 4 台高精度原子钟（铷钟和铯钟各两台），以保证发射出标准频率（稳定度为 $10^{12} \sim 10^{13}$），为 GPS 测量提供高精度的时间信息。

在全球定位系统中，GPS 卫星的主要功能是接收、储存和处理地面监控系统发射来的导航电文及其他有关信息；向用户连续不断地发送导航与定位信息，并提供时间标准、卫星本身的空间实时位置及其他在轨卫星的概略位置；接收并执行地面监控系统发送的控制指令，如调整卫星姿态和启用备用时钟、备用卫星等。

2. 监控部分

GPS 的地面监控系统主要由分布在全球的 5 个地面站组成，按其功能分为主控站（MCS）、注入站（GA）和监测站（MS）3 种。

主控站负责协调和管理所有地面监控系统的工作，其具体任务是根据所有地面监测站的观测资料推算并编制各卫星的星历、卫星钟差和大气层修正参数等，并把这些数据及导航电文传送到注入站；提供全球定位系统的时间基准；调整卫星状态和启用备用卫星等。

注入站又称地面天线站，其主要任务是通过一台直径为 3.6m 的天线，将来自主控站的卫星星历、钟差、导航电文和其他控制指令注入相应卫星的存储系统，并监测注入信息的正确性。

监测站的主要任务是连续观测和接收所有 GPS 卫星发出的信号并监测卫星的工作状况，将采集到的数据连同当地气象观测资料和时间信息经初步处理后传送到主控站。

GPS 地面监控系统除主控站外均由计算机自动控制，无须人工操作。各地面站间通过现代化通信系统互联，实现了高度的自动化和标准化。地面监控原理如图 5 - 4 所示。

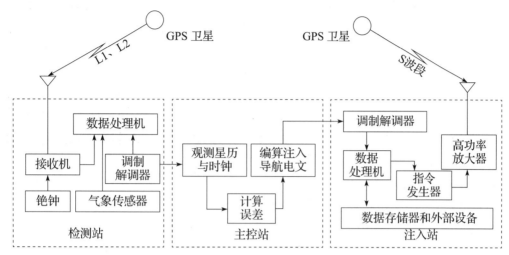

图 5 - 4　地面监控原理

3. 用户部分

全球定位系统的用户部分包括 GPS 信号接收机、数据处理软件、微处理机及其终端设备等。

GPS 信号接收机是用户部分的核心，一般由主机、天线和电源三部分组成。其主要功能是跟踪接收 GPS 卫星发射的信号并进行变换、放大、处理，以便测量出 GPS 信号从卫星到接收机天线的传播时间；解译导航电文，实时计算测站的三维位置，甚至三维速度和时间。GPS 信号接收机根据用途可分为导航型、大地型和授时型；根据接收的卫星信号频率，又可分为单频（L1）和双频（L1、L2）接收机。

在精密定位测量工作中，一般采用大地型双频接收机或大地型单频接收机。单频接收机适用于 10km 左右或更短距离的精密定位工作，其相对定位精度能达 $5mm+1ppm \cdot D$（D 为基线长度，以 km 计）。而双频接收机由于能同时接收到卫星发射的两种频率（L1=1 575.42MHz、L2=1 227.60MHz）的载波信号，故适用于长距离的精密定位工作，其相对定位的精度可优于 $5mm+1ppm \cdot D$，但其结构复杂，价格昂贵。用于精密定位测量工作的 GPS 接收机，其观测数据必须进行后期处理，因此必须配有功能完善的后期处理软件才能求得所需测站点的三维坐标。

5.1.3 | GPS 坐标系统

任何一项测量工作都离不开一个基准，都需要一个特定的坐标系统。例如，在常规大地测量中，不同的国家和地区有自己的测量基准和坐标系统，如我国的 1980 年国家大地坐标系（C80）。由于 GPS 是全球性的定位导航系统，其坐标系统也必须是全球性的；为了使用方便，该系统是通过国际协议确定的，通常称为协议地球坐标系（Conventional

Terrestrial System，CTS）。目前，GPS 测量中所使用的协议地球坐标系称为 WGS—84 世界大地坐标系（World Geodetic System）。

WGS—84 世界大地坐标系的几何定义：原点是地球质心，Z 轴指向 BIHl984.0 定义的协议地球极（CTP）方向，X 轴指向 BIHl984.0 的零子午面和 CTP 赤道的交点，Y 轴与 Z 轴、X 轴构成右手坐标系。

上述 CTP 是协议地球极（Conventional Terrestrial Pole）的简称；由于极移现象的存在，地极的位置在地极平面坐标系中是一个连续的变量，其瞬时坐标（Xp，Yp）由国际时间局（Bureau International de I'Heure，BIH）定期向用户公布。WGS—84 就是以国际时间局 1984 年第一次公布的瞬时地极（BIH1984.0）作为基准建立的地球瞬时坐标系，严格来讲属准协议地球坐标系。

除上述几何定义外，WGS—84 还具有严格的物理定义，它拥有自己的重力场模型和重力计算公式，可以算出相对于 WGS—84 椭球的大地水准面差距。

在实际测量定位工作中，虽然 GPS 卫星的信号以 WGS—84 坐标系为依据，但求解结果则是测站之间的基线向量或三维坐标差。在数据处理时，根据上述结果，并以已知点（3 点以上）的坐标值作为约束条件，进行整体平差计算，得到各 GPS 测站点在当地现有坐标系中的坐标，从而完成 GPS 测量结果向当地独立坐标系的转换。

5.2　GNSS 定位原理

5.2.1　GPS 定位的原理及分类

1. 定位测量原理

GPS 定位的实质是以 GPS 卫星和用户接收机天线之间距离（或距离差）的观测量为基础，并根据已知的卫星瞬间坐标来确定用户接收机所对应的点位，即待定点的三维坐标（x，y，z）。由此可见，GPS 定位的关键是测定用户接收机天线至 GPS 卫星之间的距离。

2.GPS 定位的分类

根据用户接收天线在测量中所处的状态，可分为静态定位和动态定位；若按定位的方式，则可分为绝对定位和相对定位。

静态定位，即在定位过程中，接收机天线（待定点）的位置相对于周围地面点而言，处于静止状态。而动态定位正好与之相反，即在定位过程中，接收机天线处于运动状态，也就是说定位结果是连续变化的，如用于飞机、轮船的导航定位就属动态定位。

绝对定位又叫单点定位，就是根据一台接收机的观测数据，独立地确定接收机在 WGS—84 坐标系中的位置，它只能采用伪距观测量，可用于车船等的概略导航定位。绝对定位的优点是只需用一台接收机即可独立确定待求点的绝对坐标，观测方便，速度快，数据处理也较简单。主要缺点是精度较低，目前仅能达到米级定位精度。

相对定位又称为差分定位，这种定位模式采用两台以上的接收机，同时对一组相同的卫星进行观测，以确定接收机天线间的相互位置。

各种定位方法还可有不同的组合，如静态绝对定位、静态相对定位、动态绝对定位、动态相对定位等。

5.2.2 伪距测量

GPS 卫星按照星载时钟发射某一结构为"伪随机噪声码"的信号，称为测距码信号（即粗码 C/A 码或精码 P 码），该信号经时间 t 后，到达接收机天线；以该信号传播时间 t 乘以电磁波在真空中的速度 C，就是卫星至接收机的空间几何距离 ρ。

实际上，由于传播时间 t 中包含了卫星时钟与接收机时钟因不同步而产生的误差，以及测距码在大气中传播而产生的延迟误差等，由此求得的距离值并非真正的站星几何距离，习惯上称之为"伪距"，故与之相对应的定位方法称为伪距法定位。

为了测定上述测距码的时间延迟，假设在某一标准时刻 T_a 卫星发出一个信号，该瞬间卫星钟的时刻为 t_a，该信号在标准时刻 T_b 到达接收机，此时相应接收机时钟的读数为 t_b；于是伪距测量测得的时间延迟即为 t_b 与 t_a 之差。

由于卫星钟、接收机时钟与标准时间存在着误差，因此设信号发射和接收时刻的卫星钟和接收机时钟差的改正数分别为 V_a 和 V_b，(T_b-T_a) 即为测距码从卫星到接收机的实际传播时间 ΔT。由此可知，在 ΔT 中已对时钟差进行了改正；但由于 $\Delta T \cdot C$ 所计算出的距离仍包含测距码在大气中传播的延迟误差，因此必须加以改正。

伪距测量的精度与测量信号（测距码）的波长及其与接收机复制码的对齐精度有关。目前，接收机的复制码精度一般取 1/100，而公开的 C/A 码码元宽度（即波长）为 293m，其伪距测量的精度最高仅能达到 3m（$293 \times 1/100 \approx 3$m），难以满足高精度测量定位工作的要求。

5.2.3 载波相位测量

载波相位测量是以 GPS 卫星发射的载波为测距信号。由于载波的波长（$\lambda_{L1}=19$cm，$\lambda_{L2}=24$cm）比测距码波长要短得多，因此对载波进行相位测量，便可得到较高的测量定位精度。

假设卫星 S 在 t_0 时刻发出载波信号，其相位为 $\Phi(S)$，此时若接收机产生一个频率和初相位与卫星载波信号完全一致的基准信号，在 t_0 瞬间的相位为 $\Phi(R)$。假设这两个相位之间相差 N_0 个整周信号和不足一周的相位 Fr(ψ)，由此便可求得 t_0 时刻接收机天线到卫星的距离。

在 t_0 时刻的首次观测值中，Int(ψ)=0，不足整周的零数为 $Fr^0(\psi)$，N_0 是未知数；在 t_1 时刻 N_0 值不变，接收机实际观测值 ψ 由信号整周变化数 $Int^i(\psi)$ 和其零数 $Fr^i(\psi)$ 组成。

整周未知数 N_0 的确定是载波相位测量中特有的问题，也是进一步提高 GPS 定位精度、提高作业速度的关键所在。目前，确定整周未知数 N_0 的方法主要有 3 种：伪距法、N_0 作为未知数参与的平差法和三差法。

（1）伪距法。伪距法就是在进行载波相位测量的同时，进行伪距测量。

（2）N_0作为未知数参与的平差法。由伪距法、载波相位两种测量方法的观测方程（可参考相关书籍）可知，将未经过大气改正和钟差改正的伪距观测值减去载波相位实际观测值与波长的乘积，便可求出整周未知数 N_0，N_0作为未知数参与平差，就是将 N_0 作为未知参数，在测后数据处理和平差时与测站坐标一并求解；根据对 N_0 的处理方式不同，可分为"整数解"和"实数解"。

（3）三差法。三差法就是从观测方程中消去 N_0 的方法，又称多普勒法，因为对于同一颗卫星来说，每个连续跟踪的观测中，均含有相同的整周未知数 N_0，因此将不同观测历元的观测方程相减，即可消去整周未知数 N_0，从而直接算出坐标参数。关于确定 N_0 的具体方法以及对整周跳变（某种原因引起的整周观测值的意外丢失现象）的探测和修复的具体方法，这里不再详述，有兴趣的读者可参阅相关书籍。

5.2.4 静态相对定位测量

目前，相对定位是 GPS 测量中精度最高的定位方法之一，广泛应用于高精度测量工作中。故在此详细介绍静态相对定位测量方法。

静态相对定位是将两台 GPS 接收机分别安置在基线的两端；同步观测一组相同的 GPS 卫星，以确定基线端点在 WGS—84 坐标系中的相对位置或基线向量。在测量过程中，通过重复观测取得充分的多余观测数据，从而提高了 GPS 定位的精度。为了进一步提高精度，消除 GPS 定位时的误差，目前普遍采用观测量线性组合差分方法，具体形式有 3 种，即单差法、双差法和三差法。

1. 单差法

所谓单差，即不同观测站同步观测相同卫星所得到的观测量之差，也就是在两台接收机之间求一次差；它是 GPS 相对定位中观测量组合的最基本形式。单差法不能提高 GPS 绝对定位的精度，但由于基线长度与卫星高度相比是一个微小量，且两测站的大气折光影响和卫星星历误差的影响具有良好的相关性。因此，当求一次差时，必然削弱了这些误差的影响；同时消除了卫星钟的误差（因两台接收机在同一时刻接收同一颗卫星的信号，则卫星钟差改正数相等）。由此可见，单差法能有效地提高相对定位的精度，其计算结果应为两测站点间的坐标差，或称基线向量。载波相位单差示意图如图 5-5 所示。

2. 双差法

所谓双差，即在不同测站上同步观测一组卫星所得到的单差之差，即在接收机和卫星间求二次差。在单差模型中仍包含接收机时钟误差，其钟差改正数仍是一个未知量。但是由于进行连续的相关观测，求二次差后，便可有效地消除两测站接收机的相对钟差改正数，这是双差模型的主要优点；同时也大大地减小了其他误差的影响。因此，在 GPS 相对定位中，广泛采用双差法进行平差计算和数据处理。载波相位双差示意图如图 5-6 所示。

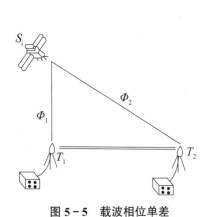

图 5-5　载波相位单差

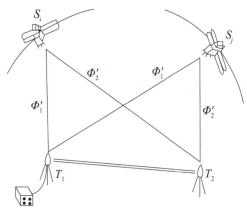

图 5-6　载波相位双差

3. 三差法

所谓三差法，即于不同历元同步观测同一组卫星所得观测量的双差之差，也就是在接收机、卫星和历元间求三次差。载波相位三差示意图如图 5-7 所示。

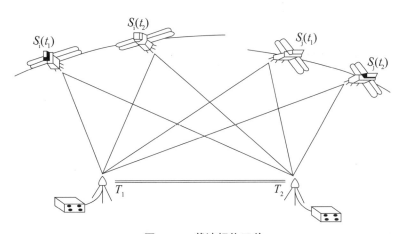

图 5-7　载波相位三差

三差法的主要优点在于解决了前两种方法中存在的整周未知数和整周跳变待定的问题。由于三差模型中未知参数的数目较少，则独立的观测量方程的数目也明显减少，这将对未知数的求解带来不良的影响，使精度降低。正是由于这个原因，通常将消除了整周未知数的三差法结果，仅用作前两种方法的初次解（近似值），而在实际工作中采用双差法结果更加适宜。

5.3　GPS 测量的实施

GPS 测量的外业工作主要包括选点、建立观测标志、野外观测以及成果质量检核等；

内业工作主要包括 GPS 测量的技术设计、测后数据处理以及技术总结等。如果按照 GPS 测量实施的工作程序，则可分为技术设计、选点与建立标志、外业观测、成果检核与处理等阶段。

5.3.1 GPS 控制网精度标准

1. 精度要求

GPS 网的技术设计是进行 GPS 测量的基础。它应根据用户提交的任务书或测量合同所规定的测量任务进行设计。其内容包括测区范围、测量精度、提交成果方式、完成时间等。设计的技术依据是《全球定位系统（GPS）测量规范》及《全球定位系统城市测量技术规程》。

2.GPS 测量精度指标

GPS 网的精度指标通常以网中相邻点之间的距离误差 $m_D = a + b \times 10^{-6}$ 来表示。不同用途的 GPS 网的精度是不一样的，GPS 控制网分为 A、B、C、D、E 五个等级。

5.3.2 网形设计、选点与建立标志

1. 网形设计

GPS 网的图形设计就是根据用户要求，确定具体的布网观测方案，其核心是如何高质量、低成本地完成既定的测量任务。通常，在进行 GPS 网设计时必须顾及测站选址、卫星选择、仪器设备装置与后勤交通保障等因素；当网点位置、接收机数量确定以后，网的设计就主要体现在观测时间的确定、网形构造及各点设站观测的次数等方面。GPS 布网方案如图 5-8 所示。

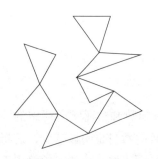 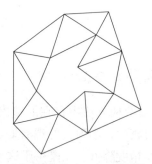 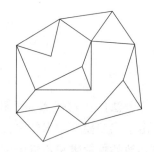

（a）点连式（7个三角形）　　　（b）边连式（15个三角形）　　　（c）边点混合连接（10个三角形）

图 5-8　GPS 布网方案

通常，GPS 网应根据同一时间段内观测的基线边布网，即同步观测边构成闭合图形（称同步环），例如三角形（需 3 台接收机），则同步观测 3 条边，其中两条是独立边。也可采用四边形（需 4 台接收机）或多边形等布网方式，以增加检核条件，提高网的可靠性。也可按点连式、边连式和网连式这 3 种基本构网方式，将各种独立的同步环有机地连接成一个整体。由不同的布网方式，又可额外增加若干条复测基线闭合条件（即对某一基线多次观测之差）和非同步图形（异步环）闭合条件（即用不同时段观测的独立基线联合推算

异步环中的某一基线，将推算结果与直接解算的该基线结果进行比较，所得到的坐标差闭合条件），从而进一步提高了 GPS 网的几何强度及可靠性。关于各点观测次数的确定，通常应遵循"网中每点必须至少独立设站观测两次"的基本原则。应当指出，布网方案不是唯一的，工作中可根据实际情况灵活布网。

2. 选点与建立标志

选点时应满足的要求：点位应选在交通方便、易于安置接收设备的地方，尽量确保视野开阔，以便于同常规地面控制网的联测；GPS 点应避开对电磁波接收有强烈吸收、反射等干扰的金属和其他障碍物体，如高压线、电台、电视台、高层建筑、大范围水面等。

点位选定后，应按要求埋置标石，以便保存。最后，应绘制点之记、测站环视图和GPS 网选点图，作为选点技术资料。

5.3.3 外业观测

外业观测是指利用 GPS 接收机采集来自 GPS 卫星的电磁波信号，其作业过程大致可分为天线安置、接收机操作和观测记录。外业观测应严格按照技术设计时所拟定的观测计划进行，只有这样，才能协调好外业观测的进程，提高工作效率，保证测量成果的精度。为了顺利地完成观测任务，在外业观测之前，还必须对选定的接收设备进行严格的检验。

天线的精确安置是实现精密定位的重要条件之一，其具体内容包括：对中、整平、定向及量取天线高。

接收机操作的具体方法和步骤详见仪器使用说明书。实际上，GPS 接收机的自动化程度相当高，一般仅需按动若干功能键，就能自动完成部分测量工作，并且每一步工序都会在显示屏上提示，大大简化了外业操作工作量，降低了劳动强度。

观测记录的形式一般有两种：一种由接收机自动形成，并保存在机载存储器中，供随时调用和处理，这部分内容主要包括接收到的卫星信号、实时定位结果及接收机本身的有关信息。另一种是测量手簿，由操作员随时填写，其中包括观测时的气象元素等其他有关信息。观测记录是 GPS 定位的原始数据，也是进行后续数据处理的唯一依据，必须妥善保管。

5.3.4 成果检核与数据处理

观测成果的外业检核是确保外业观测质量，实现预期定位精度的重要环节。所以，当观测任务结束后，必须在测区及时对外业观测数据进行严格检核，并根据情况采取淘汰或必要的重测、补测措施。只有按照《全球定位系统（GPS）测量规范》要求，对各项检核内容严格检查，确保准确无误，才能进行后续的平差计算和数据处理。

GPS 测量采用连续同步观测的方法，一般 15 秒自动记录一组数据，其数据之多、信息量之大是常规测量方法无法相比的；同时，采用的数学模型、算法等形式多样，数据处理的过程相当复杂。电子计算机的加入，使得数据处理工作的自动化程度达到了相当高的水平，这也是 GPS 能够被广泛应用的重要原因之一。限于篇幅，数据处理和整体平差的方法不做详细介绍，读者可参考相关资料。

单元小结

1. GPS 全球定位系统的组成

GPS 全球定位系统由三大部分组成，即空间部分（GPS 卫星星座）、地面部分和用户部分。

2. WGS—84 世界大地坐标系的几何定义

原点是地球质心，Z 轴指向 BIHl984.0 定义的协议地球极（CTP）方向，X 轴指向 BIHl984.0 的零子午面和 CTP 赤道的交点，Y 轴与 Z 轴、X 轴构成右手坐标系。

3. 基本定位原理

以 GPS 卫星和用户接收机天线之间的距离（或距离差）的观测量为基础，并根据已知的卫星瞬间坐标来确定用户接收机所对应的点位，即待定点的三维坐标（x，y，z）。由此可见，GPS 定位的关键是测定用户接收机天线至 GPS 卫星之间的距离。

4. GPS 定位方法分类

根据用户接收天线在测量中所处的状态可分为静态定位和动态定位；按定位的方式可分为绝对定位和相对定位。

5. 静态相对定位

方法	内容
单差法	不同观测站同步观测相同卫星所得到的观测量之差，也就是在两台接收机之间求一次差
双差法	在不同测站上同步观测一组卫星所得到的单差之差，即在接收机和卫星间求二次差
三差法	于不同历元同步观测同一组卫星所得观测量的双差之差，即在接收机、卫星和历元间求三次差

6. GPS 测量的实施

网形设计、选点与建立标志；外业观测，作业过程大致可分为天线安置、接收机操作和观测记录；观测成果的外业检核及处理。

单元 6　小地区控制测量

📖 学习目标

1. 了解平面控制网和高程控制网的等级及布设形式。
2. 掌握闭合导线、附合导线、支导线的施测方法和内业计算方法。
3. 掌握交会定点的原理和方法。
4. 掌握三、四等水准测量的施测方法和内业计算方法。
5. 会使用全站仪进行坐标测量；会使用经纬仪、全站仪进行三角高程测量。

6.1 控制测量概述

在测量工作中，为了防止误差累积和传播，提高测量的精度和速度，必须遵循"从整体到局部"和"先控制，后碎部"的工作原则。即在进行测图或建（构）筑物施工放样前，先在测区内选定少数控制点，建立控制网，然后精确测定控制点的平面位置和高程，作为施工测设或碎部测量的依据。

6.1.1 控制网、控制测量及其分类

在测区内选择若干有控制作用的点（控制点），按一定的规律和要求组成网状几何图形，称为控制网。控制网按功能可分为平面控制网和高程控制网。按范围大小可分为国家控制网、城市控制网和小地区控制网等。国家控制网是指在全国范围内建立的控制网，它是全国各种比例尺测图和工程施工测量的基本控制依据，并为确定地球的形状和大小以及进行科学研究提供依据。

测定控制点平面位置（x，y）的工作称为平面控制测量。测量并确定控制点高程（H）的工作称为高程控制测量。

6.1.2 平面控制测量

1. 国家平面控制网

国家平面控制网布设方法主要有三角网（锁），如图 6-1 所示，也可布设成三边网、边角网或导线网，还可利用 GNSS 全球定位系统建立控制网。国家平面控制网按精度从高到低分为一、二、三、四等：一等控制网精度最高，是国家控制网的骨干；二等控制网是在一等控制网下建立的国家控制网的全面基础；三等控制网和四等控制网是二等控制网的进一步加密。

国家控制网和城市控制网的控制测量，是由专业测绘部门来完成的，控制成果可从有关测绘部门索取。

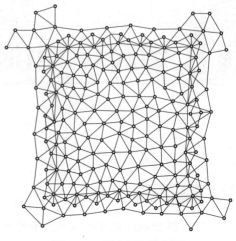

图 6-1　国家平面控制网

2. 小地区平面控制网

一般将面积在 15km² 以内，为大比例尺测图和工程建设而建立的控制网称为小地区控制网。国家控制网的控制点的密度对于测绘地形图或进行工程建设来讲是远远不够的，必须在全国基本控制网的基础上，建立精度较低而又有足够密度的控制点来满足测图或工程建设的需要。

小地区控制网应尽可能与国家（或城市）高级控制网连测，将国家（或城市）控制点作为建立小地区控制网的基础，将国家（或城市）控制点的平面坐标和高程作为小地区控制网的起算和校核数据。

若测区内或附近无国家（或城市）控制点，或者附近虽然有，但不便连测时，可以建立测区内的独立控制网。目前，基于 GPS 卫星定位系统和普及的现代测量仪器，实现小地区控制网与国家（或城市）控制网点的连测已经不存在问题了。

小地区控制网的分级控制应依据测区面积按精度要求建立。在测区范围内建立的最高精度的控制网称为首级控制网。直接为测图建立的控制网称为图根控制网。图根控制网中的控制点称为图根点。首级控制与图根控制的关系见表 6-1。

表 6-1　首级控制与图根控制的关系

测区面积（km²）	首级控制	图根控制
1～15	一级小三角或一级导线	两级图根
0.5～2	二级小三角或二级导线	两级图根
0.5 以下	图根控制	

图根点（包括高级点）的密度取决于测图比例尺和地物、地貌的复杂程度。平坦开阔地区的图根点密度可参考表 6-2 的规定（一般按照测绘国家标准执行）；地形相对复杂的地区、城市建筑密集区及山区等，应根据测图要求和测区的实际情况相应地加大密度。

表 6 - 2　图根点密度

测图比例尺	1 : 500	1 : 1 000	1 : 2 000	1 : 5 000
图根点密度（点 /km²）	150	50	15	5

（1）首级控制网。对于小地区工程建设，由于国家等级控制点的点位较稀少，为了满足工程测量的需要，在全测区范围内建立的控制网，称为首级控制网。首级控制网的布设也分为三角测量和导线测量，其主要技术要求见表 6-3 和表 6-4。

表 6 - 3　三角网的主要技术要求

等级	平均边长（km）	测角中误差（"）	起始边边长相对中误差	最弱边边长相对中误差
二等	9	≤±1.0	≤1/300 000	≤1/120 000
三等	5	≤±1.8	≤1/200 000（首级） ≤1/120 000（加密）	≤1/80 000
四等	2	≤±2.5	≤1/120 000（首级） ≤1/80 000（加密）	≤1/45 000
一级小三角	1	≤±5.0	≤1/40 000	≤1/20 000
二级小三角	0.5	≤±10.0	≤1/20 000	≤1/10 000

表 6 - 4　导线测量的主要技术要求

导线全长	测角中误差（"）	最多折线数	角度闭合差	边长两次测量不符值（cm）	导线全长相对闭合差	
					附合导线	闭合导线
2.5m×M	5	25	±10"$\sqrt{n}$	±10$\sqrt{K}$	1/10 000	1/14 000
1.5m×M	10	15	±20"$\sqrt{n}$	±15$\sqrt{K}$	1/5 000	1/7 000

注：表中 M 为比例尺分母，n 为折角数，K 为导线边长（以 km 为单位）。

（2）图根控制网。直接为测图而建立的控制网称为图根控制网，其控制点称为图根点。工程建设常常需要大比例尺地形图，为了满足测绘地形图的需要，必须在首级控制网的基础上对控制点进一步加密，对于 1：500、1：1 000 及 1：2 000 比例尺测图，控制点的密度一般应做到满足碎部测图的要求。对于 1：5 000 及 1：10 000 比例尺测图则应能控制主要地形，以便于加密测站点。图根控制网一般采用导线方法布设。

6.1.3　高程控制测量

测量地面的高程也要遵循"由整体到局部"的原则，即先建立高程控制网，再根据高程控制点测定地面点的高程。国家高程控制网建立方法有水准测量和三角高程测量：水准测量用于平原和丘陵地区，三角高程测量用于山区。

1. 国家高程控制网

国家高程控制网即在全国范围内建立的高程控制网，与平面控制网一样，可分为一、二、三、四共 4 个等级，等级间逐级控制，逐级加密，如图 6-2 所示。由于这些高程控制点的高程是用水准测量的方法测定的，所以高程控制网一般称为水准网，高程控制点称为水准点。一、二等水准点是国家高程控制的基础。一、二等水准路线一般沿铁路、公路或河流布设成闭合或附合水准路线的形式，用精密水准测量的方法测定其高程。三、四等水准路线加密于一、二等水准网内，作为地形测量和工程测量的高程控制，可以布设成闭合和附合的形式。各等水准测量的技术指标见表 6-5。

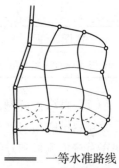

━━━━ 一等水准路线
───── 二等水准路线
───── 三等水准路线
----- 四等水准路线

图 6-2 国家高程控制网

表 6-5 各等水准测量的技术指标

等级	水准网环线周长（km）	附合线路长度（km）	每公里高差中数（mm）		线路闭合差（mm）
			偶然中误差	全中误差	
一	1 000～2 000		±0.5	±1.0	$\pm 2\sqrt{L}$
二	500～750		±1.0	±2.0	$\pm 4\sqrt{L}$
三	200	150	±3.0	±6.0	$\pm 12\sqrt{L}$
四	100	80	±5.0	±10.0	$\pm 20\sqrt{L}$

注：L 为水准线路长度，以 km 为单位。

2. 小地区高程控制网的建立

小地区控制点的高程可作为测绘地形图中地貌点、地物点高程的依据。在小地区建立高程控制网，应根据测区的面积和工程技术要求，采用分级建立的方法。一般以国家和城市等级水准点为基础，在测区建立三（四）等水准网，再进行水准测量图根点的高程。水准点间的距离一般为 2～3km，城市建筑区为 1～2km，工业区应在 1km 以内。测区水准点的数量应有利于对整个测区的控制和数据检核，并以能有效地指导工程施工为宜，一般不少于 3 个。

【职业素养】树立大局意识，个人利益服从集体利益。

6.2 直线定向

确定地面上两点的相对位置时，仅知道两点之间的水平距离还不够，通常还必须确定此直线与标准方向之间的水平夹角，称为直线定向。

6.2.1 标准方向的种类

测量上常用的标准方向有真子午线方向、磁子午线方向、坐标纵轴方向，如图 6－3 所示。

1. 真子午线方向

包含地球南北极的平面与地球表面的交线叫真子午线。通过地球表面某点的真子午线的切线方向，称为该点的真子午线方向。指向北方的一端叫真北方向。真子午线方向是用天文测量方法测定的。

2. 磁子午线方向

磁子午线方向是在地球磁场的作用下，磁针自由静止时磁针轴线所指的方向，指向北端的称为磁北方向。磁子午线方向可用罗盘仪测定。

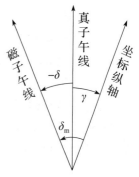

图 6－3　标准方向的种类

3. 坐标纵轴方向

高斯平面直角坐标系中，坐标纵轴方向就是地面点所在投影带的中央子午线方向。在同一投影带内，各点的坐标纵轴方向是彼此平行的。坐标纵轴方向也有北、南之分。

6.2.2 直线方向的表示方法

测量工作中，常用方位角、坐标方位角或象限角来表示直线的方向。

1. 方位角

从标准方向的北端顺时针方向量至某直线的水平角称为该直线的方位角。范围是 $0° \sim 360°$。

根据标准方向的不同，方位角又分为真方位角、磁方位角和坐标方位角。

（1）真方位角。从真子午线方向的北端起顺时针方向量到某直线的水平角，称为该直线的真方位角，用 A 表示。

（2）磁方位角。从磁子午线方向的北端起顺时针方向量到某直线的水平角，称为该直线的磁方位角，用 A_m 表示。

（3）坐标方位角。从坐标纵轴方向的北端起顺时针方向量到某直线的水平角，称为该直线的坐标方位角，一般用 α 表示（以后在不加说明的情况下，方位角均指坐标方位角）。

几种方位角之间的关系如图 6－4 所示，方位角示意图如图 6－5 所示。

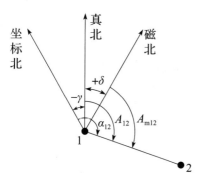

图 6－4　几种方位角之间的关系

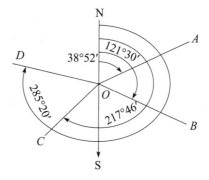

图 6－5　方位角

（1）真方位角与磁方位角之间的关系。

由于磁南北极与地球的南北极不重合，因此过地球上某点的真子午线与磁子午线不重合，同一点的磁子午线方向偏离真子午线方向某一个角度，称为磁偏角，用 δ 表示，如图 6-4 所示。真方位角与磁方位角之间存在下列关系：

$$A = A_{m} + \delta \qquad\qquad (6-1)$$

式中：磁偏角 δ 的值，东偏取正，西偏取负。我国的磁偏角的变化范围是 $-10° \sim +6°$。

（2）真方位角与坐标方位角之间的关系。

赤道上各点的真子午线相互平行，地面上其他各点的真子午线都收敛于地球两极，是不平行的。地面上各点的真子午线北方向与坐标纵轴（中央子午线）北方向之间的夹角称为子午线收敛角，用 γ 表示。真方位角与坐标方位角的关系式如下：

$$A = \alpha + \gamma \qquad\qquad (6-2)$$

式中，γ 值亦有正有负，在中央子午线以东地区，各点的坐标纵线北方向偏在真子午线以东，γ 为正值；偏在中央子午线以西，γ 为负值。

（3）坐标方位角与磁方位角之间的关系。

已知某点的子午线收敛角 γ 和磁偏角 δ，则坐标方位角与磁方位角之间的关系为：

$$\alpha = A_{m} + \delta - \gamma \qquad\qquad (6-3)$$

2. 坐标方位角

在测量中常采用高斯—克吕格坐标纵轴作为基本方向。由纵坐标轴的北端按顺时针方向量至某直线的水平角称为直线的坐标方位角，或称方向角，用 α 表示，一条直线的正反坐标方位角相差 180°。

3. 象限角

从坐标纵轴的北端或南端顺时针或逆时针起转至直线的锐角称为坐标象限角，用 R 表示，其角度值变化从 0° ～ 90°，如图 6-6 所示。为了表示直线的方向，应分别注明北偏东、北偏西或南偏东、南偏西，如北东 30°、南西 55° 等。显然，如果知道了直线的方位角，就可以换算出它的象限角；反之，知道了象限角就可以推算出方位角。

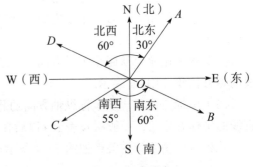

图 6-6　象限角

坐标方位角与象限角之间的换算关系见表 6-6。

表 6-6　坐标方位角与象限角之间的换算关系

直线方向	象限	象限角与方位角的关系
北东	I	$\alpha = R$
南东	II	$\alpha = 180° - R$
南西	III	$\alpha = 180° + R$
北西	IV	$\alpha = 360° - R$

6.2.3 正反坐标方位角

如图 6-7 所示，1、2 是直线的两个端点，1 为起点，2 为终点。过这两个端点可分别作坐标纵轴的平行线，将 α_{12} 称为直线 12 的正坐标方位角；把 α_{21} 称为直线 12 的反坐标方位角。同理，若 2 为起点，1 为终点，则把 α_{21} 称为直线 21 的正坐标方位角；把 α_{12} 称为直线 21 的反坐标方位角。显然，正反方位角相差 180°。

$\alpha_{21} = \alpha_{12} + 180°$，即有：

$$\alpha_{正} = \alpha_{反} - 180° \tag{6-4}$$

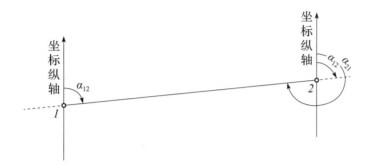

图 6-7 正反坐标方位角

6.2.4 坐标方位角的推算

实际测量工作中，不能直接确定各边的坐标方位角，而是通过与已知坐标方位角的直线连测，并测量出各边之间的水平夹角，然后根据已知直线的坐标方位角推算出各边的坐标方位角。

如图 6-8 所示，12 为已知的起始边，其坐标方位角为 α_{12}，观测得到水平角 β_2、β_3。

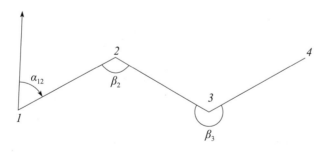

图 6-8 坐标方位角的推算

则从图中可以看出：

$$\alpha_{23} = \alpha_{21} - \beta_2 = \alpha_{12} + 180° - \beta_2$$
$$\alpha_{34} = \alpha_{32} + \beta_3 = \alpha_{23} + 180° + \beta_3$$

由于 β_2 在推算路线前进方向的右侧，则称其为右角；β_3 在左侧，则称其为左角。经过归纳可得出坐标方位角推算的一般公式为：

$$\alpha_{前} = \alpha_{后} + 180° + \beta_{左} \qquad\qquad (6-5)$$

$$\alpha_{前} = \alpha_{后} + 180° - \beta_{右}$$

在计算中，如果 $\alpha_{前} > 360°$，应减去 $360°$；如果 $\alpha_{后} + 180° < \beta_{右}$，应先加 $360°$ 再减 $\beta_{右}$。

【例 $6-1$】推算图 $6-9$ 所示的各坐标方位角。

$$\alpha_{AB} = 88°18'20''$$

$$\alpha_{BC} = (\alpha_{AB} + 104°24'00'') - 180° = 12°42'20''$$

$$\alpha_{CD} = (\alpha_{BC} + 200°30'16'') - 180° = 33°12'36''$$

$$\alpha_{DE} = \alpha_{CD} + 102°46'10'' + 180° = 315°58'46''$$

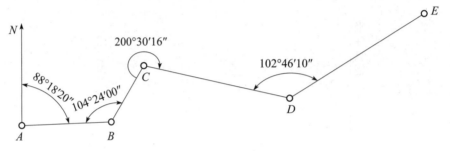

图 $6-9$ 坐标方位角的推算

6.3 导线测量

导线在布设上具有较强的机动性和灵活性，可结合地形测绘、建筑工程施工及路桥工程施工等实际需要布设。

导线：将相邻控制点用直线连接，构成的折线称为导线。

导线点：构成导线的控制点统称为导线点。

导线测量：对建立的导线依次测定各导线边的长度和各转折角，根据起算数据（高级控制点的平面坐标和高程），推算各边的坐标方位角，从而求出各导线点的坐标。

根据测量导线边长和测量转折角的仪器、方法不同，将导线分为两大类：一是经纬仪导线，即用经纬仪测量转折角，用钢尺丈量导线边长的导线；二是光电测距导线，即用光电测距仪（或全站仪）测定导线边长的导线。

6.3.1 导线布设形式

导线的布设形式主要有以下几种：

（1）闭合导线。如图 $6-10$（a）所示，由某一已知点出发，经过若干点形式连续折线，最后仍回到这一已知点，形成一个闭合多边形。

（2）附合导线。如图 6 - 10（b）所示，由一个已知的控制点出发，经过若干点形成的连续折线，附合到另一个已知控制点。

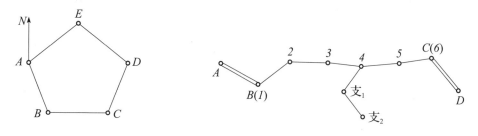

（a）闭合导线示意图　　　　　（b）附合导线与支导线示意图

图 6 - 10　导线的布设形式

（3）支导线。从一个已知的控制点出发，既不附合到另一个已知控制点，也不回到起始点。如图 6 - 10（b）中的 4—支$_1$—支$_2$，4 点对支$_1$、支$_2$来讲是高一级的控制点。支导线没有检核条件，不易发现错误，故一般只允许从高一级的控制点引测一点，对于 1∶2 000、1∶5 000 比例尺测图可连续引测两点。

6.3.2 导线测量的技术要求

各级导线测量的技术要求见表 6 - 7。

表 6 - 7　各级导线测量的技术要求

等级	测图比例尺	附合导线长度（m）	平均边长（m）	往返丈量较差相对误差	测角中误差（″）	导线全长相对闭合差	测回数 DJ$_2$	测回数 DJ$_6$	方位角闭合差（″）
一级		2 500	250	≤1/20 000	≤±5	≤1/10 000	2	4	≤±10″$\sqrt{n}$
二级		1 800	180	≤1/15 000	≤±8	≤1/7 000	1	3	≤±16″$\sqrt{n}$
三级		1 200	120	≤1/10 000	≤±12	≤1/5 000	1	2	≤±24″$\sqrt{n}$
图根	1∶500	500	75						
图根	1∶1 000	1 000	110			≤1/2 000		1	≤±60″$\sqrt{n}$
图根	1∶2 000	2 000	180						

注：n 为测站数。

6.3.3 导线测量的外业工作

导线测量的外业工作包括：踏勘选点、边长测量、角度观测和方位角的测定。

1. 踏勘选点

踏勘选点的任务就是根据测图的目的和测区的情况，拟定导线的布设形式，实地选定导线点，并设立标志。

实地选点时，应注意以下事项：

（1）导线点应选在土质坚实、不易被破坏的地方，以便于安置仪器和保存标志。

（2）相邻导线点间必须通视，便于观测角度和测量边长。

（3）导线点应选在视野开阔的地方，便于碎部测量。

（4）导线点应均匀分布在测区内，导线边的边长应大致相等，相邻边的长度不宜相差过大，以减少测角带来的误差。边长视测图比例尺而定，具体见表6-7、表6-8。

表6-8　图根导线边长

测图比例尺	边长（m）	平均边长（m）
1：500	40～150	75
1：1 000	80～250	110
1：2 000	100～300	180

导线点选定后，在每一点位上打一木桩，桩顶钉一小钉，作为临时性标志。一、二、三级导线点应埋设混凝土桩，如图6-11所示。每一桩上应按前进方向顺序编号，以便于以后寻找，每一导线点还应绘制一位置草图，称为点注记。

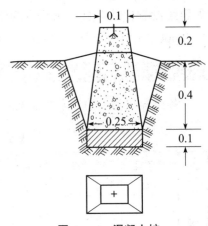

图6-11　混凝土桩

2.边长测量

用经过检定的钢尺直接丈量每一导线边的水平距离，往、返各丈量一次，往返丈量的相对中误差一般不得超过1/2 000，在比较困难的条件下也不得超过1/1 000。有条件的话，尽量采用红外光测距仪测距，红外光测距采用单程一测回即可。

3.角度观测

导线的转折角即两导线边的夹角，分为左角和右角。在前进方向右侧的水平角称为右角，在左侧的称为左角。一般规定观测左角。在闭合导线中，导线点若按逆时针方向编号，则多边形的内角为左角。导线等级不同，测角技术要求也不同。

4.方位角的测定或导线的连接测量

导线与高一级控制点进行连测，以取得坐标和方位角的起始数据，称为连接测量。

附合导线的两端均为已知点，只要在已知点 B、C 上测出 β_1、β_6，就能获得起始数据，β_1、β_6 称为连接角，$B（1）2$、$5C（6）$ 称为连接边，如图6-12所示。

闭合导线的连接测量分两种情况：第一种情况是没有高一级控制点可以连接，或在测区内布设的是独立闭合导线，这时，需要在第一点上测出第一条边的磁方位角，并假定第一点的坐标，作为起始数据，如图6-13（a）所示。第二种情况如图6-13（b）所示，A、B 为高一级控制点，1、2、3、4、5等点组成闭合导线，则需要测出连接角 β'、β'' 以及连接边长 D_0，才能获得起始数据。

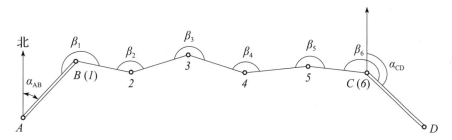

图 6 – 12   附合导线的连接测量

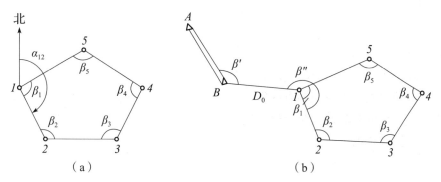

（a）   （b）

图 6 – 13   闭合导线的连接测量

控制测量成果的好坏直接影响测图的质量。如果测角和测量边长达不到要求，则要分析研究，找出原因，局部返工或全部重测。

6.4   导线测量的内业计算

导线测量外业工作结束后，在全面检查、确定导线外业测量记录确实无误和成果符合精度要求的情况下，就可以进行内业计算，计算前应根据外业观测记录绘制导线略图，注明实测边长、转折角、起始边方位角和起始点坐标等，供内业计算使用。

6.4.1   坐标计算的原理

测量的平面直角坐标系，以该地的子午线为 X 轴，向北为正，Y 轴垂直于 X 轴，与东西方向一致，向东为正。

如图 6 – 14 所示，设已知点 A（x_A，y_A），测得 AB 间的距离 D 及方位角 α_{AB}，求待定点 B 的坐标（x_B，y_B）。

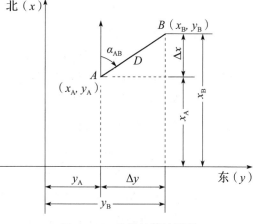

图 6 – 14   坐标计算的原理

可用以下公式进行计算：

$$\begin{cases} \Delta X = D\cos\alpha_{AB} \\ \Delta Y = D\sin\alpha_{AB} \end{cases} \tag{6-6}$$

式中： ΔX——A、B 两点的纵坐标增量；

ΔY——A、B 两点的横坐标增量。

它们的正负号根据 α 确定。

待定点 B 的坐标为：

$$\begin{cases} X_B = X_A + \Delta X = X_A + D\cos\alpha_{AB} \\ Y_B = Y_A + \Delta Y = Y_A + D\sin\alpha_{AB} \end{cases} \tag{6-7}$$

上述计算过程称为坐标正算。

根据两点的坐标推算两点的直线距离及坐标方位角称为坐标反算。当导线与高级控制点连接时，一般应利用高级控制点的坐标，反算出高级控制点构成直线的距离及坐标方位角，作为导线计算的起算数据与检核依据。此外，在施工放样前，也要利用坐标反算出放样数据。其计算公式如下：

因为 $\Delta X_{AB} = D_{AB}\cos\alpha_{AB}$ ①

$\Delta Y_{AB} = D_{AB}\sin\alpha_{AB}$ ②

②／①得 $\tan\alpha_{AB} = \dfrac{\Delta Y_{AB}}{\Delta X_{AB}}$

所以 $\alpha_{AB} = \arctan\dfrac{y_B - y_A}{x_B - x_A}$ \tag{6-8}

用计算器按式（6-8）计算时，其值有正有负，此时应先根据 ΔX_{AB}、ΔY_{AB} 的正负确定 AB 直线所在的象限再计算方位角。

A、B 两点之间的距离可用式（6-9）进行计算。

$$D_{AB} = \sqrt{(x_B - x_A)^2 + (y_B - y_A)^2} \tag{6-9}$$

【例6-2】已知 A 点的坐标为（541.25，685.37），AB 边的边长为75.25m，AB 边的坐标方位角 α_{AB} 为 50°30′，试求 B 点坐标。

解：$x_B = 541.25 + 75.25\cos50°30′ = 589.11$

$y_B = 685.37 + 75.25\sin50°30′ = 743.43$

【例6-3】已知 A、B 两点的坐标为 A（500.00，850.87），B（325.14，983.65），试计算 AB 的边长及 AB 边的坐标方位角。

解：$D_{AB} = \sqrt{(325.14 - 500.00)^2 + (983.65 - 850.87)^2} = 219.56$

$\alpha_{AB} = \arctan\dfrac{983.65 - 850.87}{325.14 - 500.00} = \arctan(-0.76) = -37°14′05″$

由于 $\Delta x_{AB} < 0$，$\Delta y_{AB} > 0$，所以 α_{AB} 应为第 Ⅱ 象限的角，得：

$\alpha_{AB} = -37°14′05″ + 180° = 142°45′55″$

6.4.2 闭合导线的计算

如图 6-15 所示，闭合导线以闭合多边形作为检核条件，首先应满足内角和条件；其次应满足坐标条件，即由起始点的已知坐标，可逐点推算导线点的坐标；最后推算出的起始点的坐标应等于已知坐标。

1. 角度闭合差的计算和调整

对具有 n 条边的闭合导线，其内角和的理论值为

$$\sum \beta_{理} = (n-2) \times 180° \qquad (6-10)$$

设内角观测值的总和为 $\sum \beta_{测}$，$\sum \beta_{测}$ 应等于理论值 $\sum \beta_{理}$，但由于角度测量存在误差，两者常不相等，两者之差即为角度闭合差。

$$f_\beta = \sum \beta_{测} - \sum \beta_{理} \qquad (6-11)$$

图根导线角度闭合差的允许值为

$$f_{\beta允} = \pm 36'' \sqrt{n}$$

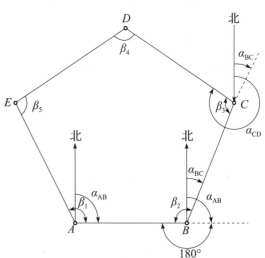

图 6-15 闭合导线方位角的推算

若角度闭合差在允许范围内，可将闭合差按相反符号平均分配到各角中，每个角的改正数为

$$v_B = -\frac{f_\beta}{n} \qquad (6-12)$$

图根导线计算改正数时取至秒，如果有小数，以秒取整后，将剩余误差分配到边长较短的转折角上或角度值较大的几个角上，调整后的内角和应等于 $\sum \beta_{理}$。

若角度闭合差超过允许值，应分析原因，有目的地局部或全部返工。

2. 导线方位角的推算

角度闭合差调整后，根据起始边方位角和改正后的各内角（左角）计算各边的方位角。

$$\alpha_{BC} = \alpha_{AB} + 180° + \beta_2$$
$$\alpha_{CD} = \alpha_{BC} + 180° + \beta_3$$
$$\vdots$$

一般公式为：

$$\alpha_{前} = \alpha_{后} + 180° + \beta_{左} \qquad (6-13)$$

即前一边的方位角等于后一边的方位角加上 180°，再加上两边所夹的左角。

若观测的是右角，则方位角的推算公式为

$$\alpha_{前} = \alpha_{后} + 180° - \beta_{右} \qquad (6-14)$$

即前一边的方位角等于后一边的方位角加上 180°，再减去两边所夹的右角。

在计算中，若算得的方位角大于360°，则减去360°。

3. 坐标增量计算及坐标增量闭合差的调整

根据各边边长及方位角，按坐标正算公式计算各边的坐标增量，即

$$\begin{cases} \Delta X_i = D_i \cos \alpha_{i(i+1)} \\ \Delta Y_i = D_i \sin \alpha_{i(i+1)} \\ i = 1, 2, \cdots, n \end{cases}$$

计算结果取到毫米（或厘米）精度。

闭合导线坐标增量的代数和在理论上应等于零，即

$$\begin{cases} \sum \Delta X_{\text{理}} = 0 \\ \sum \Delta Y_{\text{理}} = 0 \end{cases} \tag{6-15}$$

实际中，由于测量角度和距离都存在误差，计算的坐标增量代数和并不等于零，而等于某一个数值。此数值称为坐标增量闭合差，用下式表示

$$\begin{cases} f_X = \sum \Delta X_{\text{测}} \\ f_Y = \sum \Delta Y_{\text{测}} \end{cases} \tag{6-16}$$

式中：f_x——纵坐标增量闭合差；

f_y——横坐标增量闭合差。

由于f_x、f_y的存在，使闭合导线不闭合，产生一个缺口，用f_D表示，称为导线全长闭合差，可用下式计算

$$f_D = \sqrt{f_x^2 + f_y^2} \tag{6-17}$$

根据f_D的大小，还不能正确判断导线测量的精度，实际测量中常用相对误差来衡量导线测量精度，即

$$k = \frac{f_D}{\sum D} = \frac{1}{\sum D / f_D} = \frac{1}{N} \tag{6-18}$$

式中：$\sum D$为导线全长，K为导线全长相对闭合差，用$1/N$形式表示。

通常，图根导线的K值应小于1/2 000，困难地区也不应超过1/1 000。若K值小于允许值，则将纵、横坐标增量闭合差反符号按边长成比例分配到各坐标增量中，使改正后的$\sum \Delta x$、$\sum \Delta y$都等于零。各坐标增量的改正数为

$$\begin{cases} v_{xi} = \dfrac{f_x}{\sum D} \times D_i \\ v_{yi} = \dfrac{f_y}{\sum D} \times D_i \\ i = 1, 2, \cdots, n \end{cases} \tag{6-19}$$

式中：v_{xi}、v_{yi}——分别为第i条边纵、横坐标增量改正值；

D_i——第i条边的边长。

若K值超过允许值，应先仔细检查外业记录，如无问题，则着重检查导线的边长，分析丈量情况，找出问题，有目的地进行重测。

4. 导线点坐标的计算

坐标增量经过调整后，可根据已知点的坐标和调整后的坐标增量计算各点坐标：

$$X_i = X_{i-1} + \Delta X_i$$
$$Y_i = Y_{i-1} + \Delta Y_i$$

算完最后一点，还要推算起始点的坐标，以资校核。

【例6-4】如图6-16所示，A、B、C、D点构成闭合导线，观测数据见表6-9，由已知点A开始，算出B、C、D点的坐标，最后推算回到A点，应与原来A点坐标相同，作为推算坐标的检核。闭合导线计算见表6-9。

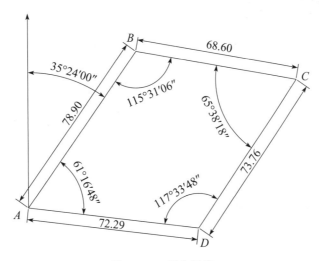

图6-16 闭合导线

表6-9 闭合导线计算

点号	观测角	改正后角值	坐标方位角	边长	坐标增量（m）		坐标值（m）	
(° ′ ″)	(° ′ ″)	(° ′ ″)	(m)	Δx	Δy	x	y	
1	2	3	4	5	6	7	8	9
A					+1	+1	**500.00**	**500.00**
B	+6		**35 24 00**	78.90	64.31	45.71		
	115 31 06	115 31 12			+1	0	564.32	545.72
C	+6		99 52 48	68.60	−11.77	67.58		
	65 38 18	65 38 24			+1	0	552.56	613.30
D	+6		214 14 24	73.76	−60.98	−41.50		
	117 33 48	117 33 54			+1	0	491.59	571.80
A	+6		276 40 30	72.29	8.40	−71.80		
	61 16 24	61 16 30					**500.00**	**500.00**
B			**35 24 00**					
Σ	359 59 36	360 00 00		293.55				

续表

辅助计算	$f_\beta = \sum \beta_测 - \sum \beta_理 = 24''$	$f_{\beta允} = \pm 60'' \sqrt{4} = \pm 120''$
	$f_x = \sum \Delta x_测 = -0.04$	$f_y = \sum \Delta y_测 = -0.01$
	$f_D = \sqrt{f_x^2 + f_y^2} = 0.04$	$K = \dfrac{f_D}{\sum D} \approx \dfrac{1}{7\,300}$
	$K_允 = \dfrac{1}{2\,000}$	

6.4.3 附合导线的计算

图 6-17 所示为两端与高级控制点相连接的附合导线，其中 A、B、C、D 均为已知点，按坐标反算公式可得起始边与终边的方位角，即

$$\alpha_{AB} = \mathrm{arctg}\left(\frac{y_B - y_A}{x_B - x_A}\right) \qquad \alpha_{CD} = \mathrm{arctg}\left(\frac{y_D - y_C}{x_D - x_C}\right)$$

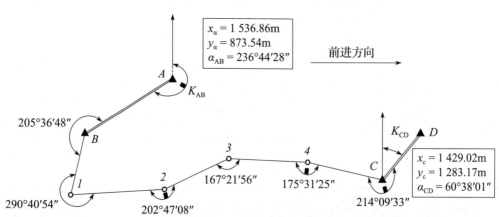

图 6-17 附合导线外业观测资料

附合导线的计算与闭合导线基本相同，但由于几何条件不同，角度闭合差和坐标增量闭合差的计算有所不同。

1. 角度闭合差的计算

如图 6-17 所示，对于该附合导线，终边 CD 有一已知方位角 α_{CD}。经过测量，从起始边 AB 的方位角 α_{AB} 推算出 CD 终边方位角 α'_{CD}，则角度闭合差

$$f_\beta = \alpha'_{CD} - \alpha_{CD} \tag{6-20}$$

α'_{CD} 的计算公式：

因为 $\alpha_{B1} = \alpha_{AB} + 180° - \beta_B$

$\alpha_{12} = \alpha_{B1} + 180° - \beta_1$

$\alpha_{23} = \alpha_{12} + 180° - \beta_2$

$\alpha_{34} = \alpha_{23} + 180° - \beta_3$

$$\alpha_{4C} = \alpha_{34} + 180° - \beta_4$$

$$+)\ \alpha'_{CD} = \alpha_{4C} + 180° - \beta_C$$

所以 $\alpha'_{CD} = \alpha_{AB} + 6 \times 180° - \sum \beta_{测}$

由此，我们可以给出附合导线角度闭合差的一般计算公式：

$$f_\beta = \alpha_起 - \alpha_终 \mp n \times 180° \pm \sum \beta_{测} \qquad (6-21)$$

其中，n 为测站数或附合导线点的个数（包括起、终两点）。当 $\beta_{测}$ 为右角时用 "$-$"；当 $\beta_{测}$ 为左角时用 "$+$"。

各级导线的方位角闭合差的容许值 $f_容$ 见表 6-7，图根导线 $f_容 = \pm 60'' \sqrt{n}$。若 $|f_\beta| \leqslant |f_容|$，则说明测角符合要求，否则应重测转折角。

若角度观测合格，则对角度闭合差 f_β 进行调整，调整原则如下：

（1）若 β 为右角，则将 f_β 同号分配，即 $v_\beta = \dfrac{f_\beta}{n}$，余数分配给短边的邻角（因构成角的边长越短，量角的误差可能越大），且 $\sum v_\beta = f_\beta$。

（2）若 β 为左角，则将 f_β 反号分配，即 $v_\beta = -\dfrac{f_\beta}{n}$，余数分给短边的邻角，且 $\sum v_\beta = -f_\beta$。

改正后各角值为：$\beta'_i = \beta_i + v_\beta$

下面推算各边的坐标方位角 f_β。

注意：推算各边坐标方位角时，必须采用改正后的转折角，即

$$\alpha_{i,i+1} = \alpha_{i-1,i} + 180° + \beta'_i$$

注：计算出各边方位角后，若超过 360°，则减去 360° 作为该边方位角，若出现负值，则应加上 360° 后作为该边的方位角。

2. 坐标增量闭合差的计算

附合导线的两端均为高级控制点，它们的坐标值精度较高，误差可忽略不计，因此可以认为其理论值为

$$\sum \Delta X_{理} = X_C - X_B$$

$$\sum \Delta Y_{理} = Y_C - Y_B$$

由于测角和量距存在误差，使得计算的 $\sum \Delta x_{测}$、$\sum \Delta y_{测}$ 与理论值不相等，两者之差即为坐标增量闭合差，即

$$\begin{cases} f_x = \sum \Delta X_{测} - (X_C - X_B) \\ f_y = \sum \Delta Y_{测} - (Y_C - Y_B) \end{cases} \qquad (6-22)$$

导线全长闭合差为 $f_D = \sqrt{f_x^2 + f_y^2}$ $(6-23)$

附合导线相对闭合差的调整以及其他计算与闭合导线相同。

【例 6-5】如图 6-17 所示，A、B、C、D 是已知点，外业观测资料为导线边，具体数值和各转角见图中标注。计算结果见表 6-10。

表 6-10 附合导线坐标计算表

点号	观测角（右角）（° ′ ″）	改正数（″）	改正角（° ′ ″）	坐标方位角（° ′ ″）	距离 D（m）	增量计算值（m）		改正后增量值（m）		坐标值（m）		点号
						Δx	Δy	Δx	Δy	x	y	
A				2 364 428								A
B	2 053 648	−13	2 053 635							1 536.86	837.54	B
				2 110 753	125.36	+0.04 −107.31	−0.02 −64.81	−107.27	−64.83			
1	2 904 054	−12	2 904 042							1 429.59	772.71	1
				1 002 711	98.71	+0.03 −17.92	+0.02 +97.12	−17.89	+97.10			
2	2 024 708	−13	2 024 655							1 411.70	869.81	2
				774 016	114.63	+0.04 +30.88	−0.02 +141.29	+30.92	+141.27			
3	1 672 156	−13	1 672 143							1 442.62	1 011.08	3
				901 833	116.44	+0.03 −0.63	−0.02 +116.44	−0.60	+116.42			
4	1 753 125	−13	1 753 112							1 442.02	1 127.50	4
				944 721	156.25	+0.05 −13.05	−0.03 +155.70	−13.00	+155.67			
C	2 140 933	−13	2 140 920							1 429.02	1 283.17	C
D				603 801								D
	1.3E+07	−77	1.3E+07		641.44	−108	445.74	−108	445.63			

辅助计算

$f_B = \sum B - \alpha_始 + \alpha_终 - n \times 180° = 77''$ $f_{B容} = \pm 36\sqrt{6} = 88''$

$f_x = -0.19$ $f_y = \pm 147''$ $f_D = \sqrt{f_x^2 + f_y^2} = \pm 0.22$ $K = \dfrac{0.22}{641.44} = \dfrac{1}{2\,900}$ $K_容 = \dfrac{1}{2\,000}$

6.4.4 支导线的计算

由于支导线是由一个已知点出发，既不回到原出发点，也不附合到另外的已知点上。故这种导线无法检验。计算时，根据已知点的坐标、方位角及测得的转角，由坐标正算公式算得支点的坐标。如图 6-18 所示，起算数据为 $M(P_0) \sim A(P_1)(x_1, y_1)$。观测数据为各转角 β_i、方位角 $\alpha_{0,1}$，$A(P_1)$的坐标导线边长 $D_{i,i+1}$（$i=1,2,\cdots,n-1$），n为导线点的最大编号，对于支导线，一般$n \leqslant 3$。

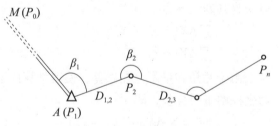

图 6-18 支导线的计算

其计算步骤如下：

1. 推算坐标方位角

利用起算坐标方位角 $\alpha_{0,1}$ 和观测转折角 β_i 计算各边的坐标方位角，即

$$\alpha_{i,i+1} = \alpha_{i-1,i} \pm \beta_i \pm 180° \quad (i=1,2,\cdots,n-1) \tag{6-24}$$

β_i 前的符号：以 $i-1 \to i \to i+1$ 为前进方向，当 β_i 为左角时取"+"，为右角时取"−"，即所谓"左加右减"。

180° 前的符号：等式右边前两项小于 180° 时取"＋"，反之取"－"。

2．计算坐标增量

根据计算出的坐标方位角和观测得到的各边长 $D_{i,\,i+1}$，计算相邻导线点的坐标增量：

$$\begin{cases} \Delta X_{i,i+1} = D_{i,i+1}\cos\alpha_{i,i+1} \\ \Delta Y_{i,i+1} = D_{i,i+1}\sin\alpha_{i,i+1} \\ i = 1,2,\cdots,n-1 \end{cases} \qquad (6-25)$$

3．推算坐标

从起算坐标（x_1，y_1）和坐标增量计算结果，依次推算各导线点的坐标：

$$\begin{cases} X_{i+1} = X_i + \Delta X_{i,i+1} \\ Y_{i+1} = Y_i + \Delta Y_{i,i+1} \end{cases} \qquad (6-26)$$

6.4.5 控制点的加密

当已知控制点的数量不能满足测图或施工测量的要求时，需要对控制点进行加密。常用的加密方法是交会法，交会法分为前方交会法、后方交会法和边长交会法。

1．前方交会定点

如图 6-19（a）所示，由 2 个（或 3 个）已知点 A、B 来确定未知点 P 的坐标的方法称为前方交会法。即用经纬仪在已知点 A、B 上分别向新点 P 观测水平角 α 和 β，从而计算 P 点的坐标。计算步骤如下：

（1）按已知点坐标反算边长和方位角。

$$D_{AB} = \sqrt{(X_B - X_A)^2 + (Y_B - Y_A)^2}$$

$$\alpha_{AB} = \operatorname{arctg}\left(\frac{Y_B - Y_A}{X_B - X_A}\right)$$

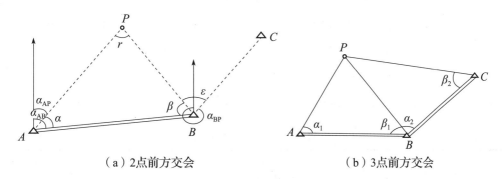

（a）2 点前方交会　　　　（b）3 点前方交会

图 6-19　前方交会法

（2）计算待定边的边长及方位角。

$$\begin{cases} D_{AP} = \dfrac{D_{AB}\sin\beta}{\sin(180°-\alpha-\beta)} \\[3mm] D_{BP} = \dfrac{D_{AB}\sin\alpha}{\sin(180°-\alpha-\beta)} \end{cases} \qquad (6-27)$$

$$\begin{cases} \alpha_{AP} = \alpha_{AB} - \alpha \\ \alpha_{BP} = \alpha_{AB} + \beta \end{cases} \qquad (6-28)$$

（3）计算交会点坐标。

由 A 点坐标计算 P 点坐标：

$$\begin{cases} X_P = X_A + D_{AP}\cos\alpha_{AP} \\ Y_P = Y_A + D_{AP}\sin\alpha_{AP} \end{cases} \qquad (6-29)$$

为了检核其正确性，再由 B 点坐标计算 P 点坐标：

$$\begin{cases} X_P = X_B + D_{BP}\cos\alpha_{BP} \\ Y_P = Y_B + D_{BP}\sin\alpha_{BP} \end{cases} \qquad (6-30)$$

也可根据观测角度计算 P 点的坐标：

$$\begin{cases} X_P = \dfrac{X_A\operatorname{ctg}\beta + X_B\operatorname{ctg}\alpha + (Y_B - Y_A)}{\operatorname{ctg}\alpha + \operatorname{ctg}\beta} \\[3mm] Y_P = \dfrac{Y_A\operatorname{ctg}\beta + Y_B\operatorname{ctg}\alpha + (X_A - X_B)}{\operatorname{ctg}\alpha + \operatorname{ctg}\beta} \end{cases} \qquad (6-31)$$

为了提高精度，交会角 γ 最好在 90° 左右，一般不应小于 30° 或大于 120°。同时，为了校核所定点位的正确性，要求由 3 个已知点进行交会。具体有以下两种方法：

（1）如图 6-19（a）所示，观测一组角度 α、β，计算 P 点的坐标，而以另一方向检查，即在 B 点观测检查角 $\varepsilon = \angle PBC$。由坐标反算检查角 $\varepsilon_{算}$，与实测检查角 $\varepsilon_{测}$ 之差 $\Delta\varepsilon''$ 进行检查，$\Delta\varepsilon \leqslant \pm\dfrac{0.15M\rho}{s}$ 或 $\pm\dfrac{0.15M\rho}{s}$。式中，s 为检查方向的边长，即 BC 边长。

上式中，前者用于 1∶5 000、1∶10 000 比例尺测图，后者用于 1∶500～1∶2 000 比例尺测图。

（2）如图 6-19（b）所示，分别在已知点 A、B、C 上观测水平角 α_1、β_1 及 α_2、β_2。由两组图形分别算得点 P 的坐标为（x_{P1}，y_{P1}）及（x_{P2}，y_{P2}）。如两组坐标的较差 $f = \pm\sqrt{(X_{P_1} - X_{P_2})^2 + (Y_{P_1} - Y_{P_2})^2} \leqslant 0.2M$ 或 $0.3M$mm，则取平均值，M 为比例尺的分母，前者用于 1∶5 000 及 1∶10 000 比例尺测图，后者用于 1∶500～1∶2 000 比例尺测图。

【例 6-6】见表 6-11，已知点 A、B、C 的坐标，求点 P 的坐标。

表 6-11　前方交会计算

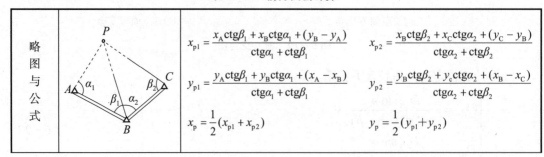

略图与公式	$x_{p1} = \dfrac{x_A\operatorname{ctg}\beta_1 + x_B\operatorname{ctg}\alpha_1 + (y_B - y_A)}{\operatorname{ctg}\alpha_1 + \operatorname{ctg}\beta_1}$	$x_{p2} = \dfrac{x_B\operatorname{ctg}\beta_2 + x_C\operatorname{ctg}\alpha_2 + (y_C - y_B)}{\operatorname{ctg}\alpha_2 + \operatorname{ctg}\beta_2}$
	$y_{p1} = \dfrac{y_A\operatorname{ctg}\beta_1 + y_B\operatorname{ctg}\alpha_1 + (x_A - x_B)}{\operatorname{ctg}\alpha_1 + \operatorname{ctg}\beta_1}$	$y_{p2} = \dfrac{y_B\operatorname{ctg}\beta_2 + y_c\operatorname{ctg}\alpha_2 + (x_B - x_C)}{\operatorname{ctg}\alpha_2 + \operatorname{ctg}\beta_2}$
	$x_p = \dfrac{1}{2}(x_{p1} + x_{p2})$	$y_p = \dfrac{1}{2}(y_{p1} + y_{p2})$

续表

已知数据	x_A	1 659.232	y_A	2 355.537	x_B	1 406.593	y_B	2 654.051
	x_B	1 406.593	y_B	2 654.051	x_C	1 589.736	y_C	2 987.304
观测值	α_1	69°11′04″	β_1	59°42′39″	α_2	51°15′22″	β_2	76°44′30″
计算与校核	x_{P1}	1 869.200	y_{P1}	2 735.228	x_{P2}	1 869.208	y_{P2}	2 735.226
	测图比例尺 1∶500				$f_允 = \pm 0.3 \times 500 = \pm 150\,mm$			
	$f = \sqrt{8^2 + 2^2} = \pm 8.24 < \pm 150\,mm$			$x_p = 1\,869.204$		$y_p = 2\,735.227$		

2. 后方交会定点

如图 6 - 20 所示，已知控制点 A、B、C，将经纬仪安置在待定点 P 上，观测点 P 到点 A、B、C 各方向之间的夹角 α、β，从而计算 P 点的坐标，这种方法称为后方交会法。

后方交会法的计算公式很多，这里只介绍一种，如下：

（1）引入辅助量 a、b、c、d，其中

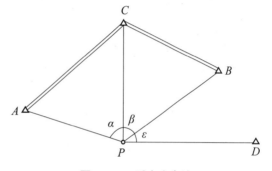

图 6 - 20　后方交会法

$$\begin{cases} a = (x_A - x_C) + (y_A - y_C)\text{ctg}\alpha \\ b = (y_A - y_C) - (x_A - x_C)\text{ctg}\alpha \\ c = (x_B - x_C) - (y_B - y_C)\text{ctg}\beta \\ d = (y_B - y_C) - (x_B - x_C)\text{ctg}\beta \end{cases}$$

（6 - 32）

令　$k = \dfrac{c - a}{b - d}$

（2）计算坐标增量。

$$\begin{cases} \Delta x_{CP} = \dfrac{a + kb}{1 + k^2} \text{ 或 } \Delta x_{CP} = \dfrac{c + kd}{1 + k^2} \\ \Delta y_{CP} = -k \cdot \Delta x_{CP} \end{cases}$$

（6 - 33）

（3）计算待定点坐标。

$$\begin{cases} x_p = x_B + \Delta x_{CP} \\ y_p = x_B + \Delta y_{CP} \end{cases}$$

（6 - 34）

（4）检核交会点 P 的坐标。为了检核测量结果的准确性，必须在 P 点对第四个已知点进行观测，即再观测角 ε。根据 A、B、C 三点算得 P 点坐标，再根据已知点 B 和 D 的坐标反算方位角 α_{PB} 和 α_{PD}，则有

$$\alpha_{PB} = \text{arctg}\left(\frac{y_B - y_P}{x_B - x_P}\right) \qquad \alpha_{PD} = \text{acrtg}\left(\frac{y_D - y_P}{x_D - x_P}\right)$$

$$\gamma' = \alpha_{PD} - \alpha_{PB}$$

将 γ' 与观测角 γ 相比较，得

$$\Delta\gamma = \gamma' - \gamma$$

对于图根加密点，$\Delta\gamma$ 的允许值为 $\pm40''\sqrt{2} = \pm56''$。

（5）危险圆问题。

如图 6-21 所示，当 P 点正好落在 A、B、C 三点所在的圆周上时，则无解或不定解。因为无论 P 点在圆周的任何位置，其 α、β 角均不变，此时，后方交会点就无法解。因此，把通过已知点 A、B、C 的圆称作危险圆。

当 P 点通过 A、B、C 三点所在圆周时，为不定解，式（6-35）为点 P 落在危险圆上的判别式。

$$\begin{cases} a = c \\ b = d \\ k = \dfrac{a-c}{b-d} = \dfrac{0}{0} \end{cases} \qquad (6-35)$$

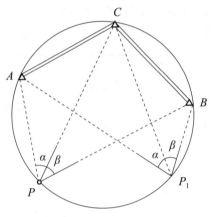

图 6-21　危险圆问题

【例 6-7】后方交会法计算实例见表 6-12。

表 6-12　后方交会计算

图示			已知数据观测值	x_A	1 347.632	y_A	2 574.031
				x_C	1 432.237	y_B	2 264.383
				x_B	1 948.456	y_C	2 174.041
				α	62°31′18″	ctgα	0.520 087
				β	41°27′36″	ctgβ	1.131 886
$x_A - x_C$	−84.605	$y_A - y_C$	+309.648	$x_B - x_C$	+516.219	$y_B - y_C$	−90.342
a	+76.439	b	+353.649	c	+618.476	d	+493.959
$k = \dfrac{a-c}{b-d}$	−3.863 14	$a+kb$	−1 289.756	$c+kd$	−1 289.756	$1+k^2$	15.923 8
Δx	−80.995	Δy	312.897	x_P	1 351.242	y_P	2 577.280

3. 边长交会法

随着测距仪的普及，边长交会法来确定点位的方法越来越常用。如图 6-22 所示，已

知点 A、B，测量边长 D_A 和 D_B，求待定点 P 的坐标。

由已知数据根据坐标反算公式得

$$D_0 = \sqrt{(x_B - x_A)^2 + (y_B - y_A)^2}$$

由余弦定理得 $\cos A = \dfrac{D_A^2 + D_0^2 - D_B^2}{2D_0 D_A}$

令 $\quad t = D_A \cos A = \dfrac{1}{2D_0}(D_A^2 + D_0^2 - D_B^2)$

$$h = \sqrt{D_A^2 - t^2}$$

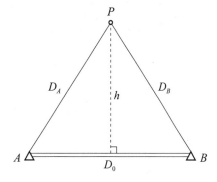

图 6-22 边长交会法

式中，h 取负号是考虑到 P 点在线段 AB 左侧（点 A、B、C 为逆时针排序）。

点 P 坐标为

$$\begin{cases} x_p = x_A + t\cos\alpha_{AB} + h\sin\alpha_{AB} = x_A + \dfrac{1}{D_0}(t\Delta x_{AB} + h\Delta y_{AB}) \\ y_P = y_A + t\sin\alpha_{AB} - h\sin\alpha_{AB} = y_A + \dfrac{1}{D_0}(t\Delta y_{AB} - h\Delta x_{AB}) \end{cases} \qquad (6-36)$$

【例 6-8】边长交会法计算实例见表 6-13。

表 6-13　边长交会计算

略图与计算公式	$t = (D_A^2 + D_0^2 - D_B^2)/2D_0$ $h = \sqrt{D_A^2 - t^2}$ $\alpha = \alpha_{AB} = \mathrm{arctg}\left(\dfrac{y_B - y_A}{x_B - x_A}\right)$ $D_{AB} = \sqrt{(x_B - x_A)^2 + (y_B - y_A)^2} = D_0$ $x_p = x_A + t\cos\alpha + h\sin\alpha$ $y_p = y_A + t\sin\alpha - h\cos\alpha$					
已知坐标	x_A	+8 701.089	y_A	+8 700.200	观测	D_A	1 082.431
	x_B	+8 503.125	y_B	+9 621.483		D_B	942.369
Δx_{AB}	−197.964	Δy_{AB}	+921.283	D_0	942.312	α_{AB}	102°07′38″
t	+621.636	h	−886.130	x_p	9 436.848	y_p	9 494.124

【职业素养】控制测量人员要树立全局观念、一盘棋思想；严格遵守测绘技术标准和操作规程，做到真实、准确、细致、及时，确保测量成果的质量。

6.5 全站仪导线测量

全站仪是一种重量轻，操作简便，测角、测距精度高，并且能够存储大量数据的、重要的多功能数字化测图工具。本任务主要讲解全站仪导线测量的方法。

6.5.1 全站仪导线测量外业

全站仪导线的布设形式与普通导线一样。其外业工作主要包括以下几个方面：

1. 踏勘选点

踏勘选点的技术要求与普通导线测量相同。

2. 坐标测量

在全站仪坐标测量模式下观测导线点的三维坐标 (x, y, z)，可获得各个导线点的坐标。切换到距离、角度测量模式可测得距离 D、水平角 β、高差 h，以备使用和检核。将测量结果记入记录簿。具体观测方法见项目 4。

3. 导线起始数据确定

应用全站仪进行导线测量时，必须知道两点的直角坐标，或是知道一个起始点的坐标和一条边的坐标方位角。起始点的坐标通常是已知的，在测区或测区附近一般可以找到。如果起始点未知，则可采用测角交会的方法求得，如前方交会、侧方交会和后方交会等。

6.5.2 全站仪导线测量内业

导线测量中的许多计算工作由仪器内置的软件承担。由于全站仪可直接测定各点的坐标值，因此平差计算就不能像传统的导线测量那样，先进行角度闭合差和坐标增量闭合差的调整，再计算坐标。而是直接按坐标平差计算，更为简便。此外，高程的计算也可同时进行。

如图 6-23 所示，由于存在测量误差，最后测得的 C 点坐标（包括高程，即 z 坐标）不等于 C 点的已知坐标。平面位置产生了一个缺口 CC'，即导线全长闭合差 f。

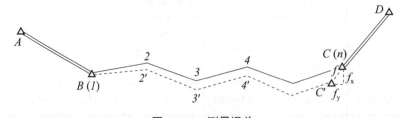

图 6-23 测量误差

f 在纵、横坐标轴上的投影为纵、横坐标闭合差 f_x、f_y。对于高程闭合差则为 f_z。显然

$$\begin{cases} f_x = x'_C - x_C \\ f_y = y'_C - y_C \\ f_z = z'_C - z_C \end{cases} \tag{6-37}$$

式中：x'_C、y'_C、z'_C ——C 点的 3 个坐标观测值；

x_C、y_C、z_C ——C 点的已知坐标。

导线全长闭合差：

$$f = \pm\sqrt{f_x^2 + f_y^2} \tag{6-38}$$

导线全长相对闭合差：

$$k = \frac{f}{\sum D} = \frac{1}{\dfrac{\sum D}{f}} \tag{6-39}$$

式中：D——导线边长。

各点坐标改正值为：

$$\begin{cases} \delta_{xi} = \dfrac{f_x}{\sum D}(D_{B-2}, D_{2-3}, \cdots, D_{(n-A)}) \\[2mm] \delta_{yi} = \dfrac{f_y}{\sum D}(D_{B-2}, D_{2-3}, \cdots, D_{(n-A)}) \\[2mm] \delta_{zi} = \dfrac{f_z}{\sum D}(D_{B-2}, D_{2-3}, \cdots, D_{(n-A)}) \end{cases} \tag{6-40}$$

改正后的各点坐标为：

$$\begin{cases} x_i = x'_i + \delta_{xi} \\ y_i = y'_i + \delta_{yi} \\ z_i = z'_i + \delta_{zi} \end{cases} \tag{6-41}$$

式中，x'_i、y'_i、z'_i 为 i 点的坐标观测值。

6.6 三、四等水准测量

小地区高程控制测量包括三、四等水准测量，图根水准测量和三角高程测量。

三、四等水准测量可用于国家高程控制网的加密，还常用作小区域的首级高程控制，以及工程建设地区内工程测量和变形观测的基本控制。三、四等水准测量通常以测区附近的国家高级水准点为起算数据。在工程建设地区，三、四等水准点间距可根据实际需要决定，一般为 1 ~ 2km。应埋设普通水准标石或临时水准点标志，亦可将埋石的平面控制点作为水准点。

三、四等水准测量所使用的水准仪，其精度应不低于 DS$_3$ 型水准仪的技术指标。水准仪望远镜放大倍率应大于 25 倍，符合水准管分划值为 20″/2mm。三、四等水准测量的技术要求见表 6-14。

表 6-14 三、四等水准测量的技术要求

等级	使用仪器	高差闭合差限差（m）		视线长度（m）	视线高度	前后视距离差（m）	前后视距离累积差（m）	黑红面读数差（m）	黑红面所测高差之差（m）
		附合、闭合路线	往返测						
三	DS₃	$\pm12\sqrt{L}$	$\pm12\sqrt{K}$	≤75	三丝能读数	≤2	≤5	≤2	≤3
四	DS₃	$\pm20\sqrt{L}$	$\pm12\sqrt{K}$	≤100	三丝能读数	≤3	≤10	≤3	≤5

6.6.1 观测方法与记录

三、四等水准测量均采用双面尺观测法，二者观测顺序基本相同，只是各种限差有所区别。现以三等水准测量为例进行说明。

在测站上安置仪器后，调整圆水准器使气泡居中。分别瞄准后、前视尺的黑面，利用视距法检查前、后视距离长度及前后距离差。如超限，则需移动前视尺或水准仪的位置，以满足要求，然后按下列顺序进行观测，并将观测结果记入手簿。

（1）读取后视尺黑面读数：下丝（1）、上丝（2）、中丝（3）。

（2）读取前视尺黑面读数：下丝（4）、上丝（5）、中丝（6）。

（3）读取前视尺红面读数：中丝（7）。

（4）读取后视尺红面读数：中丝（8）。

测得上述 8 个数据后，应立即进行测站校核计算，各项限差符合技术要求后，方可迁站继续测量，否则应重新观测。三、四等水准测量记录手簿见表 6-15。

表 6-15 三、四等水准测量记录手簿

测站编号	后尺 下丝 上丝	前尺 下丝 上丝	方向及尺号	标尺读数		k 加黑减红	高差中数	备注
	后距	前距		黑	红			
	视距差 d	∑d						
1	（1）	（4）	后	（3）	（8）	（14）		
	（2）	（5）	前	（6）	（7）	（13）	（18）	
	（9）	（10）	后—前	（15）	（16）	（17）		
	（11）	（12）						$k_1=4.687$ $k_2=4.787$
	1.743	1.113	后 k_1	1.529	6.214	+2		
	1.315	0.685	前 k_2	0.899	5.686	0	0.6290	
	42.8	42.8	后—前	0.630	0.528	+2		
	0.0	0.0						

续表

测站编号	后尺 下丝 上丝 后距 视距差 d	前尺 下丝 上丝 前距 $\sum d$	方向及尺号	标尺读数 黑	标尺读数 红	k加黑减红	高差中数	备注
2	0.625	1.034	后 k_2	0.366	5.151	+2		
	0.062	0.460	前 k_1	0.747	5.434	0	−0.3820	
	56.3	57.4	后一前	−0.381	−0.283	+2		
	−1.1	−1.1						
3	1.718	1.936	后 k_1	1.420	6.107	0		
	1.122	1.353	前 k_2	1.646	6.434	−1	−0.2265	$k_1=4.687$
	59.6	58.3	后一前	−0.226	−0.327	+1		$k_2=4.787$
	+1.3	+0.2						
4	1.473	1.508	后 k_2	1.233	6.021	−1		
	1.002	1.043	前 k_1	1.276	5.963	0	−0.0425	
	47.1	46.5	后一前	−0.043	+0.058	−1		
	+0.6	+0.8						
检核	$\sum(9)=205.8$ $\sum(10)=205.0$ 末站(12)=+0.8 总距离 $L=410.8$		$\sum(3)=4.548$ $\sum(6)=4.568$ $\sum(15)=-0.020$ $[\sum(15)+\sum(16)]/2=-0.022$	$\sum(8)=23.493$ $\sum(7)=23.517$ $\sum(16)=-0.024$	$\sum(18)=-0.0220$ $\sum(17)=+4$			

以上观测顺序简称为"后（黑）—前（黑）—前（红）—后（红）"，三等水准测量就是依照这个顺序进行的。四等水准测量可以按照"后（黑）—后（红）—前（黑）—前（红）"的观测顺序进行。

6.6.2 计算与校核

测站校核计算包括视距、读数和高差三部分（见表6−15）。

1. 视距部分

后距（9）=[（1）−（2）]×100

前距（10）=[（4）−（5）]×100

前后视距差（11）=[（9）−（10）]，绝对值不超过2m。

前后视距累计（12）= 本站的（11）+ 前站的（12），绝对值不应超过5m。

2. 高差部分

后视尺的黑、红面中丝读数差（13）=k_1+（3）-（8），绝对值不应超过 2mm。

前视尺的黑、红面中丝读数差（14）=k_2+（6）-（7），绝对值不应超过 2mm。

上两式中的 k_1、k_2 分别为两水准尺的黑、红面尺起点差，亦称尺常数，表 6-15 中，$k_1=4.787$，$k_2=4.687$。

3. 高差计算及检核

黑面尺高差：（15）=（3）-（6）；

红面尺高差：（16）=（8）-（7）；

黑、红面高差之差（17）=[（15）-（16）±0.100]=[（14）-（13）]，该值在三等水准测量时绝对值不应超过 3mm，四等水准测量时绝对值不应超过 5mm。

$$平均高差（18）=1/2[（15）+（16）±0.100]$$

由于两水准尺的红面起始读数相差 0.100m，因此红面尺所测高差应为（17）±0.100m，两水准尺交替前进，"加"或"减"以黑面尺所测高（15）为准来确定。

平均高差的计算，必须在前三项校核计算合格的前提下进行。

整个水准路线测量结束后，应逐页检核计算有无错误。检核方法如下：

视距计算检核。计算 $\sum$（3）、$\sum$（6）、$\sum$（7）、$\sum$（8）、$\sum$（9）、$\sum$（10）、$\sum$（15）、$\sum$（16）、$\sum$（18），而后用下式校核：

$$\sum（9）-\sum（10）=末站 12$$

如果等式成立，说明距离计算没有问题，水准路线的总长度 $L=\sum$（9）+$\sum$（10），否则应检查视距计算部分。

高差计算检核。红、黑面后视总和减红、黑面前视总和应等于红、黑面高差总和，还应等于平均高差总和的两倍。

当测站为奇数时，$\sum$（15）+$\sum$（16）±0.100=2$\sum$（18）

当测站为偶数时，$\sum$（15）+$\sum$（16）=2$\sum$（18）

4. 四等水准高程的计算

四等水准高程的计算方法与单元 2 所讲的普通水准计算方法相同，只是闭合差的限差为 $\pm 20\sqrt{L}$mm，若满足要求，进行高差闭合差的调整，计算各水准点的高程，反之，应重测。

【例6-9】如图 6-24 所示为附合四等水准路线，已知高程和观测数据注记在图上，其计算过程和结果见表 6-16。

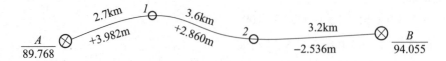

图 6-24　四等附合水准路线

表 6 – 16　四等水准高程计算

站点	距离 （km）	观测高差 （m）	改正数 （m）	改正后高差（m）	高程 （m）	备注
A					89.768	
	2.7	3.982	−0.005	3.977		
1					93.745	
	3.6	2.860	−0.007	2.853		已知
2					96.598	$H_1 = 89.768\text{m}$
	3.2	−2.536	−0.007	−2.543		$H_2 = 94.055\text{m}$
B					94.055	
Σ						
	9.5	4.306	−0.019	4.287		
计算及检核	$f_h = \sum h + H_1 - H_2 = 4.306 + 89.768 - 94.055 = +19\text{mm}$ $f_{h容} = \pm 20\sqrt{L} = \pm 20 \times \sqrt{9.5} = \pm 69\text{mm}$　　$\lvert f_h \rvert < \lvert f_{h容} \rvert$					

6.6.3　四等水准观测应注意的事项

每天作业结束或临时中断作业时，应尽量在水准点结束或中断，否则应选择坚固稳定的固定地物作为间歇点。

【职业素养】遵纪守法，认真贯彻执行国家有关工程测量管理的方针、政策和法规，提高施工测量质量，保证测量放样结果的准确性，为工程项目安全、高质完成打好基础。

6.7　三角高程测量

当地面起伏较大时，进行水准测量往往比较困难，而且速度慢、精度低。采用三角高程测量的方法，先测定两点之间的高差，再推算控制点的高程就比较方便，而且可以与平面控制测量同时进行。

6.7.1　三角高程测量原理

如图 6 – 25 所示，已知 A 点的高程为 H_A，欲测定 B 点的高程 H_B。

在 A 点安置经纬仪，在 B 点竖立标杆（或觇标），照准杆顶，测出竖直角 α_{AB}，设点 A、B 间的水平距离 D_{AB} 为已知，则点 A、B 间的高差 h_{AB} 可用下式计算。

$$h_{AB} = D_{AB}\,\text{tg}\,\alpha_{AB} + i - s \tag{6-42}$$

式中：i——A 点上经纬仪的仪器高；

s——B 点上竖立的标杆的高度。

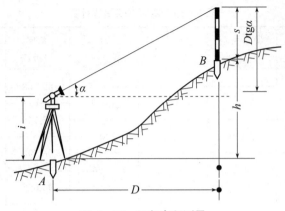

图 6-25　三角高程测量

点 B 的高程 H_B 为

$$H_B = H_A + D_{AB}\,\mathrm{tg}\,\alpha_{AB} + i - s \tag{6-43}$$

式（6-43）为三角高程测量公式，是在将水准面当作水平面的条件下给出的，适用于地面上两点间的距离小于 300m 时的情况。当两点间的距离较大时，就必须考虑地球曲率和大气折射的影响。地球曲率的影响称为球差。观测视线受大气垂直折光的影响而成为一条向上凸起的弧线，对测量竖直角产生影响，称为大气折光差。对球差和大气折光差必须加以改正。这两项改正合称为球气差改正。两点间球气差的改正数为：

$$f = 0.43\frac{D^2}{R} \tag{6-44}$$

式中，D——两点距离（km）；

R——地球曲率半径（$R = 6\,371$km）。

球气差改正数见表 6-17，可根据不同的 D 值查询相应的改正数 f 值。

表 6-17　球气差改正数

D（m）	$f\left(=0.43\dfrac{D^2}{R}\right)$/cm	D（m）	$f\left(=0.43\dfrac{D^2}{R}\right)$/cm
100	0.1	600	2.4
200	0.3	700	3.3
300	0.6	800	4.3
400	1.1	900	5.5
500	1.7	1 000	6.8

三角高程测量一般要求往、返观测，既需要由 A 点向 B 点观测（称为直觇），也需由 B 点向 A 点观测（称为反觇），这样的观测方法称为对向观测法。对向观测法取其正、反高差绝对值的平均值，可以消除球气差的影响。

6.7.2 三角高程测量的观测和计算

1. 三角高程测量的观测

（1）在 A 点安置经纬仪，对中整平，量取仪器高 i，目标高 s。同一高度一般用小钢尺测量两次，当两次测量差值小于 5mm 时，取平均值。

（2）照准 B 点觇标顶部，观测竖直角。一般需观测竖直角一至两个测回，测回间竖盘指标差互差应小于允许值，取其平均值。

（3）在 B 点安置经纬仪，重复以上步骤，测得反觇观测数据。

（4）根据观测数据及 A、B 两点间的水平距离，计算 A、B 两点间的高差。

三角高程测量往返测所得的高差之差 f_h（经两差改正后）不应大于 $0.1D_m$（D_m 为边长，单位 km），即

$$f_{h允} = \pm 0.1D_m \tag{6-45}$$

【例 6-10】三角高程观测成果及计算过程见表 6-18。

表 6-18　三角高程测量的高差计算

起算点	A		C		…
欲求点	B		D		…
	往	返	往	返	…
水平距离 D（m）	593.391	593.400	491.360	491.361	…
竖直角 α	$+11°38'30''$	$-11°24'00''$	$+6°52'15''$	$-6°34'30''$	…
仪器高 i（m）	1.440	1.491	1.491	1.502	…
目标高 s（m）	1.502	1.400	1.522	1.441	…
两差改正 f（m）	$+0.022$	$+0.022$	$+0.016$	$+0.016$	…
高差（m）	$+118.740$	-118.716	$+57.284$	-57.253	…
平均高差（m）	$+118.728$		$+57.268$		…

由对向观测所得的高差平均值计算闭合环路或附合路线的闭合差应不大于 $\pm 0.05\sqrt{\sum D_i^2}$（$D$ 以 km 为单位）。

2. 光电测距三角高程测量

利用全站仪或短程红外测距仪进行三角高程测量，可解决高山、峡谷、隧道等困难地区的高程控制，在工程测量中被广泛应用。当全站仪或测距仪满足一定的测距、测角精度时，可以代替三、四等水准测量，大大减少高程控制测量的工作量，提高效率。

如图 6-26 所示，仪器安置在 A 点，量取仪器高 i_A；向 B 点观测，测得竖直角 α_{AB} 及斜距 D'_{AB}；量取目标高（棱镜高）s_B。则高差 h_{AB} 为：

$$h_{AB} = D'_{AB}\sin\alpha_{AB} + i_A - s_B + f \tag{6-46}$$

式中，f——地球曲率及大气垂直折光改正数。

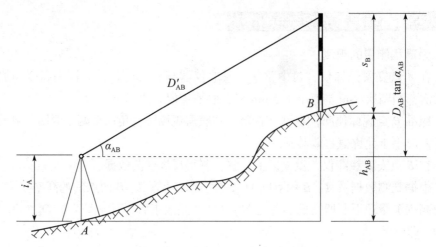

图 6 - 26　光电测距三角高程测量

仪器搬至 B 点，返测 A 点，高差为 h_{BA}。由于往、返测可以减弱球气差的影响，故 f 可忽略不计。则高差中数为：

$$h_{AB} = \frac{1}{2} \left[(D'_{AB} \sin \alpha_{AB} + D'_{AB} \sin \alpha_{BA}) + (i_A + i_B) - (s_A + s_B) \right] \qquad (6-47)$$

6.8　GNSS 小地区控制测量

　　GNSS 在控制测量方面的应用，外业工作方面主要包括选点、建立观测标志、野外观测以及成果质量检核等；内业工作方面主要包括 GNSS 测量的技术设计、测后数据处理以及技术总结等。这里主要介绍外业工作，大致操作步骤为先启动基准站，后进行移动站操作。

6.8.1　基准站操作

　　基准站位置选择时要注意远离较大的移动、联通等信号发射塔，远离较大的水域和高压线。基准站一般应选在净空条件好、周围视野开阔的位置，避免在截止高度角 15° 以内有大型建（构）筑物；为了使基准站差分信号传播得更远，基准站还应选在地势较高的位置。

　　接好电源线和发射天线电缆，注意不要把电瓶正负极接反导致仪器烧坏，多功能电缆线与 GPS 主机和电台连接时要注意将红点对应，并且捏住连接头带红点的金属部分垂直插拔，切勿扭动。

　　打开主机和电台，主机开始自动初始化并搜索卫星，当卫星数和卫星质量达到要求后（大约 1 分钟），电台上的 TX 指示灯开始 1 秒钟闪 1 次。这表明基准站差分信号开始发射，基准站部分开始正常工作。

6.8.2 移动站操作

将移动站主机接在碳纤对中杆上，并将接收天线接在主机顶部，同时将手簿夹在对中杆的适当位置。

打开主机，主机开始自动初始化并搜索卫星，当达到一定条件后，主机上的 RX 指示灯开始 1 秒钟闪 1 次（必须在基准站正常发射差分信号的前提下），表明已经收到基准站差分信号。

打开手簿，启动工程之星软件。工程之星的快捷方式一般在手簿的桌面上，手簿冷启动后桌面上的快捷方式会消失，这时必须在 Flashdisk 中启动原文件（我的电脑→Flashdisk→SETUP→ERTK Pro 2.0.exe）。

启动软件后，软件一般会自动通过蓝牙和主机连通。如果没连通则需要设置蓝牙（设置→连接仪器→选中"输入端口：7"→点击"连接"）。

软件和主机连通后，软件会让移动站主机自动匹配基准站发射时使用的通道。如果自动搜频成功，则软件主界面左上角会有信号闪烁。如果自动搜频不成功，则需要进行电台设置（工具→电台设置→在"切换通道号"后选择与基准站电台相同的通道→单击"切换"）。

在确保蓝牙连通并收到差分信号后，开始新建工程（工程→新建工程），按要求依次填写或选取如下工程信息：工程名称、椭球系名称、投影参数设置、四参数设置（未启用可以不填写）、七参数设置（未启用可以不填写）和高程拟合参数设置（未启用可以不填写），确定后工程新建完毕。

求转换参数（设置→求转换参数）：在"求转换参数"界面中单击"增加"，根据提示依次增加控制点的已知坐标和原始坐标，一般至少 3 个控制点，当所有的控制点都输入以后，单击"保存"，选择参数文件的保存路径并输入文件名，保存的文件名称以当天的日期命名。完成之后单击"确定"，然后单击"保存成功"小界面右上角的"OK"，四参数已经计算并保存完毕，完成后单击"应用"。

校正向导：工具→校正向导→选择"基准站架设在未知点"，单击"下一步"，输入当前移动站的已知坐标、天线高和天线高的量取方式，再将移动站对中立于已知点上，单击"校正"，系统会提示是否校正，"确定"即可。

注意：如果当前状态不是"固定解"时，会弹出提示，这时应该选择"否"来终止校正，等精度状态达到"固定解"时重复上面的过程重新进行校正。

将对中杆立在需测的点上，当状态达到固定解时，按快捷键"A"开始保存数据。

数据下载：工程→文件输出→选择"原始文件"（工程名.dat）→成果文件→输入要保存的文件名（如 111）→确定→单击"转换"→转换成功后，退出。将手簿与电脑连接起来，我的电脑→移动设备→FlashDisk→Jobs→工程名→data，将 111.dat 复制到电脑上即可。

蓝牙连接：手簿和主机第一次连接时，要进行蓝牙配对。我的设备→控制面板→BLUETOOTH 管理器→搜索→选中所要连接的主机号，单击"服务组"→在弹出的窗口中双击"ASYNC"→单击"活动"→当端口出现 com7 后,单击"OK"退出。再进入工程之星,设置→连接仪器→单击"输入模式"7→连接。

S82-2008 主机设置:关机状态下,同时按住"F"键和"P"键,当 6 个灯同时闪烁时松手,再按一下"F"键,看哪个红灯闪,STA 灯闪表示移动站模式,蓝牙灯闪表示基准站模式,第三个红灯闪表示静态模式。可通过"F"键来选择相应的模式,完成后按"P"键确定。

S86 主机设置:关机状态下,按绿色电源键开机,当出现"基准站模式"或"移动站模式"时,按"F2"键进入设置界面。

(1)选择"系统配置信息",可通过"F2"键选择"系统注册",按"F1"键输入数字,按"F2"键输入字母,按绿色电源键确认。

(2)选择"设置工作模式",可以设置为基准站、移动站或静态模式。

手簿重启动:

(1)热启动:同时按住蓝色"FN"键和红色"Enter"键大约 10 秒,系统会自动重启。

(2)冷启动:同时按住蓝色"FN"键、红色"Enter"键、白色半圆弧键大约 10 秒,系统进入 DOS 界面,然后先按"shift"键,再按"1",等启动完成后,打开我的设备→控制面板→电源→内建设备(或设备)→选中启用无线蓝牙。

在设定好基准站与移动站后进行观测。最后进行数据处理、检验与纠正。

单元小结

本单元重点介绍了小区域平面控制测量中导线测量常用的布设形式、导线外业测量工作的内容和方法、导线的内业计算;三、四等水准测量的施测及计算;加密控制点的常用方法;全站仪导线测量工作;三角高程测量的施测及计算;GNSS 在控制测量方面的应用。

(1)导线布设形式包括闭合导线、附合导线、支导线。

(2)标准方向:坐标纵轴方向、磁子午线方向、真子午线方向。

(3)方位角:从标准方向的北端顺时针方向量至某直线的水平角,称为该直线的方位角。范围是 $0° \sim 360°$。

(4)坐标方位角:由纵坐标轴的北端顺时针方向量至某直线的水平角称为直线的坐标方位角,或称方向角,用 α 表示。一条直线的正反坐标方位角相差 $180°$。

(5)象限角:从坐标纵轴的北端或南端顺时针或逆时针转至直线的锐角称为坐标象限角,用 R 表示。

(6)坐标计算:根据实测边长、转折角、起始边方位角和起始点坐标等计算坐标。

(7)三、四等水准观测顺序:后—前—前—后。

单元 7 大比例尺地形图测绘与应用

📖 **学习目标**

1. 熟悉地形图的图式及地物符号。
2. 理解地形图的比例尺及其表示方法。
3. 掌握地形图的判读方法；会使用地形图。
4. 明确进行地形图测绘之前要做的准备工作。
5. 会应用常规方法和数字化方法测绘大比例尺地形图。

7.1 地形图的基本知识

按一定法则，有选择地在平面上表示地球表面各种自然现象和社会现象的图通称为地图。按内容，地图可分为普通地图和专题地图。普通地图是综合反映地面上的物体和现象的一般特征的地图，内容包括各种地理要素（如水系、地貌、植被等）和社会经济要素（如居民点、行政区划及交通线路等），但不突出表示某一种要素。专题地图是着重表示自然现象或社会现象中的某一种或几种要素的地图，如地籍图、地质图和旅游图等。地形图是按一定的比例尺，用规定的符号表示地物、地貌平面位置和高程的正射投影图。

7.1.1 地形图的比例尺

地形图上任意线段的长度与地面上相应线段的实际水平长度之比，称为地形图的比例尺。按照地形图图式规定，比例尺书写在图幅下方正中处。

1. 比例尺的种类

（1）数字比例尺。数字比例尺一般用分子为 1 的分数形式表示。设图上某一直线的长度为 d，地面上相应线段的水平长度为 D，那么测图的比例尺为

$$\frac{d}{D} = \frac{1}{D/d} = \frac{1}{M} \tag{7-1}$$

式中：M——比例尺分母。

例如，图上 1cm 代表地面上水平长度 10m（即 1 000cm）时，比例尺就是 1∶1 000。由此可见，分母 1 000 就是将实地水平长度缩绘在图上的倍数。

比例尺的大小是以比例尺的比值来衡量的，分数值越大（分母 M 越小），比例尺越大。通常称 1∶1 000 000、1∶500 000、1∶200 000 为小比例尺地形图；1∶100 000、1∶50 000 和 1∶25 000 为中比例尺地形图；1∶10 000、1∶5 000、1∶2 000、1∶1 000 和 1∶500 为大比例尺地形图。建筑类各专业通常使用大比例尺地形图。

（2）图示比例尺。为了用图方便，以及减弱由于图纸伸缩而引起的误差，在绘制地形图时，常在图上绘制图示比例尺。如图 7−1 所示为 1∶500 的图示比例尺。绘制时先在图上绘两条平行线，再分成若干相等的线段，称为比例尺的基本单位，一般为 2cm；再将左端的一段基本单位十等分，每等分的长度相当于实地 1m。而每一基本单位所代表的实地长度为 2cm×500＝10m。

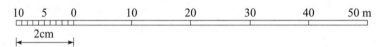

图 7−1　1∶500 的图示比例尺

2. 比例尺的精度

一般认为，人的肉眼能分辨的图上最小距离是 0.1mm，因此通常把图上 0.1mm 所表示的实地水平长度，称为比例尺的精度。根据比例尺的精度，可以确定在测图时量距应准确到什么程度。例如，测绘 1∶500 比例尺地形图时，其比例尺的精度为 0.05m，故量距的精度只需 0.05m，小于 0.05mm 在图上表示不出来。

表 7−1 所示为常用的大比例尺地形图的比例尺精度。

表 7−1　常用的大比例尺地形图的比例尺精度

比例尺	1∶10 000	1∶5 000	1∶2 000	1∶1 000	1∶500
比例尺精度（m）	10	5	2	1	0.5

比例尺越大，表示地物和地貌的特征越详细，精度越高。必须指出，同一测区，采用较大比例尺测图往往比采用较小比例尺测图的工作量和投资将增加数倍，因此，采用哪一种比例尺测图，应从工程规划、施工实际所需要的精度出发，不应该盲目追求更大比例尺的地形图。

7.1.2 大比例尺的分幅与编号

1. 地形图的分幅

地形图的分幅有梯形分幅与正方形分幅两种，大比例尺地形图采用正方形分幅。正方形分幅是按坐标格网划分图幅。各种大比例尺地形图图幅见表 7−2。

表 7-2　大比例尺地形图图幅

比例尺	图幅（cm×cm）	每幅相应实地面积（km²）	每平方千米幅数	一张 1:5 000 图幅 包括本图幅的数目
1:5 000	40×40	4	1/4	1
1:2 000	50×50	1	1	4
1:1 000	50×50	0.25	4	16
1:500	50×50	0.062 5	16	64

1:500 地形图的图幅一般为 50cm×50cm，一幅图所含实地面积为 0.062 5km²，1km² 的测区至少要测 16 幅图纸。这样就需要将地形图分幅和编号，以便于测绘、使用和保管。大比例尺地形图常采用正方形分幅法，它是按照统一的直角坐标纵、横坐标格网线划分的。如图 7-2 所示为以 1:5 000 地形图为基础进行的正方形分幅。

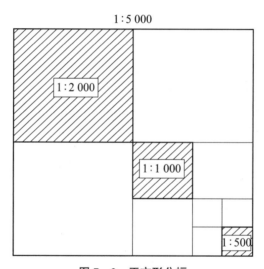

图 7-2　正方形分幅

2. 地形图的编号

每幅地形图都要进行统一编号。地形图的编号可采用下列方法：

（1）图廓西南角坐标公里数编号法。如图 7-3 所示，图廓西南角坐标 $x=32.00$km，$y=14.00$km，则该图幅的编号为 32.00-14.00。编号时，1:2 000、1:1 000 比例尺地形图取至 0.1km，而 1:500 比例尺地形图取至 0.01km。

（2）数字顺序编号法。对于采用独立坐标系统的测区，如图幅数量少，可采用数字顺序编号法编号，如图 7-4 所示。

数字顺序编号法还可细分为流水编号法、行列编号法。

流水编号：按测区统一的顺序，从左到右、从上到下用阿拉伯数字（数字码）1、2、3、…编定，如图 7-5（a）所示，打斜线的图幅编号为 ××-15（×× 为测区）。

行列编号：当采用行列编号法时，行用 A、B、C、D、…编定，由上到下依次排序，列用 1、2、3、…由左到右排序。编定时，先行后列，如图 7-5（b）所示，打斜线的图幅位置在第一行第四列，其图幅编号为 A—4。

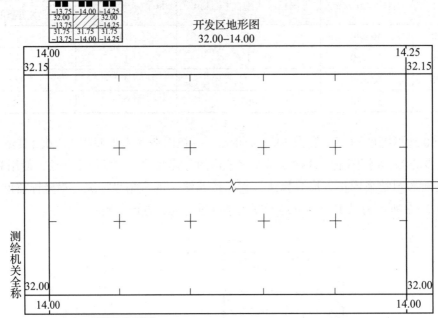

图 7-3　图廓西南角坐标公里数编号法

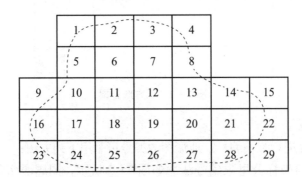

图 7-4　数字顺序编号法

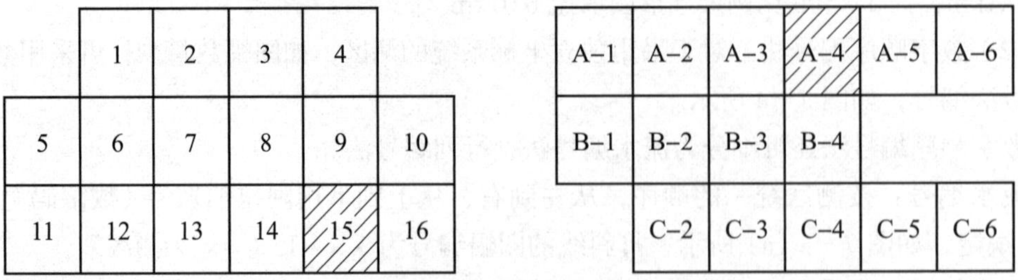

1	2	3	4
5	6	7	8	9	10
11	12	13	14	15	16

（a）

A-1	A-2	A-3	A-4	A-5	A-6
B-1	B-2	B-3	B-4		
	C-2	C-3	C-4	C-5	C-6

（b）

图 7-5　图幅位置

7.1.3 图名和图号

图名是本幅地形图内的著名地名或重要地名，标注于北图廓的正上方，如图 7-6 中的"某小镇"。图号是本图幅在测区内所处位置的编号。大比例尺地形图，其编号一般采用图廓西南角坐标公里数法，标注于北图廓和图名的中间部位。

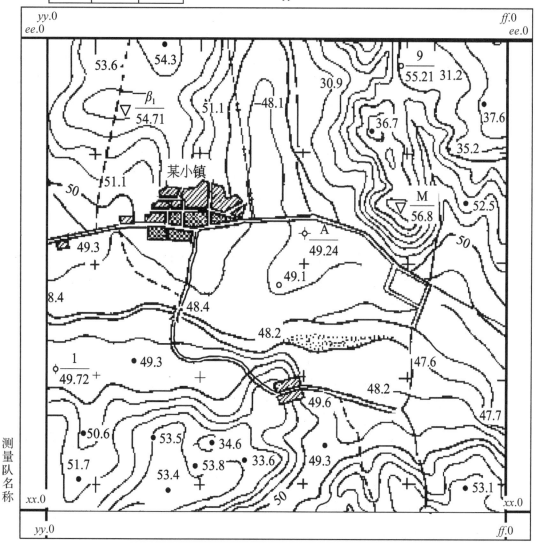

A村	B村	C村
D村		E村
F村	G村	H村

某小镇
$xx.0 - yy.0$

2015年2月经纬仪测图
独立坐标系，假设高程
2007年版图式，等高距1米

1:2 000

测量员：
绘图员：
检查员：

图 7-6　某小镇地形图

采用图廓西南角坐标公里数编号时，x坐标写在前，y坐标写在后，1∶500 地形图坐标取至 0.01km，1∶1 000 地形图取至 0.1km，1∶2 000 地形图取至整公里。

7.1.4 接图表

接图表是表示与本幅图的周边相邻的各幅图的图名或图号的示意图。当某一工程的地形跨越相邻的几幅图时，可以查看接图表，以便于拼接图幅和浏览地形图。接图表标注在图幅的左上方，接图表中打斜线的位置表示本幅图，不注图名或图号。如图 7-6 所示。

7.1.5 图廓

图廓是地形图的边界，矩形图幅只有内、外图廓之分。内图廓就是坐标格网线，也是图幅的边界线，线粗为 0.1mm。在内图廓外四角处注有坐标值，并在内廓线内侧每隔 10cm 绘有 5mm 的短线，表示坐标格网线的位置。在图幅内绘有每隔 10cm 的坐标格网交叉点。外图廓是最外边的粗线，线粗为 0.5mm，是修饰线。内、外图廓线相距 12mm。

在城市规划以及给排水线路等设计工作中，有时需用 1∶10 000 或 1∶25 000 的地形图。这种图的图廓有内图廓、分图廓和外图廓之分。内图廓是经线和纬线，也是该图幅的边界线。内、外图廓之间为分图廓，绘成若干段黑白相间的线条，每段黑线或白线的长度表示实地经差或纬差 1′。分度廓与内图廓之间注记了以千米为单位的平面直角坐标值。

地形图外还有一些其他注记：外图廓左下角应注记测图时间、坐标系统、高程系统、图式版本等；外图廓右下角应注记测量员、绘图员和检查员；外图廓左侧应注明测绘机关全称；外图廓右上角应注记图纸的密级。

7.2 地形图的图式

地形图的图式是根据国民经济建设各部门的共性要求制定的国家标准，是测制、出版地形图的基本依据之一，是识别和使用地形图的重要工具，也是地形图上表示各种地物、地貌要素的符号。地形图符号包括地物符号、地貌符号和注记符号。本书依据《地形图图式》(GB/T 20257.1—2017)来介绍有关知识。

7.2.1 地物符号

地形是地物和地貌的总称。地物是地面上天然或人工形成的物体，如湖泊、河流、房屋、道路等。地面上的地物和地貌，应按国家测绘总局颁发的《地形图图式》中规定的符号表示于图上。地物符号见表 7-3。

表 7-3 地物符号

编号	符号名称	图例	编号	符号名称	图例
1	坚固房屋 4：房屋层数	坚4 　　　1.5	10	旱地	1.0　　　　2.0　　10.0　10.0
2	普通房屋 2：房屋层数	2 　　　1.5	11	灌木林	0.5　1.0
3	窑洞 1：住人的 2：不住人的 3：地面下的	1 ⊓ 2.5 　2 ⋂ 3 ⌂	12	菜地	2.0　2.0　10.0　10.0
4	台阶	0.5　　　　0.5　0.5	13	高压线	4.0
5	花圃	1.5　1.5　10.0　10.0	14	低压线	4.0
6	草地	1.5　0.8　10.0　10.0	15	电杆	1.0
7	经济作物地	0.8　3.0　蔗　10.0　10.0	16	电线架	
8	水生经济作物地	3.0　藕　0.5	17 18	砖、石及混凝土围墙 土围墙	10.0　　0.5　0.3 10.0 10.0　0.5
9	水稻田	0.2　2.0　10.0　10.0	19	栅栏、栏杆	1.0　10.0
			20	篱笆	1.0　10.0

续表

编号	符号名称	图例	编号	符号名称	图例
21	活树篱笆	3.5　0.5　10.0 （符号图例）1.0　0.8	31	水塔	2.0 3.0 ○ 1.0 1.2
22	沟渠 1：有堤岸的 2：一般的 3：有沟堑的	1（沟渠图例）2 …0.3 3	32	烟囱	3.5 ● 1.0
			33	气象站（台）	3.0 ⊤ 4.0 1.2
23	公路	0.3 ———沥｜砾——— 0.3	34	消火栓	1.5 1.5 ⊥ 2.0
24	简易公路	8.0　2.0 ——— ——	35	阀门	1.5 1.5 ⊥ 2.0
25	大车路	0.15 ——碎石—— 0.3	36	水龙头	1.5 3.5 ⊥ 2.0 1.2
26	小路	4.0　1.0 0.3 —‥—‥—	37	钻孔	3.0 ◎ 1.0
27	三角点 凤凰山：点名 394.468：高程	凤凰山 △ ——— 394.468 3.0	38	路灯	Ŷ 1.5 1.0
28	图根点 1：埋石的 2：不埋石的	1　2.0 □ N16/84.46 2　1.5 ⊙ 25/62.74 2.5	39	独立树 1：阔叶 2：针叶	1.5 1 3.0 ● 0.7 2 3.0 ♠ 0.7
			40	岗亭、岗楼	90° ⌂ 3.0 1.5
29	水准点	2.0 ⊗ Ⅱ京石5/32.804	41	等高线 1：首曲线 2：计曲线 3：间曲线	0.15 ～～87 —1 0.3 ～～85 —2 0.15 ～6.0～ —3 1.0
30	旗杆	1.5 4.0 □ 1.0 1.0			

续表

编号	符号名称	图例	编号	符号名称	图例
42	示坡线	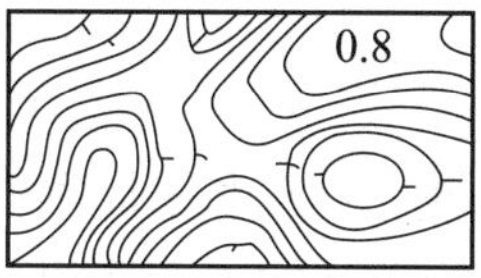 （等高线示意图，标注0.8）	45	陡崖 1：土质的 2：石质的	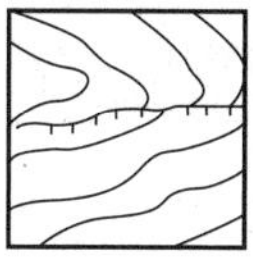  （图1 土质陡崖，图2 石质陡崖）
43	高程点及其注记	0.5 163.2 ▲ 75.4	46	冲沟	 （等高线与冲沟示意图）
44	滑坡	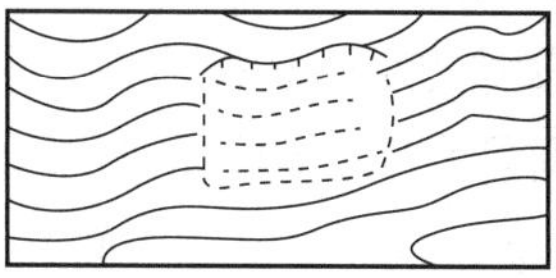 （滑坡示意图）			

1. 比例符号

有些地物的轮廓较大，如房屋、稻田和湖泊等，可按测图比例尺缩小，并用规定的符号绘在图纸上，这种符号称为比例符号。

2. 非比例符号

有些地物，如三角点、水准点、独立树和里程碑等，轮廓较小，无法按比例绘到图上，则不考虑其实际大小，而采用规定的符号表示，这种符号称为非比例符号。

非比例符号不仅形状和大小不按比例绘出，而且符号的中心位置与该地物实地的中心位置关系也随各种不同的地物而异，在测图和用图时应注意以下几点：

（1）规则的几何图形符号（圆形、正方形、三角形等），以图形几何中心点为实地地物的中心位置。

（2）底部为直角形的符号（独立树、路标等），以符号的直角顶点为实地地物的中心位置。

（3）宽底符号（烟囱、岗亭等），以符号底部中心为实地地物的中心位置。

（4）几种图形组合符号（路灯、消火栓等），以符号下方图形的几何中心为实地地物的中心位置。

（5）下方无底线的符号（山洞、窑洞等），以符号下方两端点连线的中心为实地地物的中心位置。各种符号均按直立方向描绘，即与南图廓垂直。

3. 半比例符号（线形符号）

对于一些带状延伸地物（如道路、通信线、管道、垣栅等），其长度可按比例尺缩绘，而宽度无法按比例尺表示的符号称为半比例符号。这种符号的中心线一般表示其实地地物的中心位置，但是城墙和垣栅等，地物中心位置在其符号的底线上。

4. 地物注记

用文字、数字或特有符号对地物加以说明，称为地物注记。例如城镇、工厂、河流、道路的名称；桥梁的长宽及载重量；江河的流向、流速及深度；道路的去向及森林、果树的类别等。但是，当等高距过小时，图上的等高线过于密集，将会影响图面效果。因此，在测绘地形图时，等高距的大小应根据测图比例尺与测区地形情况来确定。

7.2.2 地貌符号

地貌是指地表面的高低起伏状态，包括山地、丘陵和平原等。在图上表示地貌的方法有很多，测量工作中通常用等高线表示，因为用等高线表示地貌，不仅能表示地面的起伏形态，还能表示地面的坡度和地面点的高程。

1. 等高线的概念

等高线是地面上高程相同的点所连接而成的连续闭合曲线。如图 7-7 所示，设有一座位于平静湖水中的小山，山顶被湖水恰好淹没时的水面高程为 100 米，然后水位下降 10m，露出山头，此时水面与山坡就有一条交线，而且是闭合曲线，曲线上各点的高程是相等的，这就是高程为 90m 的等高线。随后水位又下降 10m，山坡与水面又有一条交线，这就是高程为 80m 的等高线。依此类推，水位每下降 10m，水面就与地表面相交留下一条等高线，从而得到一组高差为 10m 的等高线。设想把这组实地上的等高线沿铅垂线方向投影到水平面 H 上，并按规定的比例尺缩绘到图纸上，就得到用等高线表示该山头地貌的等高线图。

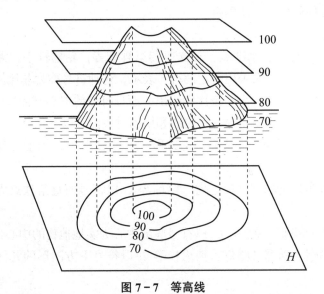

图 7-7 等高线

2. 等高距和等高线平距

相邻等高线之间的高差称为等高距，常以 h 表示。在同一幅地形图上，等高距是相同的。

相邻等高线之间的水平距离称为等高线平距，常以 d 表示。因为同一张地形图内的等高距是相同的，所以等高线平距 d 的大小直接与地面坡度有关。等高线平距越小，地面坡度就越大；平距越大，则坡度越小；坡度相同，平距相等。因此，可以根据地形图上等高线的疏、密来判定地面坡度的缓、陡。同时还可以看出：等高距越小，显示地貌就越详细；等高距越大，显示地貌就越简略。

3. 典型地貌的等高线

地面上地貌的形态是多样的，对它进行仔细分析后，就会发现它们不外乎是几种典型地貌的综合。熟悉了用等高线表示的典型地貌的特征，将有助于识读、应用和测绘地形图。典型地貌如下：

（1）山丘和洼地（盆地）如图 7-8、图 7-9 所示。

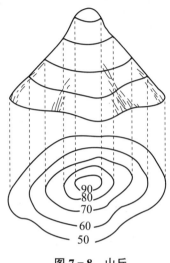

图 7-8　山丘

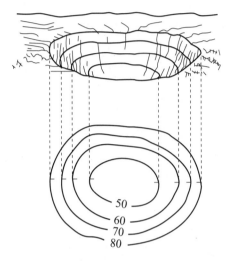

图 7-9　洼地

山丘和洼地的等高线都是一组闭合曲线。在地形图上区分山丘或洼地的方法：内圈等高线的高程注记大于外圈者为山丘，小于外圈者为洼地。

如果等高线上没有高程注记，则用示坡线来表示。示坡线是垂直于等高线的短线，用以指示坡度下降的方向。示坡线从内圈指向外圈，说明中间高，四周低，为山丘。示坡线从外圈指向内圈，说明四周高，中间低，为洼地。

（2）山脊和山谷如图 7-10、图 7-11 所示。

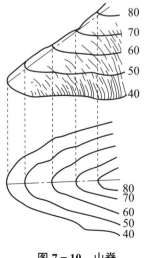

图 7-10　山脊

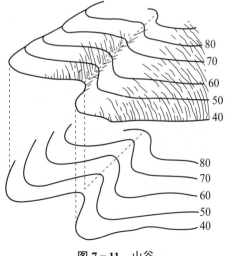

图 7-11　山谷

山脊是沿着一个方向延伸的高地。山脊的最高棱线称为山脊线。山脊等高线表现为一组凸向低处的曲线。山谷是沿着一个方向延伸的洼地，位于两山脊之间。贯穿山谷最低点的连线称为山谷线。山谷等高线表现为一组凸向高处的曲线，山脊附近的雨水必然以山脊线为分界线，分别流向山脊的两侧，因此，山脊线又称分水线。而在山谷中，雨水必然由两侧山坡流向谷底，向山谷线汇集，因此，山谷线又称集水线。

（3）鞍部。鞍部是相邻两山头之间呈马鞍形的低凹部位，鞍部往往是山区道路通过的地方，也是两个山脊与两个山谷会合的地方。鞍部等高线的特点是在一圈大的闭合曲线内，套有两组小的闭合曲线，如图 7 - 12 所示。

（4）陡崖、绝壁和悬崖如图 7 - 13 所示。

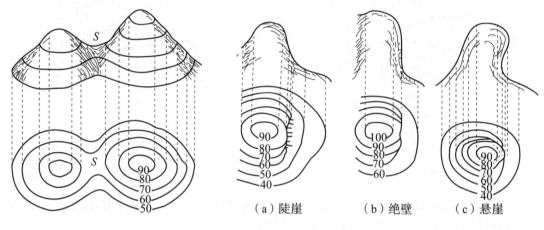

图 7 - 12　鞍部

（a）陡崖　　（b）绝壁　　（c）悬崖

图 7 - 13　陡崖、绝壁和悬崖

陡崖是坡度在 70° 以上的陡峭崖壁，如图 7 - 13（a）所示，有石质和土质之分；坡度在 85° 以上为绝壁，如图 7 - 13（b）所示；悬崖是上部凸出，下部凹进的陡崖，如图 7 - 13（c）所示，这种地貌的等高线会相交。

如图 7 - 14 所示为综合地貌及其等高线，其中，隐蔽的等高线用虚线表示。

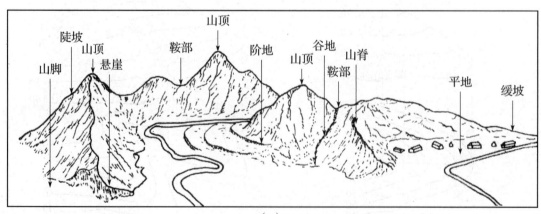

（a）

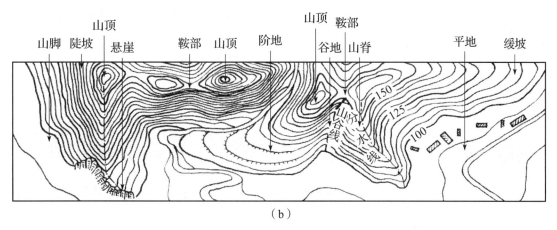

图 7-14 综合地貌及其等高线

4. 等高线的分类

等高线的分类如图 7-15 所示。

（1）首曲线。按规定等高距画出的等高线称为"基本等高线"，也叫"首曲线"，用 0.15mm 粗的细实线绘制。

（2）计曲线。为了阅读方便，每隔 4 根基本等高线应加粗一根，并用 0.25mm 粗的实线绘制，称为"加粗等高线"，也叫"计曲线"。因此，两根加粗等高线的等高距为基本等高距的 5 倍。

（3）间曲线。如部分地貌复杂，为了能较好地反映这部分地貌变化情况，可加绘基本等高距一半的"半距等高线"，也叫"间曲线"。

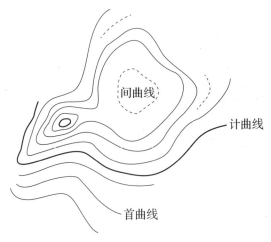

图 7-15 等高线的分类

（4）助曲线。如使用半距等高线后，尚有部分地貌未能表达清楚，可再加绘基本等高距四分之一的"辅助等高线"。

在平坦地区，地貌起伏变化不大，若只绘制基本等高线，则只会出现两三条线。这时，可使用半距等高线或辅助等高线，以便较完整地反映地貌的详细变化情况。

5. 等高线的特性

（1）等高性：同一条等高线上的各点高程相等。但高程相等的点不一定在同一条等高线上。

（2）闭合性：等高线是闭合曲线，在本图幅内不能闭合，则在相邻图幅内闭合。绘制等高线时，除遇到建（构）筑物、陡崖、图廓边等中断外，一般不能中断。

（3）非交性：除在悬崖或绝壁处外，等高线不能相交。

（4）正交性：山脊和山谷处，等高线与山脊线和山谷线正交。

（5）密陡稀缓性：同一幅图内，等高线的平距小表示坡度陡，平距大表示坡度缓，平距相等则坡度相同。

【职业素养】严谨、务实、创新，测神州大地之经纬，绘祖国锦绣之蓝图。

7.3 地形图测图前的准备工作

测图前，除应做好仪器、工具及资料的准备工作外，还应着重做好测图板的准备工作，包括图纸的准备、绘制坐标格网及展绘控制点等。

7.3.1 图纸的准备

目前，测绘部门大多采用聚酯薄膜，其厚度为 0.07 ～ 0.1mm，表面打毛后便可代替图纸用来测图。聚酯薄膜具有透明度好、伸缩性小、不怕潮湿、牢固耐用等优点。如果表面不清洁，还可用水洗涤，并可直接在底图上着墨复晒蓝图。但聚酯薄膜有易燃、易折和易老化等缺点，故在使用过程中应注意防火、防折。

7.3.2 坐标格网的绘制

为了精确地将控制点展绘在测图纸上，首先要在图纸上精确地绘制 10cm×10cm 的直角坐标方格网。绘制坐标格网的方法有对角线法、坐标格网尺法及计算机绘制等。另外，目前有一种印有坐标方格网的聚酯薄膜图纸，使用更为方便。下面介绍如何用对角线法绘制坐标格网。

1. 对角线法绘制坐标格网

如图 7 - 16 所示，在图纸上用直尺画出两条对角线，以其交点 O 为圆心，适当长为半径画弧，在对角线上分别交出 A、B、C、D 四个点，并依此连接成矩形 $ABCD$。然后从 A、D 两点起分别沿 AB、DC 向上每隔 10cm 截取一点，再从 A、B 两点起分别沿 AD、BC 向右每隔 10cm 截取一点，用 1mm 粗的线条连接相对边各对应的点，就构成了坐标格网。

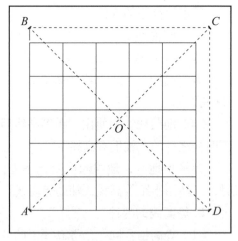

图 7 - 16　坐标格网

2. 坐标格网的检查及精度要求

为了保证坐标格网的精度，应选用刻划精确的直尺对格网进行检查，检查项目和精度要求如下：

（1）格网纵横线应严格正交，对角线上各方格的交点应在一条直线上，偏离不应大于0.2mm。

（2）各个方格的对角线长度与理论值 14.14mm 之差不超过 0.2mm。

（3）图廓边长和对角线长与理论长度之差不超过 0.3mm。如果超出限差，应修改或重新绘制。

7.3.3 控制点的展绘

根据平面控制点的坐标值，将其点位在图纸上标出，称为展绘控制点（简称：展点）。

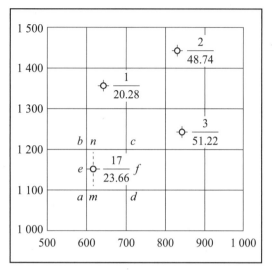

图 7 - 17 展点

展点前，先按图的分幅位置，将坐标格网线的坐标值注在相应方格线的外侧，如图 7-17 所示。

展点时，先根据控制点的坐标，确定该点所在的方格。例如 17 号点的坐标为 $x_{17}=1\ 150m$，$y_{17}=620m$，17 号点位于 $abcd$ 小方格内。然后计算 a 点与 17 号点的坐标增量：

$$\Delta x_{a17}=1\ 150m-1\ 100m=50m,$$
$$\Delta y_{a17}=620m-600m=20m。$$

从 a、d 两点按测图比例尺向上量取 50m 得 e、f 两点；再从 a、b 两点分别向右量取 20m 得 m、n 两点。连接 e 与 f，m 与 n，所得交点即为 17 号点在图上的位置，按"地形图图式"规定的符号绘出，并在点的右侧画一横线，在其上部注明点号，下部注明该点的高程。同法，将其余控制点展绘在图上。控制点展绘后，应进行检核，用比例尺在图上量取相邻两点间的长度，和已知的距离相比较，其差值不得超过图上的 0.3mm，否则应重新展绘。

上述方法适用于手工绘制地形图。

7.4 大比例尺地形图的测绘

随着测绘技术的进步，地形图测绘方法越来越先进，从之前使用大平板仪测绘地形图、小平板配合经纬仪测地形、经纬仪视距法测地形图，发展到现在广泛使用全站仪数字化测图、RTK 测图和三维激光扫描成图。

7.4.1 碎部点的选择

无论采用哪种测图方法，均需选择能反映地物地貌特征的位置——碎部点。对于地物，碎部点应选在地物轮廓线的方向变化处，如房角点、道路转折点、交叉点、河岸线转弯点以及独立地物的中心点等，如图 7-18 所示。连接这些特征点，便可得到与实地相似的地物形状。由于地物形状极不规则，一般规定主要地物凸凹部分在图上大于 0.4mm 时均应表示出来，小于 0.4mm 时可用直线连接。对于地貌来说，碎部点应选在最能反映地貌特征的山脊线、山谷线等地性线上。如山顶、鞍部、山脊、山谷、山坡、山脚等坡度变化及方向变化处。根据这些特征点的高程勾绘等高线，即可将地貌在图上表示出来。为了真实地表示实地情况，在地面平坦或坡度无明显变化的地区，碎部点的间距和视距长度应符合表 7-4 的规定，城市建筑区的最大视距应符合表 7-5 的规定。

图 7-18　碎部点的选择

表 7-4　碎部点的间距和视距长度

测图比例尺	地形最大间距（m）	最大视距（m）	
		主要地物点	次要地物点和地形点
1∶500	15	60	100
1∶1 000	30	100	150
1∶2 000	50	180	250
1∶5 000	100	300	350

表 7-5　城市建筑区的最大视距

测图比例尺	最大视距（m）	
	主要地物点	次要地物点和地形点
1∶500	50	70
1∶1 000	80	120
1∶2 000	120	200

7.4.2　经纬仪测绘法

经纬仪测绘法的实质是按极坐标定点进行测图。如图 7-19 所示，观测时先将经纬仪安置在测站上，绘图板安置于测站旁，用经纬仪测定碎部点的方向与已知方向之间的夹角、测站点至碎部点的距离和碎部点的高程。然后根据测定数据用量角器和比例尺把碎部点的位置展绘在图纸上，并在点的右侧注明其高程，再对照实地描绘地形。此法操作简单、灵活，适用于各类地区的地形图测绘。

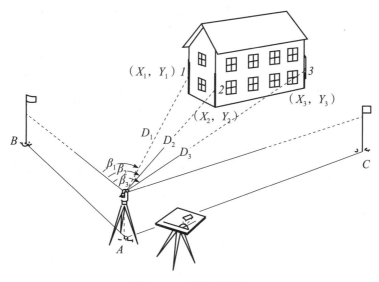

图 7-19　经纬仪测图

1. 施测方法

经纬仪测图的具体操作步骤如下：

（1）安置仪器。安置仪器于测站点 A（控制点）上，量取仪器高 i 填入手簿。

（2）定向。置水平度盘读数为 0°00′00″，后视另一控制点 B。

（3）立尺。立尺员依次将尺立在地物、地貌特征点上。立尺员应明确实测范围和实地情况，选定立尺点，并与观测员、绘图员共同商定跑尺路线。

（4）观测。转动照准部，瞄准标尺，读视距间隔、中丝读数、竖盘读数及水平角。

（5）记录。将测得的视距间隔、中丝读数、竖盘读数及水平角依次填入手簿。对于有特殊作用的碎部点，如房角、山头、鞍部等，应在备注中加以说明。

（6）计算。依视距间隔和竖盘读数，计算竖直角、碎部点的水平距离和高程。

碎部测量手簿见表 7-6。

表 7-6　碎部测量手簿

测站 A　　　仪器高 $i=1.42$　　　测站高程 $H_A=44.51$m

点号	说明	水平角 (° ′)	竖盘 读数 (° ′)	竖直角 (° ′)	尺间隔 (m)	中丝读 数（m）	高差 (m)	高程 (m)	距离 (m)	点号
B	定向点	0　00								
1	房角	21　15	84　20	+5　40	0.342	2.42	+2.36	46.87	33.9	1
2	电杆	45　20	78　25	+11　35	0.233	1.42	+4.58	49.09	22.4	2
3	行树	78　27	79　55	+10　05	0.313	1.42	+5.40	49.91	30.3	3

工程测量

续表

点号	说明	水平角 (° ')	竖盘 读数 (° ')	竖直角 (° ')	尺间隔 (m)	中丝读 数 (m)	高差 (m)	高程 (m)	距离 (m)	点号
4	路中	143 09	82 26	+7 34	0.450	2.00	+5.29	49.80	44.2	4
5	地形点	214 25	91 10	−1 10	0.721	1.42	−1.47	43.04	72.1	5
6	地形点	274 20	87 26	+2 34	0.692	2.00	+2.52	47.03	69.1	6

注：测站为 A；定向点为 B；测站高程为 44.51m；仪器高 i 为 1.42m；指标差为 +1′。

（7）展绘碎部点。如图 7-20 所示，用细针将量角器的圆心插在图上的测站点 A 处，转动量角器，将量角器上等于水平角值的刻划线对准起始方向线，此时量角器的零方向便是碎部点方向，然后用测图比例尺按测得的水平距离在该方向上定出点的位置，并在点的右侧注明其高程。

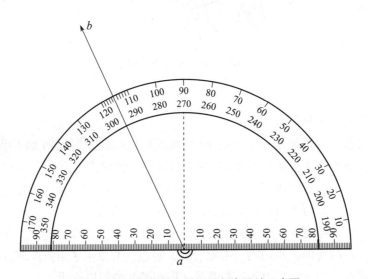

图 7-20　半圆形量角器及碎部点展绘示意图

同法，测出其余各碎部点的平面位置与高程，绘于图上，并随测随绘等高线和地物。

为了确保测图质量，仪器搬到下一测站时，应先观测前站所测的某些明显碎部点，以检查由两个测站测得的该点的平面位置和高程是否相同，如相差较大，则应查明原因，纠正错误，再继续进行测绘。

若测区面积较大，可分成若干图幅分别测绘，最后拼接成全区地形图。为了便于相邻图幅的拼接，每幅图应测出图廓外 5mm。

2. 地物、地貌的描绘

测图时，碎部点的展绘应做到随展点、随连线、随描绘成图。

（1）地物的描绘。地物要按地形图图式规定的符号表示。能按比例表示的地物，如房屋、道路、河岸线等，按形状用直线或光滑曲线描绘出来；不能按比例描绘的地物，则用地形图图式所规定的非比例符号表示。

（2）地貌的描绘。能用等高线表示的地段，应先轻轻地描绘出山脊线、山谷线等地性线，然后按测点的高程勾绘出等高线。不能用等高线表示的地段，如悬崖、峭壁、土坎、冲沟、雨裂等地貌，则用地形图图式规定的符号画出。

大比例尺地形图的基本等高距参照表 7-7 的规定描绘。

表 7-7　大比例尺地形图的基本等高距　（单位：m）

地形类别	比例尺			
	1 : 500	1 : 1 000	1 : 2 000	1 : 5 000
平坦地	0.5	0.5	1	2
丘陵地	0.5	1	2	5
山地		1	2	5
高山地	1	2	2	5

实测时，对于地貌来说是在地形变化起伏之处选点立尺，因此，测出的碎部点常常不位于欲测的等高线上，其高程也多是零散数值，而不是等高距的整倍数。故根据碎部点勾绘等高线时，认为两点间地面坡度是均匀变化的，然后按两相邻点的高程，用比例内插法勾绘等高线。

由于山脊线和山谷线对描绘出的山地地貌是否真实影响较大，故勾绘等高线时，应将这一类地性线先行描出，再绘制其等高线。

勾绘等高线的常用方法有图解法、目估法及解析法 3 种，这里重点介绍解析法。

等高线的勾绘是根据两个碎部点的高程，在两个碎部点间找出等高线通过的地方。如图 7-21（a）所示，A 点高程为 130.2m，B 点高程为 138.4m，若测图的基本等高距为 2m，则 A、B 两点间有 132、134、136、138 共 4 条等高线通过。由于两点间的地面坡度均匀，因此这些点在图上的位置可以用比例计算法求得。A、B 两点高差为 138.4－130.2＝8.2m，由图上量得两点的平距为 33mm，132m 的点与 A 点的高差为 132－130.2＝1.8m，则 A 点到 132m 等高线通过的点的平距 X_1 为：

$$X_1 = \frac{33}{8.2} \times 1.8 = 7.2 \, \text{mm}$$

同理，B 点与 138m 点的高差为 138.4－138＝0.4m，则其平距 X_2 为：

$$X_2 = \frac{33}{8.2} \times 0.4 = 1.6 \, \text{mm}$$

从 A、B 两点分别量取 7.2mm 和 1.6mm，便得出 132m 与 138m 两等高线所通过的位置，该方法叫作取头定尾。然后将 132m 和 138m 两点间的平距三等分，即得出 134m 和 136m 两条等高线通过的位置，该方法叫作中间等分。用此法即可把其他各点勾绘出来，如图 7-21（b）所示。

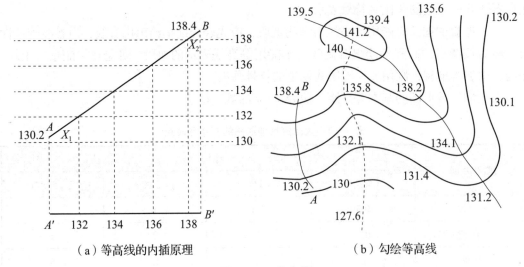

（a）等高线的内插原理　　　　　　　　（b）勾绘等高线

图 7 - 21　等高线

3.地形图的拼接

测区面积较大时，整个测区必须划分为若干幅图进行施测。这样，在相邻图幅连接处，由于存在测量误差和绘图误差，无论是地物轮廓线，还是等高线往往不能完全吻合，如图 7 - 22 所示。对此，可在拼接时用宽 5 ~ 6cm 的透明纸蒙在其中一张图幅的接图边上，用铅笔把坐标格网线、地物、地貌描绘在透明纸上，然后再把透明纸按坐标格网线位置蒙在另一图幅的衔接边上，用铅笔描绘地物和地貌。用聚酯薄膜进行测图时，不必描绘图边，利用其自身的透明性便可将相邻两幅图的坐标格网线重叠；若相邻处的地物、地貌偏差不超过规定的要求时，则可取其平均位置，并据此改正相邻图幅的地物、地貌位置。拼接地形图的地物轮廓线允许偏差见表 7 - 8。

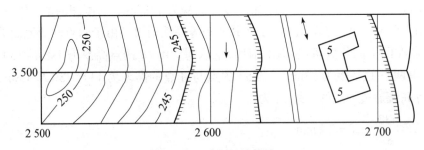

图 7 - 22　地形图的拼接

表 7 - 8　拼接地形图的地物轮廓线允许偏差 （单位：mm）

地区情况	地物轮廓线允许偏差（图上）	
	主要地物	次要地物
一般地区	± 1.7	± 2.3
城市建筑区	± 1.1	± 1.7

4. 地形图的检查

为确保地形图施测质量，除施测过程中应加强检查外，地形图测完后，还必须对成图质量做一次全面检查。

（1）室内检查。室内检查的内容有：图上地物、地貌是否清晰易读；各种符号注记是否正确，等高线与地形点的高程是否相符，有无可疑、矛盾之处，图边拼接有无问题等。如发现错误或疑点，应到野外进行实地检查、修改。

（2）外业检查。

1）巡视检查。巡视检查是根据室内检查的情况，有计划地确定巡视路线，进行实地对照查看。主要检查地物、地貌有无遗漏；等高线是否真实合理；符号、注记是否正确等。

2）仪器设站检查。仪器设站检查是根据室内检查和巡视检查发现的问题，到野外设站检查，除了对发现的问题进行修正和补测外，还应对本测站所测地形进行检查，看原测地形图是否符合要求。通常，仪器检查量约为每幅图的 10%。

5. 地形图的整饰

原图经过拼接和检查后，还应清绘和整饰，使图面更加合理、清晰、美观。整饰的顺序是先图内后图外；先地物后地貌；先注记后符号。图上的注记、地物以及等高线均按规定的图式进行注记和绘制，但应注意等高线不能通过注记和地物。最后，应按图式要求写出图名、图号、比例尺、坐标系统及高程系统、施测单位、测绘者及测绘日期等。如果是独立坐标系统，还需画出指北方向。

7.4.3 全站仪测绘法

全站仪（或光电测距仪）测绘地形图的方法与经纬仪测绘法基本相同，不同之处是用全站仪（或光电测距仪）来代替经纬仪视距法。

用全站仪进行碎部测量的操作步骤如下：

（1）在测站上安置仪器，对中，整平，量取仪器高。

（2）用电缆将仪器与电子手簿连接起来，并将仪器设置为数据采集工作状态。

（3）瞄准起始方向，通过仪器的键盘将水平度盘读数配置为起始方向的方位角数据，并将测站的三维坐标通过键盘输入（或通过数据线导入）。

（4）电子手簿初始化。

（5）将棱镜立于待测点上。根据电子手簿菜单提示，输入地形点的相应信息，包括点号、点的属性、棱镜高等。

（6）瞄准棱镜，按测距键。

（7）重复步骤（5）、（6）。

（8）电子手簿测满后，就可将其带回室内与专用计算机及自动绘图机连接，实现自动绘图。

（9）对于自带内存的全站仪则无须电子手簿，直接通过内存存储数据。

7.4.4 数字化测图

随着测绘技术的迅速发展，数字化测图以其测图精度高、数据采集快、产品的使用与维护方便、利用率高的特点，越来越得到人们的青睐。数字化测图便于图件的更新，能及时准确地提供各类基础数据用于更新 GIS 的数据库，保证地理信息的可靠性和现势性，为 GIS 的辅助决策和空间分析发挥作用。数字化测图促进了测绘行业的自动化、现代化、智能化发展，逐步替代传统的白纸测图已是大势所趋。

1. 作业方法

数字化测图的主要作业过程分为 3 个步骤：数据采集、数据处理及地形图的数据输出（打印图纸、提供数据光盘等）。

数字化作业流程如图 7-23 所示。

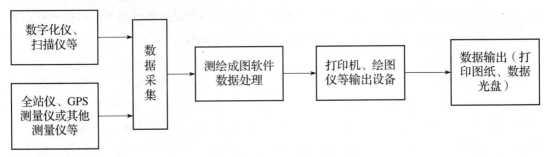

图 7-23 数字化作业流程

目前，在我国获得数字地图的主要方法有 3 种：地图数字化成图、航测数字化成图、地面数字化测图（也称野外数字化成图）。

（1）地图数字化成图。地图数字化成图技术能够充分地利用现有的地形图，投入软硬件资源较少，仅需配备计算机、数字化仪、绘图仪及数字化软件就可以开展工作，并且可以在很短的时间内获得数字成果。工作方法主要有：手扶跟踪数字化及扫描矢量化后数字化。获得的数字地图，由于受原图精度的影响，加上数字化过程中产生的各种误差，因此会比原图的精度差，仅能作为一种应急措施，而非长久之计。

（2）航测数字化成图。当一个地区（或测区）很大，而又急需测出地形图时，就可以利用航空摄影测量技术，通过外业对影像判读，再经过航测内业进行立体测图，直接获得数字地形图。随着测绘技术的发展，数字影像的直接获取已在我国取得了成功。该技术是在空中通过数字摄影机获得数字影像，然后内业通过专门的航测软件对数字影像进行像对匹配，建立地面的数字模型来获得数字地图。这是数字测图技术的一个重要发展方向。该方法可大大减少外业劳动强度，将大量的外业测量工作移到室内完成，而且具有成图速度快、精度高而均匀、成本低、不受气候及季节的限制等优点。

（3）地面数字化测图。

地面数字化测图作业模式包括：

1）全站仪自动跟踪测量模式。测站架设自动跟踪式全站仪（又称测量机器人），利用全站仪自动跟踪照准立在测点上的棱镜，通过无线数字通信将测量数据自动传输给棱镜站的电子平板，记录成图。

2）GNSS 测量模式。在 GPS 实时动态定位技术（RTK）作业模式下，能够实时提供测点在指定坐标系的三维坐标成果，测程可达到 10 ~ 30km。通常先设置好基准站的 GPS 接收机，保证数字通信的畅通。通过数据链将基准站的观测值及站点坐标信息一起发给流动站的 GPS 接收机。此时流动站的 GPS 不仅接收来自基准站的数据，还要同时接收卫星发射的数据，这些数据组成相位差分观测值，经处理可随时得到厘米级的定位结果。然后进行数据处理编辑成图。

3）现场测记模式。人工实地绘制草图时，在野外先用记录器将测量数据记录起来，再传输到计算机，内业按人工草图编辑图形文件，绘图机绘制数字地形图。常用的记录器是 PC-500S 电子手簿或者南方测绘的测图精灵 SPDA，也可以用全站仪记录。还可以通过编码来操作数据采集成图所需的全部信息，不用画人工草图，可利用智能绘图软件内业自动成图。

2. 地面数字化测图的注意事项

在野外进行数据采集时，经常会忽视一些小问题，以下几点值得注意：

（1）使用的所有仪器、设备一定要经过具有鉴定资质的部门来鉴定。

（2）对于比较方正的建（构）筑物，可只测出三点，第四点由计算机来完成。我国南方的许多建（构）筑物看起来较方正，其实是不规则的多边形，因此需要全部实测点位。

（3）测等高线时，除了测量特性线点外，还应尽量多测一些加密的点，满足计算机建模，这样才能更加详尽地反映出实地地貌。尤其在测量一些微型地貌时，由于通过计算机模拟是难以比较真实地反映出实际地形的，因此最好手工来完成。

（4）测图单元尽量以自然分界来划分，如以河流、道路等划分，以便于地形图的施测，利于图幅的接边。

（5）能够测量到的点尽量使用测量仪器来实测，实在无法测到的点位尽量实地用皮尺（钢尺）量取。

（6）实地数据采集时，人员配合要默契。若不在测站可视范围，可通过对讲机传递信息；跑棱镜的人员要将自己所要采集的地形地物数据点信息及时报告给测站人员，以确保数据记录的真实性。

（7）尽量在测站的可视范围内进行数据采集，在通视不良的地方或者需要举高支杆才能观测的时候，则引点到附近设站进行采集数据，避免由于支杆偏离地形地物点位而带来的人为误差。

（8）外业进行数据采集时，一定要注意实地的地物地貌的变化，尽可能详细地记录，不要把疑问带回内业处理。

【职业素养】 工程测量从业人员应不断提高专业素质和动手的能力，并将理论知识与实践经验相结合，深化用理论去指导实践，用实践去理解理论的马克思辩证唯物主义法。

7.5 地形图的应用

地形图的特点之一是具有可量性和可定向性。设计人员可在地形图上对地物、地貌进行定量分析。如可以确定图上某点的平面坐标和高程；确定图上两点的距离和方位等。地形图的另一个特点是综合性和易读性。地形图提供的信息非常丰富，如居民地、交通网、境界线等各种社会经济要素，水系、地貌、土壤和植被等自然地理要素，以及控制点、坐标方格网、比例尺等数字要素，此外还有文字、数字和符号等各种注记。尤其是大比例尺地形图更是土建工程规划、设计、施工和竣工管理等不可缺少的重要资料。因此，正确地识读和应用地形图是土建工程技术人员必须具备的基本技能。

7.5.1 求图上某点的坐标

大比例尺地形图绘有 10cm×10cm 的坐标方格网，并在图廓的西、南边上注有方格的纵、横坐标值，如图 7-24 所示。根据图上坐标方格网的坐标可以确定图上某点的坐标。例如，欲求图上 A 点的坐标，首先根据图上坐标注记和 A 点在图上的位置，找出 A 点所在的方格，过 A 点作坐标方格网的平行线与坐标方格相交于 a、b 两点，并量出距离，再按地形图比例尺（1:1 000）换算成实际距离，则 A 点的坐标为：

$$x_A = x_0 + \Delta x$$
$$y_A = y_0 + \Delta y$$

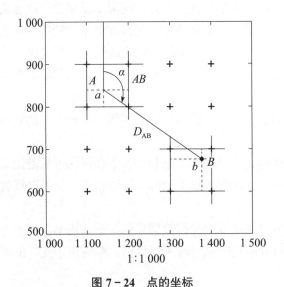

图 7-24 点的坐标

采用图解法求得的坐标精度受图解精度的限制，一般认为，图解精度为图上 0.1mm，则图解精度不会高于 $0.1M$（单位为毫米）。

7.5.2 求图上某点的高程

地形图上点的高程可根据等高线的高程求得。如图 7-25 所示，E 点恰好在等高线上，则 E 点的高程与该等高线的高程相同，即 $H_E=61.0\text{m}$。F 点不在等高线上，而位于 58m 和 59m 两条等高线之间，这时可通过 F 点作一条大致垂直于相邻等高线的线段 mn，量取 mn 和 mF 的长度，根据等高距 $h=1\text{m}$，则可按内插法求得点的高程。求图上某点的高程，通常也可根据等高线用目估法按比例推算。例如，$H_F=58.3\text{m}$，$H_G=61.9\text{m}$。

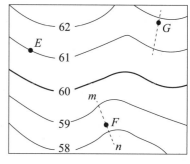

图 7-25 点的高程

7.5.3 求图上两点间的距离

求图上两点间的水平距离的方法有以下两种：

1. 根据两点的坐标求水平距离（解析法）

若求 A、B 两点间的水平距离，可按式（7-2）先求出 A、B 两点的坐标值 x_A、y_A 和 x_B、y_B，然后按下式反算 A、B 两点间的水平距离：

$$D_{AB}=\sqrt{(x_B-x_A)^2+(y_B-y_A)^2} \qquad (7-2)$$

2. 在地形图上直接量取（图解法）

用脚规在图上直接卡出 A、B 两点的长度，再与地形图上的图示比例尺比较，即可得出 AB 的水平距离。当精度要求不高时，可用比例尺（三棱尺）直接在图上量取。

$$D_{AB}=d_{AB}M \qquad (7-3)$$

式中：d_{AB}——A、B 两点之间的距离；

$\qquad$ M——比例尺分母。

图解坐标的求解因受图纸伸缩变形的影响，精度低于解析法。图纸上若绘有图示比例尺，一般用图解法量取两点间的距离，这样既方便，又能保证达到相应比例尺的精度。

7.5.4 求图上某直线的坐标方位角

求图上直线 AB 的坐标方位角的方法有以下两种：

1. 解析法

图上 A、B 两点的坐标可按式（7-2）求得，然后按下式计算直线 AB 的方位角

$$a_{AB}=\tan^{-1}\frac{y_B-y_A}{x_B-x_A}=\tan^{-1}\frac{\Delta y_{AB}}{\Delta x_{AB}} \qquad (7-4)$$

当使用电子计算器或三角函数计算 α_{AB} 的角值时，要先根据 Δx_{AB} 和 Δy_{AB} 的符号确定其所在的象限，再确定其大小。

2. 图解法

当精度要求不高时，可采用图解法，即用量角器在图上直接量取坐标方位角。通过 A、B 两点分别作坐标纵轴的平行线，然后用量角器的中心分别对准 A、B 两点，量出直线 AB 的坐标方位角 a'_{AB} 和直线 BA 的坐标方位角 a'_{BA}，则直线 AB 的坐标方位角：

$$a_{AB} = \frac{1}{2}[a'_{AB} + (a'_{BA} \pm 180°)] \quad\quad (7-5)$$

【例 7-1】在图上量得 A、B 两点的坐标，求 D_{AB}、α_{AB}。

$$\begin{cases} x_A = 845.6\,\text{m} \\ y_A = 1140.3\,\text{m} \end{cases} \quad\quad \begin{cases} x_B = 683.2\,\text{m} \\ y_B = 1378.5\,\text{m} \end{cases}$$

解：

$$\Delta x = 683.2 - 845.6 = -162.4$$

$$\Delta y = 1\,378.5 - 1\,140.3 = +238.2$$

$$D_{AB} = \sqrt{(-1\,624)^2 + 238.2^2} = 288.29$$

$$R_{AB} = \tan^{-1}\left|\frac{\Delta x}{\Delta x}\right| = \tan^{-1}1.466\,749$$

$$= 55°42'53'' \text{ 第 II 象限}$$

$$\alpha_{AB} = 180° - R_{AB} = 124°17'07''$$

由于通过坐标量算的精度比用量角器测量的精度高，因此，通常用解析法获得方位角。

7.5.5 求图上某直线的坡度

在地形图上求得直线的长度以及两端点的高程后，则可按下式计算该直线的平均坡度：

$$i = \frac{h}{d \times M} = \frac{h}{D} \quad\quad (7-6)$$

式中：d——图上量得的长度；

M——地形图比例尺分母；

h——直线两端点间的高差；

D——该直线对应的实地水平距离。

坡度通常用千分率（‰）或百分率（%）的形式表示。"+"为上坡，"−"为下坡。

说明：若直线两端位于等高线上，则可认为求得的坡度符合实际坡度。若直线较长，通过多条等高线，且等高线的平距不等，则所求的坡度只是该直线两端点间的平均坡度。

7.5.6 量测图形面积

在规划设计和工程建筑中，常需在地形图上量测一定轮廓范围内的面积。例如，平整土地的填挖面积；规划设计城市某一区域的面积；厂矿用地面积；渠道和道路工程中的填、挖断面的面积；汇水面积等。量测图形面积的方法有很多，下面介绍常用的 3 种。

1. 几何图形法

若图形是由直线围成的多边形，则可将图形划分为若干简单的几何图形，如图 7-26 所示的三角形、四边形、梯形等。然后用比例尺量取计算时所需的元素（长、宽、高），再应用面积计算公式求出各个简单几何图形的面积，最后汇总出多边形的面积。

图形轮廓如为曲线，可近似地用直线连接成多边形，再按上述方法计算面积。

当用几何图形法量算线状地物面积时，可将线状看作长方形，用分规量出其总长度，再乘以实量宽度，即可得线状地物面积。

将多边形划分为简单几何图形时，需要注意以下几点：

（1）将多边形划分为三角形，面积量算的精度最高，其次为梯形、长方形。

（2）划分为三角形以外的几何图形时，尽量使它的图形个数最少，线段最长，以减少误差。

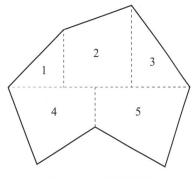

图 7-26　几何图形

（3）划分几何图形时，尽量使底与高之比接近 1:1（使梯形的中位线接近于高）。

（4）若图形的某些线段有实量数据，则优先选用实量数据。

（5）为提高面积量算的精度，要求对同一几何图形量取另一组面积计算要素，量算两次面积，两次量算结果在容许范围内（见表 7-9），方可取其平均值。

表 7-9　两次量算面积的相对误差的容许范围

图上面积（mm²）	相对误差
<100	<1/30
100～400	<1/50
400～1 000	<1/100
1 000～3 000	<1/150
3 000～5 000	<1/200
>5 000	<1/250

2. 透明格网法

如曲线包围的是不规则图形，可借助绘有边长为 1mm 或 2mm 的正方形格网的透明膜片，通过蒙图数格的方法量算图形的面积。此法操作简单，易于掌握，能保证一定的精度，在量算图形面积时被广泛采用。

首先将透明膜片覆盖在欲量算的图形上，如图 7-27 所示，欲量算的图形被分割为一定数量的整方格，每一整格代表一定面积值，再将边缘各分散格（又称破格）目估凑成若干整格（通常把破格一律作半格计）。图形范围内所包含的方格数，乘以每格所代表的面积值，即为所量算图形的面积。也就是说，知道一个方格所代表的实际面积，就可求得整个图形所代表的实际面积。例如：透明方格纸上每一方格为 1mm²，地形图的比例尺为 1:2 000，则每个方格相当于实地 4m² 面积。

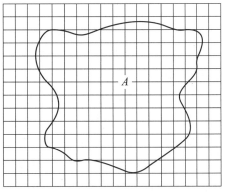

图 7-27　透明格网法示意图

3. 平行线法

平行线法又称积距法。为了减少边缘破格因目估产生的面积误差，可采用平行线法。

如图 7-28 所示，量算面积时，将绘有间距 $d=1$mm 或 2mm 的平行线组的透明膜片覆盖在待算的图形上，使图形的上、下边缘线与平行线的切点（a、s 两点）处于平行线的中央位置，固定透明膜片，则整个图形被平行切割成若干等高（d）的梯形（图上平行的虚线为梯形上、下底的平均值，以 C 表示），则图形的总面积为：

$$P = C_1d + C_2d + C_3d + \cdots + C_nd$$
$$= d(C_1 + C_2 + C_3 + \cdots + C_n) = d\sum C \quad (7-7)$$

图形面积 P 等于平行线间距乘以中位线的总长。最后，再根据图示比例尺将其换算为实地面积，即

$$P = d\sum C \times M^2 \quad (7-8)$$

式中：M——测图比例尺分母。

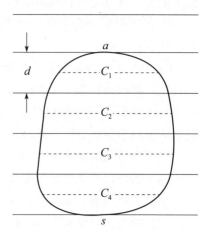

图 7-28 平行线法示意图

例如：在 1∶2 000 比例尺的地形图上，量得各梯形上、下底平均值的总和 $\sum C = 876$mm，$d=2$mm，则此图形的实地面积为：

$$P = 2 \times 876 \times 2\,000^2 \div 1\,000^2 = 7\,008\text{m}^2$$

7.5.7 按限制坡度选定最短路线

在道路、管线等工程规划中，一般要求按限制坡度选定一条最短路线或等坡度线。

如图 7-29 所示，设从公路旁 A 点到山头 B 点选定一条路线，限制坡度为 4%，地形图比例尺为 1∶2 000，等高距为 1m。为了满足限制坡度的要求，可根据式（7-9）求出该线路通过相邻两等高线的最短平距，即求出相邻两等高线之间满足设计坡度的最短距离：

$$d = \frac{h}{i \times M} = \frac{1}{0.04 \times 2\,000} = 12.5\text{mm} \quad (7-9)$$

用脚规张开 12.5mm，先以 A 点为圆心画圆弧交 81m 等高线于 1、1′ 点；再以 1（1′）点画圆弧交 82m 等高线于 2（2′）点；依此类推，直到 B 点。连接相邻点，便得同坡度路线 A-1-2……B。若所画弧不能与相邻等高线相交，则以最短平距直接连接相邻两等高线，这样，该线段为坡度小于 4% 的最短线路，符合设计要求。可以在图上沿另一方向定出第二条同坡度

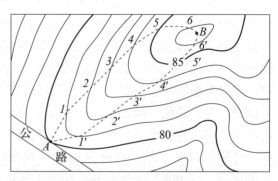

图 7-29 最短路线

路线 $A-1'-2'\cdots B$，作为比较方案。其实，图上满足设计要求的线路有多条，在实际工作中，还需在野外实地考察工程上的其他因素，如少占或不占良田，避开不良地质地段，工程费用最少等，最后确定一条既经济、又合理的路线。

7.5.8 绘制一定方向的断面图

断面图是显示指定地面起伏变化的剖面图。在道路、管道等工程设计中，为进行填挖土（石）方量的概算或合理地确定线路的纵坡等，均需较详细地了解沿线路方向上的地面起伏情况，为此，常根据大比例尺地形图绘制沿线方向的断面图。

绘制地形图上 MN 方向的断面图，如图 7-30 所示。首先在图纸上绘出两条互相垂直的坐标轴线，横坐标轴 D 表示水平距离，纵坐标轴 H 表示高程。然后用脚规在地形图上自 M 点起沿 MN 方向依次量取相邻等高线的平距 $M1$、12、$\cdots$，并以同一比例尺绘在横轴上，得 $M-1'-2'\cdots N$，再根据各点的高程按高程比例尺绘出各点，即得各点在断面图上的位置，M、1、2、3、$\cdots N$；最后用圆滑的曲线连接 M、1、2、3、$\cdots N$ 点，即得直线 MN 的断面。绘制纵断面图时，应特别注意 a、b、c 这三点的绘制，千万不能忽略。

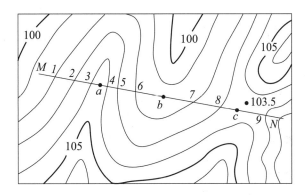

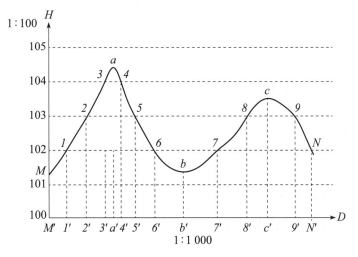

图 7-30　断面图

为了明显地表示地面起伏变化情况，断面图上的高程比例尺一般比水平距离比例尺大10 倍或 20 倍。

7.5.9 确定汇水范围

在修筑桥涵和水库大坝等工程中，确定桥梁、涵洞孔径的大小，大坝的设计位置、高度，水库的库容量时，都需要了解相关区域的水流量，而水流量是根据汇水面积确定的。汇集水流量的面积称为汇水面积。汇水面积由相邻分水线连接而成。

因为地面上的雨水是沿山脊线向两侧分流，所以汇水范围就是在地形图上自选定的断面起，沿山脊线或其他分水线而求得。如图 7 - 31 所示，线路在 m 处要修建桥梁或涵洞，则由山脊线 $bcdefga$ 所围成的闭合图形就是 m 上游的汇水范围的边界线。

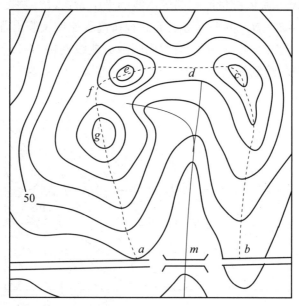

图 7 - 31　汇水范围

确定汇水范围时应该注意以下两点：

（1）边界线应与山脊线一致，且与等高线垂直。

（2）边界线是经过一系列山头和鞍部的曲线，并与河谷的指定断面（如图 7 - 31 所示的 a、m、b 处的直线）闭合。

汇水范围确定后，可用面积求算法求得汇水面积，再根据当地的最大降雨量来确定最大洪水流量，作为设计桥涵孔径及管径的参考。

7.5.10 地形图在平整土地中的应用及土方量的计算

平整场地是指按照工程需要，将施工场地自然地表整理成符合一定高程的水平面或具有一定坡度的均匀地面。在建筑、水利、农田等基本建设中，均需要进行土地平整工作。平整场地常用的方法有方格网法、断面法和等高线法等。

1. 方格网法

该法适用于地形起伏不大或地形变化比较规律的地区。一般要求在满足填挖方平衡的条件下把划定范围平整为同一高程的平地。

（1）在地形图上绘制方格网。在拟平整的范围上打上方格，方格边长取决于地形变化和土方估算的精度要求，如取 10m、20m、50m 等。然后根据等高线内插求出各方格顶点的地面高程，注于相应点右上方。

（2）计算设计高程。先把每一方格 4 个顶点的高程加起来除以 4，得到每一方格的平均高程，再把各个方格的平均高程加起来除以方格格数，即得设计高程。

$$H_{设} = \frac{1}{n}\left(H_1 + H_2 + \cdots + H_n\right) \tag{7-10}$$

式中：n——方格数；

H_i——第 i 个方格的平均高程。

（3）绘出填挖分界线。根据设计高程，在图上用内插法绘出设计高程的等高线，即为填挖分界线，即不挖不填的位置，通常称为零线。

（4）计算填挖深度。各方格顶点的地面高程与设计高程之差即为填挖高度，注在相应顶点的左上方，即

$$h = H_{地} - H_{设} \tag{7-11}$$

式中：H——"＋"表示挖方，"－"表示填方。

（5）计算填挖土方量。从图 7-32 中可以看出，有的方格全为挖土，有的方格全为填土，有的方格有填有挖。填挖要分开计算，得到设计高程为 64.84m。下面以方格 2、10、6 为例计算填挖方量。

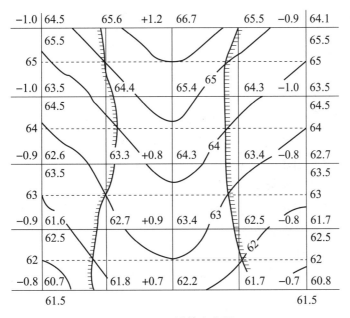

图 7-32　计算土方量

方格 2 为全挖方，土方量为：

$$V_{2挖} = \frac{1}{4}(1.25 + 0.62 + 0.81 + 0.30)S_2 = 0.75S_2 \text{ m}^3$$

方格 10 为全填方，土方量为：

$$V_{10填} = \frac{1}{4}(-0.21 - 0.51 - 0.47 - 0.73)S_{10} = -0.48S_{10} \text{ m}^3$$

方格 6 既有挖方、又有填方：

$$V_{6挖} = \frac{1}{3}(0.3 + 0 + 0)S_{6挖} = 0.1S_{6挖} \text{ m}^3$$

$$V_{6填} = \frac{1}{5}(0 - 0.09 - 0.51 - 0.21 - 0)S_{6填} = -0.16S_{6填} \text{ m}^3$$

式中：S_2——方格 2 的面积；

S_{10}——方格 10 的面积；

$S_{6挖}$——方格 6 中挖方部分的面积；

$S_{6填}$——方格 6 中填方部分的面积。

最后将各方格填、挖土方量各自累加，即得填挖的总土方量。

2. 等高线法

当地面高低起伏较大且变化较多时，可以采用等高线法。此法是先在地形图上求出各条等高线所围成的面积，然后计算相邻等高线所围面积的平均值，乘以这两条等高线间的高差，即得各等高线间的土方量，再求总和。

【职业素养】测量人员有时会涉及机密的测量资料和结果，要做到严格保密，绝不泄露。

单元小结

1. 地形图基本知识

比例尺实地长度与图上长度的关系，比例尺与精度的关系，图幅表示方法。

2. 地形测量工作的程序

在完成平面控制测量和高程控制测量之后，即可进行地形图的测绘，又称碎部测量。碎部测量的准备工作包括图纸的准备；坐标格网（方格网）的绘制；展绘控制点。测绘地形图时通常采用经纬仪测绘法，测绘碎部点的位置时通常采用极坐标法。

3. 地形图上要表示各种地物、地貌

按地形图图式规定的统一符号来表示地物、地貌。地物可用比例符号、非比例符号及注记符号表示。而地貌主要用等高线表示，复杂地貌也可辅以其他符号，如峭壁、冲沟等。

4. 等高线的特性及勾绘

地貌是指地表面的高低起伏状态，其形状是错综复杂的，但总是山头、洼地、山脊、山谷、鞍部等几种基本形态的综合。要勾绘好等高线，除掌握这些基本形态的表示方法外，还必须掌握地性线和等高线的特性。地性线是山脊线和山谷线的总称。等高线的特性：等高性，闭合性，非交性，对称性，密陡稀缓性。勾绘等高线的基本规则是把相邻点之间的地面坡度看作均匀变化的，这样，相邻两点间的水平距离和高差就可认为成直线比例关系。勾绘等高线的步骤是先绘地性线，再绘计曲线，然后绘基本等高线。应注意的是：每幅图上的基本等高距只能有一种。

5. 经纬仪测绘法

经纬仪测绘法是碎部测量的一种基本方法，其测量步骤如下：

（1）安置仪器于测站；（2）定向——瞄准后视点，置水平度盘为 $0°00'00''$；（3）立尺——将标尺立在地物或者地形特征点上；（4）观测；（5）记录；（6）计算；（7）展点；（8）勾绘——描绘地物和等高线，边测边绘，对照实地，检查是否有错。

6. 数字化测图

数字化测图的主要作业过程分为 3 个步骤：数据采集、数据处理及地形图的数据输出。

野外数字化测图作业模式较多，主要有 3 种模式：全站仪自动跟踪测量模式；GPS 测量模式；现场测记模式。

7. 地形图的识读

任务	内容
点坐标	根据图上坐标方格网的坐标可以确定图上某点的坐标
距离	根据两点的坐标求水平距离
方位角	图解法、解析法
高程	地形图上点的高程可根据等高线的高程求得
坡度	在地形图上求得两端点的直线距离 D 以及两端点的高程之差 h，$i=h/D$

8. 地形图的应用

任务	内容
求面积	几何图形法、透明格网法、平行线法
限制坡度最短距离	为了满足限制坡度的要求，求出该线路通过相邻两等高线的最短平距，即求出相邻两等高线之间满足设计坡度的最短距离
断面图	断面图是显示指定地面起伏变化的剖面图
土方量计算	方格网法、等高线法

单元 8　工程测设基本方法

📖 **学习目标**

1. 了解工程测设的基本任务和特点。
2. 掌握工程测设基本方法。
3. 具备实施水平角、水平距离和高程的测设，以及点的平面位置测设的能力。

8.1　工程测设概述

8.1.1　工程测设的目的

工程测设的目的是将在图纸上设计的建（构）筑物工程的平面和高程位置，按照设计要求，以一定的精度测设到实地上，即按设计的要求将建（构）筑物各轴线的交点、道路中线、桥墩等点位标定在相应的地面上，作为施工的依据，这项工作又称为测设或放样。这些待测设的点位是根据控制点或已有建（构）筑物特征点与待测设点之间的角度、距离和高差等几何关系，应用测绘仪器和工具标定出来的。因此，测设已知水平距离、测设已知水平角、测设已知高程是施工测量的基本工作。

8.1.2　工程测设的原则

为了保证建（构）筑物的平面位置和高程都能满足设计要求，工程测设和测绘地形图一样，也要遵循"从整体到局部""先控制后碎部"的原则，即先在施工现场建立统一的平面控制网和高程控制网，然后以此为基准，测设出各个建（构）筑物的平面位置和高程。

8.1.3　工程测设的精度要求

施工放样的精度与建（构）筑物的大小、结构形式、建筑材料等因素有关。例如，水利工程施工中，钢筋混凝土工程较土石方工程的放样精度高，而设备安装放样的精度要求则更高。

因此，应根据不同施工对象选用不同精度的仪器和测量方法，这样既能保证工程质量，又不浪费人力物力。

8.2 水平距离和水平角的测设

8.2.1 测设已知水平距离

测设已知水平距离是指从地面一已知点开始，沿已知方向测设出给定的水平距离以定出第二个端点的工作。根据测设的精度要求不同，可分为一般测设和精确测设。

1. 用钢尺测设已知水平距离

（1）直接法。在地面上，由已知点 A 开始，沿给定方向用钢尺量出已知水平距离 D，定出 B 点。为了校核与提高测设精度，在起点 A 处改变读数，同法量出已知距离 D，定出 B' 点。由于量距有误差，B 点与 B' 点一般不重合，其相对误差在允许范围内时，则取两点的中点作为最终位置。

（2）归化方法。当水平距离的测设精度要求较高时，按照上述方法在地面测设出水平距离后，还应再加上尺长、温度和高差 3 项改正，但改正数的符号与精确量距时的符号相反。即

$$S = D - \Delta_l - \Delta_t - \Delta_h$$

式中：S——实地测设的距离；

D——待测设的水平距离；

Δ_l——尺长改正数，$\Delta_l = \dfrac{\Delta l}{l_0} \cdot D$，$l_0$ 和 Δl 分别为所用钢尺的名义长度和尺长改正数；

Δ_t——温度改正数，$\Delta_t = \alpha \cdot D \cdot (t - t_0)$，$\alpha = 1.25 \times 10^{-5}$ 为钢尺的线膨胀系数，t 为测设时的温度，t_0 为钢尺的标准温度，一般为 20℃；

Δ_h——倾斜改正数，$\Delta_h = -\dfrac{h^2}{2D}$，$h$ 为线段两端点的高差。

【例 8-1】 如图 8-1 所示，欲测设水平距离 AB，所使用钢尺的尺长方程式为

$$l_t = 30.000\,\text{m} + 0.003\,\text{m} + 1.25 \times 10^{-5} \times 30 (t - 20℃)\,\text{m}$$

测设时的温度为 5℃，AB 两点之间的高差为 1.2m，试求计算测设时在实地应量出的长度是多少？

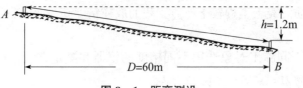

图 8-1　距离测设

解：根据精确量距公式算出 3 项改正数：

尺长改正数：$\Delta_l = \dfrac{\Delta l}{l_0} \cdot D = \dfrac{0.003}{30} \cdot 60 = 0.006\,\text{m}$

温度改正数：$\Delta_t = \alpha \cdot D \cdot (t - t_0) = 60 \times 1.25 \times 10^{-5} \times (5 - 20) = -0.010\,5\,\text{m}$

倾斜改正数：$\Delta_h = -\dfrac{h^2}{2D} = -\dfrac{1.2^2}{2 \times 60} -0.012\,\text{m}$

则实地测设水平距离为

$S = D - \Delta_l - \Delta_t - \Delta_h = 60 - 0.006 + 0.010\,5 + 0.012 = 60.016\,5\,\text{m}$

测设时，自线段的起点 A 沿给定的 AB 方向量出 S，定出终点 B，即得设计的水平距离 D。为了检核，通常再放样一次，若两次放样之差在允许范围内，则取平均位置作为终点 B 的最后位置。

2. 用光电测距仪测设已知水平距离

用光电测距仪测设已知水平距离与用钢尺测设的方法大致相同。如图 8-2 所示，光电测距仪安置于 A 点，反光镜沿已知方向 AB 移动，使仪器显示的距离大致等于待测设距离 D，定出 B' 点，测出 B' 点反光镜的竖直角及斜距，计算出水平距离 D'。再计算 D' 与需要测设的水平距离 D 之间的改正数 $\Delta D = D - D'$。根据 ΔD 的符号在实地沿已知方向用钢尺由 B' 点量出 ΔD，定出 B 点，AB 即为测设的水平距离 D。

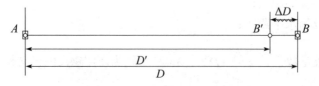

图 8-2　光电测距仪放样距离

用全站仪瞄准位于 B 点附近的棱镜后，能够直接显示出全站仪与棱镜之间的水平距离 D'。前后移动棱镜，当其水平距离 D' 等于待测设的已知水平距离 D 时，即可定出 B 点。

为了检核，将反光镜安置在 B 点，测量 AB 的水平距离，若不符合要求，则再次改正，直至符合精度要求为止。

8.2.2 测设已知水平角

测设已知水平角就是根据一已知方向测设出另一方向，使它们的夹角等于给定的设计角值。按测设精度要求不同分为一般方法和精确方法。

1. 一般方法

当测设水平角精度要求不高时可采用此法，即通过盘左、盘右取平均值。如图 8-3 所示，设 OA 为地面上已有方向，欲测设水平角 β。在 O 点安置经纬仪，以盘左位置瞄准 A 点，配置水平度盘读数为 0。转动照准部，使水平度盘读数恰好为 β 值，在视线方向定出 B_1 点。然后以盘右位置重复上述步骤，定出 B_2 点，取 B_1 和 B_2 的中点 B，则 $\angle AOB$ 即为测设的 β 角。该方法也称为盘左盘右分中法。

2. 精确方法

当测设精度要求较高时，可采用精确方法测设已知水平角。如图 8-4 所示，安置经纬仪于 O 点，按照上述一般方法测设出已知水平角 $\angle AOB'$，定出 B' 点。然后较精确地测量 $\angle AOB'$ 的角值，一般采用多个测回取平均值的方法，设平均角值为 β'，测量出 OB' 的距离。按下式计算 B' 点处 OB' 线段的垂距 $B'B$。

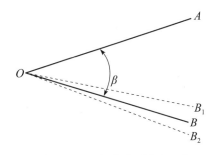

图 8-3　一般方法测设水平角

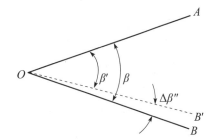

图 8-4　精确方法测设水平角

然后，从 B' 点沿 OB' 的垂直方向调整垂距 $B'B$，$\angle AOB$ 即为 β 角。若 $\Delta\beta>0$ 时，则从 B' 点往内调整 $B'B$ 至 B 点；若 $\Delta\beta<0$ 时，则从 B' 点往外调整 $B'B$ 至 B 点。

$$\Delta\beta'' = \beta - \beta'$$

$$B'B = \frac{\Delta\beta''}{\rho} \cdot OB' = \frac{\beta - \beta'}{206\,265''} \cdot OB' \qquad (8-1)$$

式中：ρ——弧度值。

8.3　点的高程和已知坡度线的测设

8.3.1　测设已知高程

测设已知高程就是根据已知点的高程，通过引测，把设计高程标定在固定的位置上。如图 8-5 所示，已知高程点 A，其高程为 H_A，需要在 B 点标定出已知高程为 H_B 的位置。方法是在 A 点和 B 点中间安置水准仪，精平

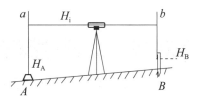

图 8-5　已知高程测设

后读取 A 点的标尺读数为 a，则仪器的视线高程为 $H_i=H_A+a$，由图可知测设已知高程为 H_B 的 B 点标尺读数应为：$b=H_i-H_B$。将水准尺紧靠 B 点木桩的侧面上下移动，直到尺上读数为 b 时，沿尺底画一横线，此线即为设计高程 H_B 的位置。测设时应始终保持水准管气泡居中。

【例8-2】设 $H_A=35.255m$，欲使测设点 B 的高程为 $H_B=36.000m$，将仪器架在 A、B 两点之间，在 A 点上水准尺的读数 $a=1.587m$，则得仪器视线高程为 $H_i=H_A+a=35.255+1.587=36.842$（m），在 B 点上水准尺的读数应为

$$b=H_i-H_B=36.842-36.000=0.842（m）$$

即当 B 尺读数为 0.842m 时，在尺底划线，此线高程为 36.000m，即设计高程点 B 的位置。

在建筑设计和施工中，为了计算方便，通常把建（构）筑物的室内地坪高程用 ±0 标高表示，建（构）筑物的基础、门窗等高程都以 ±0 为依据进行测设。因此，首先要在施工现场利用测设已知高程的方法测设出室内地坪高程的位置。当待测设点于已知水准点的高差较大时，则可以采用悬挂钢尺的方法进行测设。如图8-6所示，钢尺悬挂在支架上，零端向下并挂一重物，A 点为已知高程为 H_A 的水准点，B 点为待测设高程为 H_B 的点位。在地面和待测设点位附近安置水准仪，分别在标尺和钢尺上读数 a_1、b_1 和 a_2。由于 $H_B=H_A+a_1-（b_1-a_2）-b_2$，则可以计算出 B 点处标尺的读数 $b_2=H_A+a_1-（b_1-a_2）-H_B$。

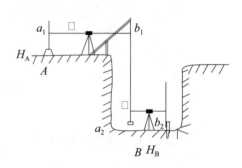

图8-6 测设建筑基底高程

8.3.2 水平面的测设

测设水平面又称为抄平。如图8-7所示，设待测设水平面的高程为 $H_设$。测设时，可先在地面按一定的边长测设方格网，用木桩标定各方格网点（进行室内楼地面找平时，常在对应点上做灰饼）。然后在场地与已知点 A 之间安置水准仪，读取 A 尺上的后视读数 a，计算出仪器的视线高 $H_i=H_A+a$，依次在各木桩上立尺，使各木桩顶的尺上读数都等于 $b_应=H_i-H_设$。此时，各桩顶就构成一个测设的水平面。

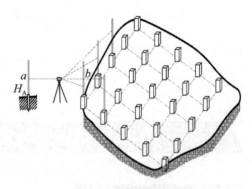

图8-7 水平面测设

8.3.3 已知坡度线的测设

测设坡度线就是根据附近水准点的高程、设计坡度和坡度线端点的设计高程，用高程测设方法将坡度线上各点设计高程标定在地面上的测量工作。常用于管线、道路等线路工

程的施工放样。测设方法有水平视线法和倾斜视线法两种。

1. 水平视线法

如图 8-8 所示，A、B 为设计坡度线的两端点，A 点设计高程为 H_A。为了施工方便，每隔一定距离 d 打入一木桩，要求在木桩上标出设计坡度为 I 的坡度线。

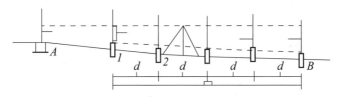

图 8-8　水平视线法测设坡度线

施测步骤如下：

（1）按照式（8-2）计算各桩点的设计高程。

$$H_设 = H_应 + i \times d \qquad\qquad (8-2)$$

第一点的设计高程 $H_1 = H_A + i \times d$

第二点的设计高程 $H_2 = H_1 + i \times d$

……

B 点的设计高程 $H_B = H_n + i \times d$ 或 $H_B = H_A + i \times D_{AB}$（用于计算检核） $\qquad (8-3)$

（2）沿 AB 方向，按规定间距 d 标定出中间 1、2、3、…、n 点。

（3）安置水准仪于水准点 A 附近，读后视读数 a，并计算视线高程

$$H_i = H_A + a$$

（4）根据各桩的设计高程，分别计算出各桩点上水准尺的应读前视数

$$b_应 = H_i - H_设$$

（5）在各桩处立水准尺，上下移动水准尺，当水准仪对准应读前视数时，水准尺零端对应位置即为测设出的高程标志线。

2. 倾斜视线法

如图 8-9 所示，倾斜视线法是根据视线与设计坡度相同时，其竖直距离相等的原理，确定设计坡度线上各点高程位置的方法。当地面坡度较小，且设计坡度与地面自然坡度较一致时，适宜采用这种方法。

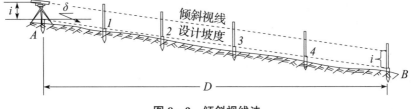

图 8-9　倾斜视线法

8.4 点的平面位置的测设

点的平面位置测设是根据已布设好的控制点的坐标和待测设点的坐标，反算出测设数据，即控制点和待测设点之间的水平距离和水平角，再利用上述测设方法标定出设计点位。

8.4.1 直角坐标法

直角坐标法是建立在直角坐标原理基础上的测设点位的方法。当建筑场地已建立相互垂直的主轴线或建筑方格网时，一般采用此法。如图 8-10 所示，A、B、C、D 点为建筑方格网或建筑基线控制点，1、2、3、4 点为待测设建（构）筑物轴线的交点，建筑方格网或建筑基线分别平行或垂直待测设建（构）筑物的轴线。根据控制点的坐标和待测设点的坐标可以计算出两者之间的坐标增量。

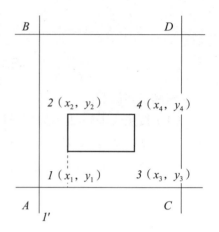

图 8-10 直角坐标法测设点位

现以测设 1、2 点为例说明测设方法。

首先计算出 A 点与 1、2 点之间的坐标增量，即

$$\Delta x_{A1}=x_1-x_A, \quad \Delta y_{A1}=y_1-y_A$$

测设 1、2 点平面位置时，在 A 点安置经纬仪，照准 C 点，沿此视线方向从 A 点沿 C 方向测设水平距离 Δy_{A1}，定出 1' 点。再安置经纬仪于 1' 点，盘左照准 C 点（或 A 点），转 90° 给出视线方向，沿此方向分别测设出水平距离 Δx_{A1} 和 Δx_{12}，定出 1、2 两点。同法，以盘右位置再定出 1、2 两点，分别取 1、2 两点盘左和盘右的中点即为所求点位置。

采用同样的方法可以测设 3、4 点的位置。

检查时，可以在已测设的点上架设经纬仪，检测各个角度是否符合设计要求，并丈量各条边长。

如果待测设点位的精度要求较高，可以采用精确方法测设水平距离和水平角。

8.4.2 极坐标法

极坐标法是根据控制点、水平角和水平距离测设点的平面位置的方法。在控制点与测设点间便于钢尺量距的情况下，采用此法较为适宜，而利用测距仪或全站仪测设水平距离，则没有此项限制，且工作效率和精度都较高。

（1）如图 8-11 所示，$A（x_A，y_A）$、$B（x_B，y_B）$ 为已知控制点，1（x_1，y_1）、2（x_2，y_2）为待测设点。根据已知点坐标和测设点坐标，按坐标反算方法求出测设数据，即：D_1，D_2，$\beta_1=\alpha_{A1}-\alpha_{AB}$，$\beta_2=\alpha_{A2}-\alpha_{AB}$。

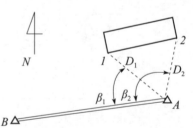

图 8-11 极坐标法测设点位

测设时，经纬仪安置在 A 点，后视 B 点，置度盘为零，按盘左盘右分中法测设水平角 β_1、β_2，定出 1、2 点方向，沿此方向测设水平距离 D_1、D_2，则可以在地面标定出设计点位 1、2 两点。检核时，可以将实地 1、2 两点之间丈量出的水平边长与 1、2 两点设计坐标反算出的水平边长进行比较。

（2）使用全站仪按极坐标法测设点的平面位置，则更为方便。如图 8－12 所示，要测设 P 点的平面位置，施测方法如下：把全站仪安置在 A 点，瞄准 B 点，将水平度盘设置为 $0°00'00''$，然后将控制点 A、B 的已知坐标及 P 点的设计坐标输入全站仪，即可自动算出测设数据水平角 β 及水平距离 D_{AP}。测设水平角 β，并在视线方向上把棱镜安置在 P 点附近的 P' 点。设 AP' 的距离为 D'_{AP}，实测 D'_{AP} 后再根据 D'_{AP} 与 D_{AP} 的差值 $\Delta D = D_{AP} - D'_{AP}$ 进行改正，即得 P 点。

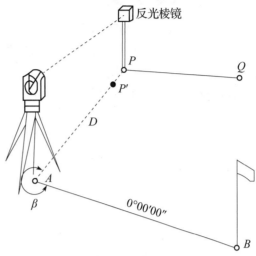

图 8－12　全站仪按极坐标法测设点的平面位置

8.4.3 角度交会法

角度交会法是在 2 个控制点上分别安置经纬仪，再根据相应的水平角测设出相应的方向，然后根据两个方向交会定出点位的方法。此法适用于测设点离控制点较远或量距有困难的情况。

如图 8－13 所示，根据控制点 A、B 和测设点 1、2 的坐标，反算测设数据 β_{A1}、β_{A2}、β_{B1} 和 β_{B2} 角值。将经纬仪安置在 A 点，瞄准 B 点，利用 β_{A1}、β_{A2} 角值按照盘左盘右分中法，定出 $A1$、$A2$ 方向线，并在其方向线上的 1、2 两点附近分别打上两个木桩（俗称骑马桩），桩上钉小钉以表示此方向，并用细线拉紧。然后，在 B 点安置经纬仪，同法定出 $B1$、$B2$ 方向线。根据 $A1$ 和 $B1$、$A2$ 和 $B2$ 方向线可以分别交出 1、2 两点，即为所求待测设点的位置。

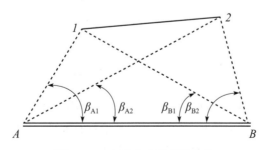

图 8－13　角度交会法测设点位

当然，也可以利用两台经纬仪分别在 A、B 两个控制点同时设站，测设出方向线后标定出 1、2 两点。

检核时，可以将丈量实地 *1*、*2* 两点后得出的边长与 *1*、*2* 两点设计坐标反算出的边长进行比较。

8.4.4 距离交会法

距离交会法是指从两个控制点出发，利用两段已知距离进行交会定点的方法。当建筑场地平坦且便于量距时，用此法较为方便。如图 8-14 所示，*A*、*B* 为控制点，*1* 点为待测设点。首先，根据控制点和待测设点的坐标反算出测设数据 D_A 和 D_B，然后用钢尺从 *A*、*B* 两点分别测设两段水平距离 D_A 和 D_B，其交点即为所求的 *1* 点的位置。

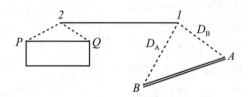

图 8-14 距离交会法测设点位

同样，*2* 点的位置可以由附近的地形点 *P*、*Q* 交会得出。

检核时，可以将实地丈量 *1*、*2* 两点后得到的水平距离与 *1*、*2* 两点设计坐标反算出的水平距离进行比较。

8.4.5 十字方向线法

十字方向线法是指利用两条互相垂直的方向线相交得出待测设点位的方法。如图 8-15 所示，设 *A*、*B*、*C*、*D* 为一个基坑的范围，*P* 点为该基坑的中心点位，在挖基坑时，*P* 点会遭到破坏。为了随时恢复 *P* 点的位置，可以采用十字方向线法重新测设 *P* 点。

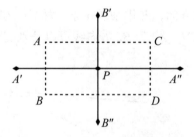

图 8-15 十字方向线法测设点位

首先，在 *P* 点架设经纬仪，设置两条相互垂直的直线，并分别用两个桩点来固定。需要恢复 *P* 点时，利用桩点 *A'A"* 和 *B'B"* 拉出两条相互垂直的直线，根据其交点重新定出 *P* 点。

为了防止由于桩点发生移动而导致 *P* 点出现测设误差，可以在每条直线的两端各设置两个桩点，以便发现错误。

【职业素养】施工测量是保障建筑工程质量的关键，作为建筑测量人员，要养成高标准、追求极致、专注严谨的工作作风。

单元小结

1. 测绘与测设的区别

测绘是研究如何将地表上的地物、地貌测量出来并表示到图纸上。测设是研究如何将图纸上设计的建（构）筑物在地面上标定出来。

2. 测设的基本工作

测设已知水平距离、测设已知水平角和测设已知高程合称为测设的三项基本工作。

3. 视线高程法

在已知水准点与待测设高程点之间安置水准仪，在已知水准点上立尺，读出后视读数，计算仪器的视线高程，并根据待测设点的高程计算应读前视读数，然后对准应读前视数测设高程标志的方法称为视线高程法。这种方法用于测设某一水平面时，可以减少移动仪器的次数和许多计算工作量。

4. 倾斜视线法

采用倾斜视线法测设坡度线，可以避免测设误差积累，保证中间测设各桩高程标志的精度均匀。首先在坡度线的一个端点上放置好仪器，保证一个脚螺旋位于坡度线上，另两个脚螺旋连线与坡度线垂直，调整位于坡度线上的脚螺旋和微倾螺旋，使望远镜对准坡度线另一端点的尺读数等于仪器高，这样就获得一条平行于设计坡度线的倾斜视线，利用它就可以测设坡度线上各桩的高程标志。

5. 点的平面位置测量

方法	适用条件	需要测设的数据
直角坐标法	施工场地上有主轴线或方格网	Δx，Δy
极坐标法	施工场地上有测量控制点	β、D 或 α_{AB}、α_{AP}、D_{AP}
距离交会法	精度要求不高、不便安仪器、距离不大	D_1、D_2
角度交会法	不便于测设距离	β_1、β_2、β_3

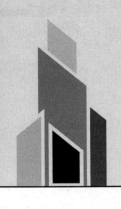

单元 9　公路工程测量

学习目标

1. 了解公路施工测量的基本任务和特点。
2. 熟悉公路定线测量的方法。
3. 会进行中线测量及曲线元素的计算。
4. 会进行曲线的测设，以及纵断面和横断面的测量。

9.1　公路测量概述

公路工程测量是指在公路工程勘察设计、施工建造和运营管理等阶段进行的测量工作。公路工程测量可分为勘察设计和施工两个阶段。

9.1.1　勘察设计阶段的测量任务和内容

勘察设计是指在规划路线上进行路线勘测与设计的整个过程，依据公路技术标准的高低和地形的复杂程度，分为两阶段设计（初测和定测）和一阶段设计（定测）。

一阶段设计主要应用于路线方案比较明确、修建任务比较急，或技术等级较低的公路。

1. 初测

初测为公路的初步设计提供带状地形图和有关踏勘测量资料。初测阶段的任务如下：

（1）在指定的范围内布设导线。

（2）测量各方案的带状地形图和纵断面图。

（3）收集沿线水文、地质等相关资料，为纸上定线、编制比较方案、初步设计提供依据。

（4）控制测量。分为平面控制测量和高程控制测量。

1）平面控制测量：主要是点的选定及导线测量。导线通常敷设为附合导线。对于汽车专用公路，方位角闭合差为 $\pm30''\sqrt{n}$（n 为测站数），距离相对闭合差为 1/2 000；对于一般公路，方位角闭合差为 $\pm60''\sqrt{n}$，距离相对闭合差为 1/1 000。带状地形图的比例尺一般选择 1∶2 000。带状地形图的宽度视道路的等级和要求不同而异，一般为规划道路中线左右两侧各 100 ～ 200m。

2）高程控制测量：水准点宜布设在线路中心两侧 50 ～ 300m 范围，采用水准测量，精度按《国家三、四等水准测量规范》进行。

2. 定测

一旦方案选定，即进入技术设计阶段，为该阶段进行的中线测量、纵横断面测量等详细测量，称为定测。定测阶段的任务是：在选定设计方案的路线上进行中线测量、纵断面和横断面测量以及局部地区的大比例尺地形图的测绘等，为路线纵坡设计、工程土方量计算等提供详细的测量资料。

从平面上看，公路一般由直线和曲线两部分组成，如图 9-1 所示。中线测量主要是通过直线和曲线的测设，将路线中心线（包括起点、转折点和终点）的平面位置具体地标定在现场，并测定路线的实际里程。

图 9-1 公路由直线和曲线两部分组成

9.1.2 施工阶段的测量任务和内容

公路技术设计批准后，进入施工阶段。根据施工要求，测量人员应在不同的施工阶段提供各种测量定位标志，作为施工的依据。施工前和施工中需要恢复中线、测设公路路基边桩和竖曲线等。当工程逐项结束后，还应进行竣工验收，测绘竣工图，以检查施工成果是否符合设计要求，并为工程竣工后的管理、使用、维修提供必要的资料。

9.1.3 线路测量的基本特点

1. 全线性

测量工作贯穿于整个线路工程建设的各个阶段。始于工程之初，深入于施工的各个点位，当工程结束后，还要进行工程的竣工测量及运营阶段的稳定监测。

2. 阶段性

阶段性既是测量技术本身的特点，也是线路设计、施工过程的需要，体现了线路设计和测量之间的阶段性关系。反映了实地勘察、平面设计、竖向设计与初测、定测、放样各阶段的对应关系。阶段性具有测量工作反复进行的含义。

9.2 公路定线测量

公路定线测量，即在现场确定出各交点（JD）和转点（ZD）的位置、量距和钉桩、测量路线各偏角（α），以及测设各种曲线。

交点也称转角点，是指当路线改变方向时，两相邻直线段延长线的交点，是中线测量的控制点。当两相邻转折点之间距离较长或通视条件较差时，则要在其连线或延长线上增设一点（或数点），以传递方向，此增设点称为转点。直线上每隔 200 ～ 300m 应设置一个转点；在路线与其他道路的交叉处，以及路线上需设置桥、涵等建（构）筑物之处也应设置转点。

9.2.1 路线交点与转点的测设

1. 纸上定线法

纸上定线是指在带状地形图上确定公路中线及交点位置，标明公路中线直线段连接曲线的有关参数。常用的方法有放点穿线法和拨角穿线法。

（1）放点穿线法。这种方法是以地形图中的测图控制点（通常为导线点）为依据，利用在地形图中设计的路线与控制点之间的夹角和距离关系，先在实地把路线中线的直线段测设出来，然后将相邻的直线段延长相交，定出交点桩的位置。

（2）拨角穿线法。这种方法是先在地形图上量算出纸上设计确定的路线的交点坐标，然后反算相邻交点之间直线段的长度、坐标方位角和转折角。再在现场将测量仪器安置在路线中线的起点或者已经确定的交点上，拨出转折角，测设已知直线的水平长度，并依次确定各交点的确切位置。

2. 现场定线法（转点的测设）

转点与相邻的交点应在同一直线上，当两交点间距离较远但尚能通视或已有转点需要加密时，可采用经纬仪直接定线或经纬仪正、倒镜分中法测设转点。当相邻两交点互不通视时，可采用以下方法测设转点：

（1）在两交点间设置转点。如图 9 - 2 所示，JD_5、JD_6 为相邻而互不通视的两个交点，ZD' 为初定转点。为检查 ZD' 是否在两交点的连线上，先将经纬仪安置于目估的转点 ZD' 上，以正、倒镜分中延长直线的方法在 JD_6 点附近标出 JD'_6，丈量出 $JD_6 - JD'_6 = f$，如 f 超过允许偏离范围，则需将测站 ZD' 横向移动至 ZD 点，移动量 e 可按下式计算

$$e = \frac{a}{a+b} f \tag{9-1}$$

式中，a、b 距离可直接丈量或根据视距测出。测站移动至 ZD 后，按上述方法逐渐趋近，直至符合要求为止。

（2）在两交点的延长线上设置转点。如图 9-3 所示，在互不通视的两交点 JD_8、JD_9 的延长线上设置转点 ZD 时，可先将经纬仪安置于目估的转点 ZD' 上，分别用正、倒镜照准 JD_8，并以相同竖盘位置俯视 JD_9，得两点后取其中点得 JD'_9。若 JD'_9 与 JD_9 点重合，或偏差值 f 在容许范围之内，即可将 ZD' 点作为转点。否则应丈量出 $JD_9 - JD'_9 = f$，将测站 ZD' 横向移动至 ZD 点，移动量 e 可按下式计算

$$e = \frac{a}{a-b} f \qquad\qquad (9-2)$$

仪器移动至 ZD 后，按上述方法逐渐趋近，直至符合要求为止，最后将转点 ZD 用木桩标定在地面上。

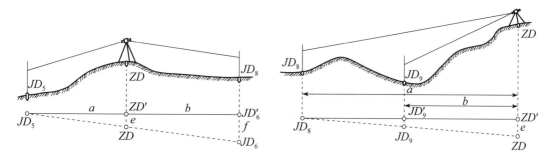

图 9-2 在两交点间设置转点   图 9-3 在两交点的延长线上设置转点

9.2.2 公路中线测量

公路中线由直线、平曲线组成，公路中线测量的任务是测定线路的长度并设置里程桩，测设公路的交点、转点、转角、直线和平曲线，最终将公路中心线的平面位置用木桩标定在地面上。

9.2.3 里程桩设置

1. 里程桩

从线路起点沿线路经过的长度，称为里程；把里程表示为整公里数与不足整公里米数的形式以区别线路上不同的点，称为里程桩号；如某里程桩至路线起点的水平距离为 3 567.65m，则桩号为 k3+567.65。

里程桩的设置是在中线测量的基础上进行的，一般是测量和设置同时进行。为了便于后续工组找桩，里程桩的一面写桩号，另一面按 1，2，3，…，10 循环编写。

线路长度测量工具视公路等级而定，等级较高的公路用测距仪或经纬仪定线及钢尺量距；简易公路通过目估标杆定线及皮尺量距。

2. 里程桩的形式

里程桩分为整桩和加桩两种形式，如图9-4所示。

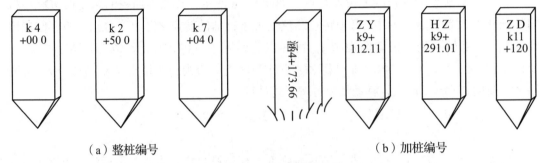

（a）整桩编号　　　　　　　　　　　　（b）加桩编号

图9-4　里程桩的形式

（1）整桩。整桩是由路线起点开始，桩号为整数的里程桩，规定每隔20m或50m（曲线上根据不同的曲线半径R，每隔5m、10m或20m）设置一桩。百米桩和千米桩均属于整桩。

（2）加桩。

1）地形加桩：沿中线纵、横方向地形显著变化处所设置的里程桩。

2）地物加桩：在与其他既有公路、铁路、渠道、高压线等的交叉处，拆迁建（构）筑物处，占有耕地及经济林的起终点处，桥梁、涵洞、水管、挡土墙及其他人工结构物处设置的里程桩。

3）曲线加桩：曲线上设置的主点桩。

4）关系加桩：路线上的转点桩和交点桩。

5）工程地质加桩：地质不良地段的起终点处，以及土质明显变化处加设的里程桩。

3. 里程桩的埋设

里程桩有木质桩和混凝土预制桩等形式。

木质桩分为方桩和扁桩。

（1）方桩一般长40cm，断面为6cm×6cm。起控制作用的交点桩、转点桩和一些重要的地物加桩（如桥、隧位置桩），以及曲线主点桩，均应采用方桩。通常，方桩钉至桩顶露出地面约2cm，桩顶钉以中心钉表示点位。在距方桩20cm左右设置指示桩，上面书写此方桩的名称和桩号。交点桩的指示桩的字面朝向交点，曲线主点桩的指示桩的字面朝向圆心。

（2）扁桩一般长30cm，断面为2.5cm×6cm。除标示上述重要位置处钉方桩外，在标示其所余里程的桩钉扁桩。扁桩应钉入地下15～25cm，露出地面5～15cm，以便书写桩号。用于里程桩的，书写桩号的一面应朝向路线起点。

在书写曲线加桩和关系加桩时，应在桩号之前加上其名称缩写。目前，我国公路测量采用汉语拼音式名称缩写。

9.3 圆曲线要素计算及主点测设

公路中线由直线、平曲线组成。当路线由一个方向转到另一个方向时，必须用曲线来连接。

圆曲线（又称单曲线）是指具有一定半径的圆弧线，是发生转折时最常用的曲线形式。圆曲线的测设工作一般分两步进行，先定出曲线上起控制作用的起点（直圆点 ZY）、中点（曲中点 QZ）、终点（圆直点 YZ），如图 9-5 所示，该过程称为圆曲线主点的测设。然后在主点基础上进行加密，定出曲线上其他各点，称为圆曲线细部测设，从而完整地标定出曲线的位置。

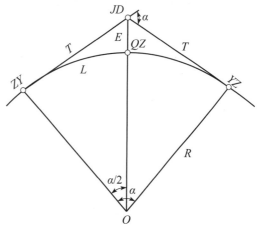

图 9-5 圆曲线

9.3.1 圆曲线主点测设元素的计算

在进行曲线主点的测设之前，应根据实测的路线偏角 α 和设计半径 R（根据公路的等级和地形状况确定）计算出图 9-5 所示的圆曲线主点测设元素，即切线长 T、曲线长 L、外矢距 E 和切曲差 D。

$$
\begin{cases}
\text{切线长} & T = R\tan\dfrac{\alpha}{2} \\[2mm]
\text{曲线长} & L = R\dfrac{\alpha}{\rho} \\[2mm]
\text{外矢距} & E = \dfrac{R}{\cos\dfrac{R}{2}} \quad E = R\left(\sec\dfrac{\alpha}{2}-1\right) \\[2mm]
\text{切曲线} & D = 2T - L
\end{cases}
\tag{9-3}
$$

9.3.2 主点里程的计算

交点 JD 的里程是由中线丈量得到的，根据交点的里程和圆曲线测设元素，即可推算圆曲线上各主点的里程并加以校核。

$$ZY = JD - T$$

$$YZ = ZY + L$$

$$QZ = YZ - L/2 \tag{9-4}$$

$$JD = QZ + D/2 \text{（校核）}$$

【例9-1】已知某交点的里程为K3+182.76，测得转角，拟定圆曲线半径$R=300$m，求圆曲线测设元素及主点里程。

解：（1）计算圆曲线测设元素。

按式（9-3）可以求得：

$$T = R\tan\frac{\alpha}{2} = 300\tan\frac{25°48'}{2} = 68.71(\text{m})$$

$$L = R\alpha\frac{\pi}{180} = 300 \times 25°48' \times \frac{\pi}{180°} = 135.09(\text{m})$$

$$E = R\left(\sec\frac{\alpha}{2} - 1\right) = 300 \times \left(\sec\frac{25°48'}{2} - 1\right) = 7.77(\text{m})$$

$$D = 2T - L = 2 \times 68.71 - 135.09 = 2.33(\text{m})$$

（2）计算曲线主点里程。

JD	K3+182.76
−）T	68.71
ZY	K3+114.05
+）L	135.09
YZ	K3+249.14
−）$L/2$	67.54
QZ	K3+181.60
+）$D/2$	1.16
JD	K3+182.76

9.3.3 圆曲线主点的测设

1. 测设曲线的起点（ZY）与终点（YZ）

将经纬仪安置于交点桩上，后视相邻的交点或转点方向，顺序定出距离丈量的两直线方向，然后自交点桩起分别向后、向前沿切线方向量出切线长T，即得曲线的起点和终点。

2. 测设曲线的中点（QZ）

保持经纬仪不动，转动望远镜，后视曲线的终点，测设角度分别以路线方向定向，$(180° - \alpha)/2$得分角线方向，沿此方向从交点桩开始，量取外矢距E，即得曲线的中点。

【职业素养】弘扬"爱祖国、爱事业、艰苦奋斗、无私奉献"的测绘精神；热爱测绘事业，不畏艰险，为祖国建设做出应有的贡献。

9.4 圆曲线细部测设

一般情况下，当地形条件变化较小，且曲线长度不超过 40m 时，只要测设出曲线的 3 个主点即能满足工程设计与施工的要求。但当地形变化复杂、曲线较长或半径较小时，就要在曲线上每隔一定的距离测设一个加桩，以便把曲线的形状和位置详细地表示出来，这就是圆曲线细部测设。

按照选定的桩距在曲线上测设桩位，常用的方法有以下两种：

（1）整桩号法。在公路中线测量中加桩一般采用整桩号法，将曲线上靠近曲线起点（ZY）的第一个桩的桩号凑成整数桩号，然后按整桩距 l_0 向曲线的终点（YZ）连续测设桩位。这样设置的桩的桩号均为整数。

（2）整桩距法。从圆曲线的起点（ZY）或终点（YZ）出发，分别向圆曲线的中点（QZ）以桩距 l_0 连续设桩，由于这些桩均为零桩号，因此应及时设置百米桩和公里桩。

由于地形条件、精度要求和使用仪器的不同，圆曲线细部点测设的方法包括切线支距法、偏角法。

9.4.1 切线支距法（直角坐标法）

切线支距法是以曲线的起点或终点为坐标原点，通过曲线上该点的切线 T 为 X 轴，以过原点的半径方向为 Y 轴，建立直角坐标系，从而测定各加桩点的方法，如图 9-6 所示。

1. 测设数据的计算

曲线上某点 P_i 的坐标可依据曲线起点至该点的弧长 l_i 计算。设曲线的半径为 R，弧长 l_i 所对的圆心角为 φ，则计算公式为

$$\begin{cases} \varphi = \dfrac{l_i}{R}\left(\dfrac{180°}{\pi}\right) \\ x_i = R\sin\varphi_i \\ y_i = R(1-\cos\varphi_i) \end{cases} \quad (9-5)$$

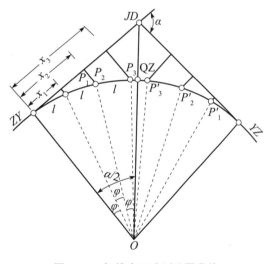

图 9-6 切线支距法测设圆曲线

在实际工作中，P_i 点的坐标也可以以 R 和 L 为引数，通过查曲线测设表得到。

【例 9-2】设某单圆曲线偏角 $\alpha=34°12'00''$，$R=200\text{m}$，主点桩号为 ZY：K4+906.90，QZ：K4+966.59，YZ：K5+026.28，采用每 20m 一个桩号的整桩号法，利用切线支距法计算各桩的坐标。

解：（1）主点测设元素的计算。

$$T = R\text{tg}\frac{\alpha}{2}61.53(\text{m}) \quad L = Ra\frac{\pi}{180°}=119.38(\text{m}) \quad E = R\left(\sec\frac{\alpha}{2}-1\right)=9.25(\text{m})$$

$$D = 2T - L = 3.68 \text{m}$$

（2）主点里程的计算。

$ZY = $K4+906.90　$QZ = $K4+966.59　$YZ = $K5+026.28

$JD = $K4+968.43（检查）

（3）切线支距法（整桩号）各桩要素的计算见表 9 − 1。

表 9 − 1　切线支距法（整桩号）各桩要素计算

曲线桩号 (m)		ZY（YZ）至桩的曲线长（m）	圆心角 φ_i 数度（°）	切线支距法坐标	
				x_i (m)	y_i (m)
ZY K4+906.90	4 906.9	0	0	0	0
K4+920	4 920	13.1	3.752 873 558	13.090 635	0.428 871 637
K4+940	4 940	33.1	9.482 451 509	32.949 104	2.732 778 823
K4+960	4 960	53.1	15.212 029 46	52.478 356	7.007 714 876
QZ K4+966.59	—	—	—	—	—
K4+980	4 980	46.28	13.258 243 38	45.868 087	5.330 745 523
K5+000	5 000	26.28	7.528 665 428	26.204 44	1.724 113 151
K5+020	5 020	6.28	1.799 087 477	6.278 968 1	0.098 587 899
YZ K5+026.28	5 026.28	0	0	0	0

注：测设曲线长时，将圆曲线以曲中点为界分成两部分进行。

2. 测设步骤

（1）根据曲线加桩的详细计算资料，用钢尺从 ZY 点（或 YZ 点）向 JD 方向量取 x_1、x_2、…横距，得垂足点 N_1、N_2、…，用测钎作标记。

（2）各垂足点 N_1、N_2、…处，依次用方向架（或经纬仪）定出 ZY 点（或 YZ 点）切线的垂线，分别沿垂线方向量取 y_1、y_2、…纵距，即得曲线上各加桩点 p_i。

（3）检验方法：用上述方法测定各桩后，丈量各桩之间的弦长进行校核。如不符或超过容许范围，应查明原因，予以纠正。

切线支距法适用于地势比较平坦、开阔的地区，使用的仪器、工具简单，而且所测定的各点位是相互独立的，测量误差不会积累，所以说，此法是一种较精密的测量方法。测设时要注意垂线不宜过长，垂线越长，测设垂线的误差就越大。

9.4.2　偏角法（极坐标法）

偏角法实际上是一种极坐标法。它是利用曲线起点（或终点）的切线与某一段弦之间的弦切角 Δ_i（称为偏角）以及弦长 C 确定 P 点位置的方法，如图 9 − 7 所示。

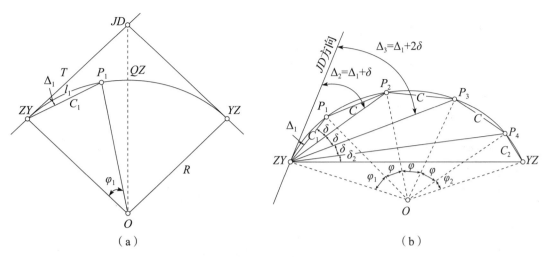

（a）　　　　　　　　　　　　　　（b）

图 9 - 7　偏角法测设圆曲线

　　偏角法依据的公式是弦切角等于该弦所对圆心角的一半，以及圆周角等于同弧所对圆心角的一半。通常，偏角法也采用整桩号测设曲线的加桩。曲线上里程桩的间距一般较直线段密，按规定为 5m、10m、20m 等。在实际工作中，由于排桩号的需要，圆曲线首尾两段弧不是整数，分别称为首段分弧 l_1 和尾段分弧 l_2，所对应的弦长分别为 C_1 和 C_2。中间为整弧 l_0，所对应的弦长均为 C。如图 9 - 7 所示，ZY 点至 P_1 点为首段分弧，测设 P 点的数据可从该图中得出。弧长 l_0 所对的圆心角 φ_0 可由下式计算

$$\varphi_1 = \frac{l_1}{R}\left(\frac{180°}{\pi}\right)$$

　　故首段分弧圆周角：$\Delta_1 = \dfrac{\varphi_1}{2} = \dfrac{l_1}{R}\left(\dfrac{90°}{\pi}\right)$　　　　　　　　　　（9 - 6）

　　弦长：$C_1 = 2R\sin\Delta_1$　　　　　　　　　　　　　　　　　　（9 - 7）

P_4 点至 ZY 点为尾段分弧，弧长为 l_2，圆心角为 φ_2，圆周角为 δ_2。同理可知：

　　圆周角：$\delta_2 = \dfrac{\varphi_2}{2} = \dfrac{l_2}{R}\left(\dfrac{90°}{\pi}\right)$　　　　　　　　　　　（9 - 8）

　　弦长：$C_2 = 2R\sin\delta_2$　　　　　　　　　　　　　　　　　　（9 - 9）

　　圆曲线中间部分，相邻两点间为整弧 l_0，整弧 l_0 所对的圆心角均为 φ，相应的圆周角均为 δ，即

　　圆周角：$\delta = \dfrac{\varphi}{2} = \dfrac{l_0}{R}\left(\dfrac{90°}{\pi}\right)$　　　　　　　　　　　（9 - 10）

　　弦长：$C_2 = 2R\sin\delta$　　　　　　　　　　　　　　　　　　（9 - 11）

　　故各细部点的偏角如下：

　　　　P_1 点：$\Delta_2 = \Delta_1$

$$P_2 \text{ 点：} \Delta_2 = \frac{\varphi_1 + \varphi}{2} = \Delta_1 + \delta$$

$$P_3 \text{ 点：} \Delta_3 = \frac{\varphi_1 + 2\varphi}{2} = \Delta_1 + 2\delta$$

$$YZ \text{ 点：} \Delta_{YZ} = \frac{\varphi_1 + n\varphi + \varphi_2}{2} = \Delta_1 + n\delta + \delta_2 = \frac{\alpha}{2} \text{（用于检核）}$$

偏角法测设圆曲线是连续进行的，其测设的偏角通过累计而得，称为各测设点的累计偏角，又称为总偏角。作为计算的检验，曲线终点 YZ 偏角应为 α/2。

【例 9-3】 应用偏角法按整桩号设桩，计算各桩的偏角和弦长。计算表格见表 9-2。

表 9-2 偏角法计算

桩号	各桩至 ZY 或 YZ 的曲线长度 l_i（m）	偏角值 ° ′ ″	偏角读数 ° ′ ″	相邻桩间弧长（m）	相邻桩间弦长（m）
ZY K3+114.05	0	0 00 00	0 00 00	0	0
+120	5.95	0 34 05	0 34 05	5.95	5.95
+140	25.95	2 28 41	2 28 41	20	20.00
+160	45.95	4 23 16	4 23 16	20	20.00
+180	65.95	6 17 52	6 17 52	20	20.00
QZ K3+181.60	67.55	6 27 00	6 27 00	1.60	1.60
			353 33 00	18.40	18.40
+200	49.14	4 41 33	355 18 27	20	20.00
+220	29.14	2 46 58	357 13 02	20	20.00
+240	9.14	0 52 22	359 07 38	9.14	9.14
YZ K3+249.14	0	0 00 00	0 00 00	0	0

9.5 缓和曲线的测设

为了确保行车安全、舒适，在一些高等级的或设计行车速度较快的公路，常要求在曲线和直线之间设置一段半径由无穷大逐渐变化到圆曲线半径的曲线，这种曲线称为缓和曲线。目前，国内外基本采用回旋曲线的一部分作为缓和曲线，如图 9-8 所示。

带有缓和曲线的圆曲线由三部分组成：第一缓和曲线段 $ZH \sim HY$、圆曲线段（即主曲线段）$HY \sim YH$、第二缓和曲线段 $YH \sim HZ$。整个曲线共有 5 个主要点，即：

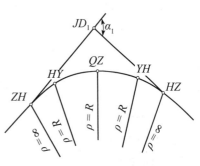

图 9-8　缓和曲线

直缓点（ZH）：由直线进入第一缓和曲线的点，即整个曲线的起点。

缓圆点（HY）：第一缓和曲线的终点，从这点开始进入主曲线。

曲中点（QZ）：整个曲线的中间点。

圆缓点（YH）：圆曲线的终点，进入第二缓和曲线的起点。

缓直点（HZ）：第二缓和曲线的终点，进入直线段的起点，也是整个曲线的终点。

9.5.1　缓和曲线的特征及曲线方程

对于某一缓和曲线，我们已知的数据有：①路线的转角 α；②根据公路的等级和地形状况确定的圆曲线半径 R；③缓和曲线的长度，可根据《公路工程技术标准》（JTG B01-2014）公路等级和地形情况依表 9-3 查得；④曲线加桩的整桩间距 l_0 和交点 JD 的里程。

表 9-3　根据公路等级和地形确定缓和曲线的长度

公路等级	高速公路		一		二		三		四	
地形	平原 微丘	山岭 重丘	平原 微丘	山岭 重丘	平原 微丘	山岭 重丘	平原 微丘	山岭 重丘	平原 微丘	山岭 重丘
缓和曲线长度（m）	100	70	85	50	70	35	50	25	35	20

1. 回旋曲线的特征和方程

回旋曲线的几何特征是曲线上任何一点的曲率半径 r 与该点到曲线起点的长度 l 成反比，即

$$r = \frac{A}{l} \tag{9-12}$$

式中：r——曲率半径；

l——缓和曲线长度；

A——回旋曲线参数，目前我国公路采用 $A = 0.035v^3$；

v——设计的行车速度，km/h。

在缓和曲线的起点 $l=0$，则 $r=\infty$。在缓和曲线的终点（与圆曲线衔接处），缓和曲线的全长为 l_h，此处缓和曲线的曲率半径 r 等于圆曲线的半径 R，故式（9-12）可写成

$$rl = Rl_h = A = 0.035v^3 \tag{9-13}$$

$$l_h = 0.035\frac{v^3}{R} \tag{9-14}$$

由式（9-14）可知，设计的行车速度越快，缓和曲线的长度应越长；设计的圆曲线半径越大，则缓和曲线的长度就可以相应缩短一些；而当圆曲线半径 R 达到一定的值以后，就可以不设置缓和曲线了。

2. 缓和曲线的切线角公式

缓和曲线上任意一点 P 的切线与曲线起点 ZH 的切线所组成的夹角为 β，称为缓和曲线的切线角。缓和曲线切线角 β 实际上等于曲线起点 ZH 至曲线上任一点 P 之间的弧长 l 所对的圆心角 β，如图9-9所示。

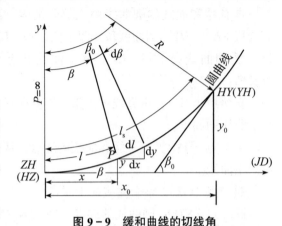

图 9-9 缓和曲线的切线角

在 P 点取一微分弧 dl，它所对应的圆心角为 $d\beta$，则

$$d\beta = \frac{dl}{p} = \frac{l}{c}dl$$

式中，$c=Rl_s$，积分得

$$\beta = \frac{l^2}{2Rl_i} \cdot \frac{180°}{\pi} \qquad (9-15)$$

当 $l=l_h$ 时，缓和曲线全长 l_h 所对的圆心角称为缓和切线角，以 β_0 表示。

$$\beta_0 = \frac{l_s}{2R}\frac{180°}{\pi} \qquad (9-16)$$

β_0——缓和曲线全长 l_s 所对应的中心角，亦称缓和曲线角。

3. 缓和曲线的参数方程

如图9-9所示，以缓和曲线起点 ZH 为原点，以过该点的切线为 X 轴，垂直于切线的方向为 Y 轴，则任一点 P 的坐标为

$$\begin{cases} x = l - \dfrac{l^5}{40R^2l_s^2} \\ y = \dfrac{l^3}{6Rl_s} - \dfrac{l^7}{336R^3l_s^3} \end{cases} \qquad (9-17)$$

当 $l=l_s$ 时，即得缓和曲线的终点坐标值：

$$\begin{cases} x_0 = l_s - \dfrac{l_s^3}{40R^2} \\ y_0 = \dfrac{l_s^2}{6R} \end{cases} \qquad (9-18)$$

9.5.2 缓和曲线主点元素的计算及测设

1. 圆曲线的内移和切线的增长

在圆曲线和直线之间增设缓和曲线后，整个曲线发生了变化，为了保证缓和曲线和直

线相切，圆曲线应均匀地向圆心方向内移一段距离 p，称为圆曲线内移值。同时，切线也应相应地增加 q，称为切线的增长值。

在公路建设中，一般采用圆心不动，圆曲线半径减少 p 值的方法，即使减小后的半径等于所选定的圆曲线半径，也就是插入缓和曲线前的半径为 $R+p$，插入缓和曲线后的圆曲线半径为 R，增加的缓和曲线的一半弧长位于直线段内，另一半则位于圆曲线段内，如图 9-9 所示。

圆曲线内移值 p 和切线的增长值 q 的计算

$$p = \frac{l_\mathrm{s}^2}{24R}$$

$$q = \frac{l_\mathrm{s}}{2} - \frac{r_\mathrm{s}^3}{240R^2}$$

（9-19）

2. 缓和曲线主点元素以及里程的计算

缓和曲线主点元素的计算公式如下：

切线长： $T_\mathrm{H} = (R + p)\mathrm{tg}\dfrac{\alpha}{2} + q$ （9-20）

曲线长： $L_\mathrm{H} = R(\alpha - 2\beta_0)\dfrac{\pi}{180°} + 2l_\mathrm{s}$

其中， 圆曲线长： $L_\mathrm{Y} = R(\alpha - 2\beta_0)\dfrac{\pi}{180°}$

外矢距： $E_\mathrm{H} = (R + p)\sec\dfrac{\alpha}{2} - R$

切曲差： $D_\mathrm{H} = 2T_\mathrm{H} - L_\mathrm{H}$

圆曲线半径 R 和缓和曲线的长度 l_0 是根据公路的等级和地形状况确定的，路线的转角 α 是实际测量得到的，据此可按上述公式计算所需的测设元素。如有公路曲线测设用表，首先查取圆曲线的切线长 T_H、外矢距 E_H、切曲差 D_H，然后加上缓和曲线的尾加数表 t、e、d，便得缓和曲线的切线长、外矢距、切曲差。

缓和曲线主点里程的计算如下：

直缓点 ZH 里程： ZH 里程 = 交点 JD 里程 − 切线长 T_H

缓圆点 HY 里程： HY 里程 = 直缓点 ZH 里程 + 缓和曲线长 l_s

曲中点 QZ 里程： QZ 里程 = 缓圆点 HY 里程 + 主曲线长 $l_\mathrm{s}/2$

圆缓点 YH 里程： YH 里程 = 曲中点 QZ 里程 + 主曲线长 $l_\mathrm{s}/2$

缓直点 HZ 里程： HZ 里程 = 圆缓点 YH 里程 + 缓和曲线长 l_s。

为了检查计算的正确性，可用下式计算 HZ 里程：

$$HZ \text{ 里程} = JD \text{ 里程} + \text{切线长 } T_\mathrm{H} - \text{切曲差 } D_\mathrm{H}$$ （9-21）

【例 9-4】 设某公路的转点桩号为 K15+532.18，转点沿里程增加方向到交点的距离为 243.46m，该交点处设计时圆曲线半径 $R=500$m，缓和曲线长 $l_\mathrm{s}=60$m，实际转角 $\alpha_\mathrm{z}=28°36'20''$，试计算曲线要素并推算各主点的里程。

解：（1）计算测设元素。

$\beta_0 = 3°26'16''$ $p = 0.300\text{m}$ $q = 29.996\text{m}$

根据公式计算得

$T = 157.55\text{m}$ $L = 309.63$ $q = 29.996$

（2）计算里程。

$ZH = \text{K15} + 638.09$ $HY = \text{K15} + 698.09$ $QZ = \text{K15} + 792.905$ $HZ = \text{K15} + 947.72$

$YH = \text{K15} + 887.72$

3. 主点的测设步骤（以例 9 - 4 说明）

（1）经纬仪安置在交点上，瞄准直缓点方向，沿视线方向量取切线长 $T_H = 157.55\text{m}$，即得直缓点，桩号 K15 + 638.09。

（2）仪器不动，以直缓点为后视方向，拨角（180° − Δ）/2，即分角线方向，沿此方向量取外矢距 E_H，即得曲中点，桩号 K15 + 792.05。

（3）将经纬仪瞄准缓直点方向，沿视线方向量取切线长 $T_H = 157.55\text{m}$，即得缓直点，桩号 K15 + 947.72。

（4）以直缓点为坐标原点，以 $ZH - JD$ 为切线方向建立直角坐标系的 X 轴，垂直方向为 Y 轴，用切线支距法量取 x_h 和 y_h，得缓圆点，桩号为 K15 + 698.09。

（5）同理，以缓直点为坐标原点，以 $HZ - JD_8$ 为切线方向建立直角坐标系的 X 轴，垂直方向为 Y 轴，用切线支距法量取 x_h 和 y_h，得圆缓点，桩号 K15 + 887.72。

（6）在测设出的各主点上钉木桩，并钉一小钉作为标心。

【职业素养】在工程测量工作中，要做到严格遵守工作纪律和职业道德，严格执行测量工作技术规范，每一个数据都必须经过实际测量，绝对不能弄虚作假。

9.6 公路竖曲线测设

在公路的纵坡变换处，为了确保行车平稳、改善行车的视距，一般采用圆曲线来连接两段直线，这种在竖直面内设置的圆曲线称为竖曲线。竖曲线分为凹形和凸形两种形式（顶点在曲线之上的为凸形竖曲线，顶点在曲线之下的为凹形竖曲线）。设计竖曲线时，采用纵断面设计时所确定的曲线半径为 R，用相邻两坡道段的坡度 i_1 和 i_2 计算竖曲线的坡度转折角 α。由于竖曲线的坡度转折角 α 一般很小，故可用代数差形式表示。如图 9 - 10 所示，坡度转折角 $\alpha = i_1 - i_2$，α 为正时表示凸形竖曲线，α 为负时表示凹形竖曲线。像平面曲线一样，竖曲线测设元素计算公式可表示为

$$\begin{cases} \text{切线长：} T = \dfrac{1}{2}R(i_1 - i_2) \\[2mm] \text{曲线长：} L = R(i_1 - i_2) \\[2mm] \text{外矢距：} E = \dfrac{T^2}{2R} \end{cases} \qquad (9 - 22)$$

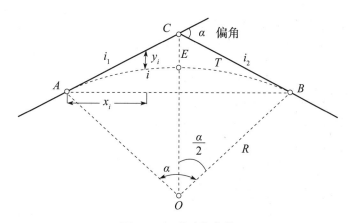

图 9 - 10 公路竖曲线

为了满足施工以及土方量计算的需要，必须计算出曲线上各点的高程改正数。如图 9 - 12 所示，以竖曲线的起点 A 或终点 B 为坐标原点，水平方向为 Z 轴，竖直方向为 Y 轴，建立平面直角坐标系。则竖曲线上任一点 i 距切线的纵距（即标高改正数）的计算公式为

$$y_i = \frac{x_i^2}{2R} \tag{9-23}$$

式中，x_i 为竖直线上任一点 i 至竖曲线起点 A 或终点 B 的水平距离，即点 i 的桩号与竖曲线起点或终点的桩号之差。y_i 在凸形竖曲线中取负号，在凹形竖曲线中取正号。由此可得竖曲线上任一点设计高程的计算公式：

$$竖曲线的设计高程 H_i = 切线高程 H_i' \pm 标高改正数 y_i \tag{9-24}$$

在纵断面图绘制的过程中，对填挖高度的计算应考虑竖曲线的标高改正数。

【例 9 - 5】某公路凸形竖曲线的设计半径为 $R = 3\ 000\text{m}$，变坡点的里程桩号为 K6+144，变坡点的高程为 $H_0 = 44.50\text{m}$，相邻坡段的坡度为 $i_1 = +0.6\%$，$i_2 = -2.2\%$。在曲线上每隔 10m 设置曲线桩，试求测设曲线的数据。

（1）计算竖曲线元素。

　　折角：$\alpha = i_1 - i_2 = 0.006 - (-0.022) = 0.028\text{rad}$

　　切线长：$T = (3\ 000 \times 0.028)/2 = 42\text{m}$

　　曲线长：$L = 2T = 84\text{m}$

　　外矢距：$E = T^2/2R = 0.29\text{m}$

（2）根据变坡点的里程，计算竖曲线主点的里程以及切线高程（坡道高程）。

　　曲线起点的里程：K6+144 − T = K6+102

　　曲线起点的坡道高程：$44.50 - 0.6\% \times 42 = 44.25\text{m}$

　　曲线终点的里程：K6+144 + T = K6+186

　　曲线终点的坡道高程：$44.50 - 2.2\% \times 42 = 43.58\text{m}$

（3）计算竖曲线各加桩高程。

坡段上各点的高程（切线高程）可依据变坡点的高程、坡段的坡度 i_1、i_2 及曲线的间距求出，则竖曲线的设计高程为 H。计算结果见表 9-4。

表 9-4　竖曲线测设参数计算

已知参数	设计竖曲线半径：$R=3\,000$m　相邻点坡度：$i_1=+0.6\%$，$i_2=-2.2\%$ 变坡点里程：K6+144　变坡点高程：44.50m　整桩间距：k=10m				
特征参数	折角：$\alpha=0.028$rad　切线长：$T=42$m 曲线长：$L=84$m　外矢距：$E=0.29$m				
主点里程	起点里程：K6+102　终点里程：K6+186				
点名	桩号	至竖曲线起点或终点的平距 x（m）	标高改正数 y（m）	坡道线高程 H'（m）	竖曲线设计高程 H（m）	备注
起点	K6+102	0	0.00	44.25	44.25	
	+112	10	0.02	44.31	44.29	
	+122	20	0.07	44.37	44.30	
	+132	30	0.15	44.43	44.28	
变坡点	K6+144	42	0.29	44.50	44.21	
	+156	30	0.15	44.24	44.09	
	+166	20	0.07	44.02	43.95	
	+176	10	0.02	43.80	43.78	
终点	K6+186	0	0.00	43.58	43.58	

竖曲线起点、终点的测设方法和圆曲线的测设方法相同，各加桩点的测设，实质上就是测设加桩点处竖曲线的高程。因此，实际工作中，竖曲线测设可以和路面高程桩测设一并进行。测设时只要将已计算出的各坡道点高程加上（凹形竖曲线）或减去（凸形竖曲线）对应点的标高改正数即可。

9.7 路线纵断面水准测量

路线纵断面测量又称路线水准测量，其任务是根据水准点高程，测量路线各里程桩的地面高程，并按一定比例绘制路线纵断面图，为路线纵坡设计和挖填土方计算提供基本资料。

为了提高精度和检验成果，依据"从整体到局部"的测量原则，纵断面测量一般分为两步进行：一是沿路线方向设置若干水准点，建立路线的高程控制，称为基平测量；二是依据各水准点的高程，分段进行水准测量，测定各里程桩的地面高程，称为中平测量。基平测量的精度要求比中平测量高，可按四等水准的精度要求。中平测量只作单程观测，按普通水准的精度要求。

9.7.1 基平测量

1. 基平测量的概念

基平测量是建立路线的高程控制，作为中平测量和日后施工测量的依据。基平测量的主要任务是在沿线设置水准点，并测定它们的高程。水准点应选择在勘测和施工过程中引测方便而不致遭到破坏的地方，一般距中线 50 ～ 100m 为宜。水准点间距应根据地形情况和工程需要而定，平均间距平原一般为 1km 左右，山区为 500m 左右。水准点应埋设稳定的标石或设置在固定的物体上，点位埋设后应绘制水准点位置示意图及编制水准点一览表，以方便查找和使用。

高程起算点一般由国家水准点引测而来。当引测有困难时应采用与带状地形图相同的高程基准。

根据不同的需要和用途，可设置永久性水准点和临时性水准点。

2. 基平测量的方法

应对起始水准点与附近国家水准点进行连测，以获得绝对高程。在对沿线其他水准点测量的过程中，凡是能与附近国家水准点进行连测的均应连测，以便获得更多的检查条件。如果路线附近没有国家水准点，可将气压计、国家地形图和邻近的大型工程建（构）筑物的高程作为参考，假定起始水准点的高程。

水准点高程的测定，公路上通常采用一台水准仪进行往返观测或同时用两台水准仪进行同向（或对向）观测。这两种方法所测高差的不符值不得超过允许值。

对于山区的水准点：

$$或 \begin{cases} f_{\text{h允}} = \pm 30\sqrt{L}(\text{mm}) \\ f_{\text{h允}} = \pm 9\sqrt{n}(\text{mm}) \end{cases} \qquad (9-25)$$

对于大桥两岸和隧洞两端的水准点：

$$或 \begin{cases} f_{\text{h允}} = \pm 20\sqrt{L}(\text{mm}) \\ f_{\text{h允}} = \pm 5\sqrt{n}(\text{mm}) \end{cases} \qquad (9-26)$$

式中：L——水准路线长度；

n——测站数。

若闭合差在允许范围内，则取两次观测值的平均值作为两水准点间的高差。

9.7.2 中平测量

1. 中平测量及要求

中平测量是根据基平测量提供的水准点高程，按附合水准路线测定各里程桩的地面高程。以相邻两水准点为一测段，从一个水准点出发，逐个施测里程桩的地面高程，闭合在下一个水准点上，形成附合水准路线。其允许误差为：

$$\begin{cases} f_{h允} = \pm 50\sqrt{L}\,(mm) \\ f_{h允} = \pm 12\sqrt{n}\,(mm) \end{cases}$$

或 \hfill （9-27）

测量时，在每一个测站上除了观测里程桩外，还需在一定距离内设置用于传递地面高程的转点，每两个转点间所观测的里程桩称为中间点。

由于转点起传递高程的作用，观测时应先观测转点，后观测中间点。转点读数精确至毫米，视线长度一般不应超过150m，标尺应立于尺垫、稳固的桩顶或坚石上。中间点的高程通常采用视线高法求得，读数可精确至厘米，视线长度也可适当放长，标尺立于紧靠桩边的地面上，其高程误差一般应在 ±10cm 范围内。

当路线跨越河流时，还需测出河床断面图以及洪水位和常水位高程，并注明年月，以便为桥梁设计提供资料。

2. 施测方法

如图9-11所示，水准仪置于测站 I，后视水准点 BM_1，前视转点 TP_1，将观测结果分别记入表9-5的"后视"和"前视"栏内，然后依次观测 BM_1 和 TP_1 间的各个里程桩（K0+000～K0+060），将读数分别记入"中视"栏内。

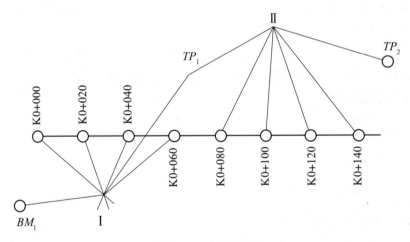

图9-11 中平测量

仪器搬至 II 站，后视转点 TP_1，前视转点 TP_2，然后观测各里程桩。用同样的方法继续向前观测，直至附合到水准点 BM_2，即完成一测段的观测工作。

各站记录后应立即计算各点高程，直至下一个水准点为止，并立即计算测段的闭合差，及时检查是否满足精度要求，如精度符合，可进行下一段的观测工作，否则，应返工重测。一般不进行闭合差的调整，而以原计算的各里程桩点高程作为绘制纵断面图的数据。

如图9-11所示的每一站的各项计算依次按下列公式进行：

（1）视线高程 = 后视点高程 + 后视读数

（2）转点高程 = 视线高程 - 前视读数

（3）里程桩高程 = 视线高程 - 中间视读数

表 9 - 5　中平测量记录

测站	测点	水准尺读数（m）			视线高程	高程	备注
		后视	中视	前视			
I	BM_1	2.126			138.340	136.214	$BM_1 = 136.214$
	K0+000		1.23			137.11	
	+020		1.87			136.47	
	+040		0.85			137.49	
	+060		1.74			136.60	
	TP_1			1.378		136.962	
II	TP_1	1.653			138.615	136.962	
	+060		1.86			136.76	
	+080		2.35			136.27	
	+100		1.42			137.20	
	TP_2			2.220		136.395	

9.7.3 纵断面的绘制

1. 纵断面图的概念

公路纵断面图是沿中线方向绘制的表示地面起伏和纵坡设计的线状图，它反映了各路段纵坡的大小和中线位置的填挖尺寸，是线路设计和施工中的重要资料。

纵断面图一般采用直角坐标系绘制，横坐标为里程桩的里程，纵坐标则表示高程。常用的距离比例尺有 1∶5 000、1∶2 000 和 1∶1 000。为了明显地表示地面起伏，一般取高程比例尺比距离比例尺大 10 或 20 倍，例如距离比例尺用 1∶1 000 时，高程比例尺则取1∶100 或 1∶50。

2. 纵断面图的内容

如图 9 - 12 所示为一公路的纵断面图。图的上半部，从左至右绘有贯穿全图的两条线。一条是细折线，表示中线方向的实际地面线，是根据中平测量的里程桩地面高程绘制的；另一条是粗折线，表示包含竖曲线在内的纵坡设计线，是纵坡设计时绘制的。此外，图上还注有水准点的编号、高程和位置，竖曲线的示意图及其曲线元素，桥涵的类型、孔径、跨数、长度、里程桩号和设计水位，其他道路、铁路以及各种管线交叉点的位置、里程和有关说明等。

图的下半部绘有几栏表格，显示有关测量及坡度设计的数据，一般包括以下内容：

（1）桩号：自左至右按规定的距离比例尺注上各里程桩的桩号。

（2）坡度与距离：表示中线设计的坡度大小。一般用斜线或水平线表示，向右上斜表示上坡，向右下斜表示下坡，水平线表示平坡。线上方注记坡度数值（以百分比表示），

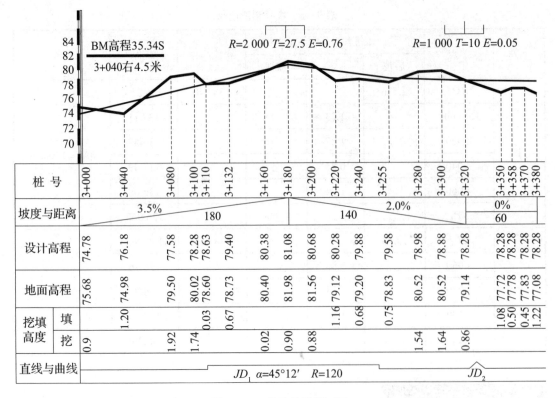

图 9－12　公路的纵断面图

下方注记坡长（水平距离）。不同的坡段以竖线分开。

（3）设计高程：填写相应里程桩的设计地面高程。

（4）地面高程：填写对应各里程桩桩号的地面高程。

（5）填挖高度：将填挖的高度或深度分成两栏填写。

（6）直线与曲线：按里程桩号标明路线的直线部分和曲线部分的示意图。曲线部分用直角折线表示，上凸表示路线右偏，下凹表示路线左偏，并注明交点编号及其曲线元素。在转角过小不设曲线的交点位置，用锐角折线表示。

3. 纵断面图的绘制

纵断面图一般自左至右绘制在透明毫米方格纸的背面，这样可防止用橡皮修改时把方格擦掉。

（1）绘制表格，填写有关测量资料。在透明方格纸上按规定尺寸绘制表格，标出与该图相适宜的纵横坐标值。在坐标系的下方绘制表格并填写里程、地面高程、直线与曲线等资料。

（2）绘地面线。首先确定起始高程在图上的位置，使绘出的地面线处在图上的适当位置。为了便于绘图和读图，一般将高程为 10m 的整倍数的高程定在厘米方格纸的 5cm 粗横线上。然后依里程桩的里程和高程，在图上按纵横比例尺依次定出各里程桩的地面位置，用细实线连接相邻点位，即可绘出地面线。

在高差变化较大的地区，纵向受到图幅限制时，可在适当地段变更图上高程起算位置，在新的纵坐标下展绘地面线，这时地面线将构成台阶形式。

（3）纵坡设计，计算设计高程。此项工作必须等横断面图绘好之后进行，根据各级公路纵坡和坡长的规定，参照实际地形，尽可能使填、挖基本平衡，试拉坡度线。

根据已设计的纵坡和两点间的坡长，可从起点的高程计算另一点的设计高程。即：某点的设计高程 = 起点高程 + 设计坡度 × 起点至某点的距离。位于竖曲线部分的里程桩的设计高程，应考虑竖曲线对设计高程的修正。

（4）计算各桩号的填挖尺寸。同一桩号的设计高程与地面高程之差即为该桩点的填挖高度，正号为填土高度，负号为挖土深度。地面线与设计线的交点为不填不挖的"零点"。

（5）在图上注记有关资料。如水准点、桥涵、竖曲线示意图、交叉点等。

9.8 路线横断面水准测量

横断面测量就是在各里程桩处测定垂直于道路中线方向的地面起伏，然后绘成横断面图。横断面图是设计路基横断面、建（构）筑物的布置、计算土方和确定路基填挖边界等的依据。

横断面测量的宽度由公路等级、路基宽度、地形情况、边坡大小以及有关工程的特殊要求而定，一般在中线两侧各测 15 ～ 50m。由于横断面主要是用于路基的断面设计和土方计算等，中距离和高差精确到 0.05 ～ 0.1m 即可满足工程要求。因此，横断面测量多采用简易的测量工具和方法，以提高工作效率。

9.8.1 横断面方向的测定

1. 直线段的横断面方向

直线段上的横断面方向即是与道路中线相垂直的方向。一般可用十字方向架来测定。如图 9 - 13 所示，将十字方向架置于测点上，用其中一个方向瞄准与该点相邻的前方或后方的某一里程桩，则十字方向架的另一方向即为该点的横断面方向。

2. 圆曲线段的横断面方向

圆曲线段上的横断面的方向应与该点的切线方向垂直，即该点指向圆心的方向。一般采用求心方向架测定。求心方向架是在上述方向架上加一根可转动的定向杆 ee，并加设固定螺旋，如图 9 - 14（a）所示。

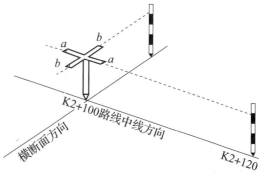

图 9 - 13　直线段的横断面方向

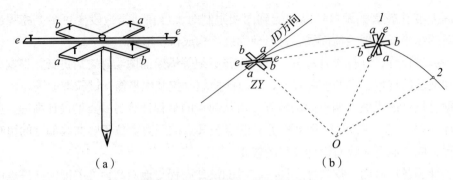

图 9 - 14　圆曲线段上的横断面方向

如图 9 - 14（b）所示，使用时先将方向架立在曲线起点 ZY 上，用 aa 对准 JD 方向，bb 即为起点处的横断面方向。然后转动定向杆 ee 对准曲线上的里程桩 1，拧紧固定螺旋。

移动方向架至 1 点，用 bb 对准起点，按同弧段两端弦切角相等的原理，此时定向杆 ee 的方向即为 1 点处的横断面方向，在此方向上立一标杆。

在 1 点的横断面方向定出之后，为了测定下一点 2 的横断面方向，可在 1 点将 bb 对准 1 点的横断面方向，转动定向杆 ee 对准 2 点，拧紧固定螺旋，然后将方向架移至 2 点，用 bb 对准 1 点，定杆 ee 的方向即 2 点的横断面方向。依此类推，即可定出各点的横断面方向。

如果曲线的里程桩是按等弧长设置的，由于弦切角相同，在起点固定好 ee 的位置，保持弦切角不变，在各测点上将方向架 bb 边对准后视点，ee 方向即为测点的横断面方向。

9.8.2 横断面的测量方法

1. 标杆皮尺法

如图 9 - 15 所示，A、B、C、D 为在横断面方向上选定的坡度变化点，先在离里程桩较近的 A 点树立标杆，再将皮尺靠里程桩的地面拉平，量出里程桩至 A 点的距离，此时皮尺在标杆上截取的红白格数（每格 0.2m）即为两点间的高差。同法测出 A 至 B、B 至 C……各段的距离和高差，直至需要的宽度为止。

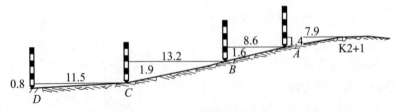

图 9 - 15　标杆皮尺法

记录表格见表 9 - 6，按路线前进方向分左侧、右侧，以分数形式记录各测段两点间的高差和距离，分子表示高差，分母表示距离，正号表示升高，负号表示降低。自里程桩由近及远逐段记录。

表 9 - 6　横断面测量记录

左侧				里程桩	右侧			
$\dfrac{0.8}{11.5}$	$\dfrac{-1.9}{13.2}$	$\dfrac{-1.6}{8.6}$	$\dfrac{-1.4}{7.9}$	K2+120	$\dfrac{-1.1}{4.8}$	$\dfrac{-0.9}{6.3}$	$\dfrac{-1.2}{12.7}$	$\dfrac{0.4}{4.4}$
$\dfrac{-0.4}{4.5}$	$\dfrac{1.9}{16.2}$	$\dfrac{-1.6}{6.3}$	$\dfrac{-1.9}{12.4}$	K2+100	$\dfrac{1.8}{8.3}$	$\dfrac{0.9}{5.7}$	$\dfrac{1.0}{15.5}$	$\dfrac{0.4}{11.9}$
$\dfrac{1.2}{5.4}$	$\dfrac{-1.3}{10.1}$	$\dfrac{-0.3}{8.9}$	$\dfrac{-0.9}{3.8}$	K2+080	$\dfrac{-1.3}{13.1}$	$\dfrac{0.9}{5.2}$	$\dfrac{-1.6}{7.3}$	$\dfrac{1.4}{12.9}$

这种方法的优点是简易、轻便、迅速，但精度较低，适合山区等级较低的公路。

2. 水准仪皮尺法

在横断面测量精度要求比较高，横断面方向坡度变化不太大的情况下，可用水准仪测量横断面高程。

施测时，在适当的位置安置水准仪，后视立于里程桩上的水准尺，读取后视读数，求得视线高程；在前视横断面方向上，通过立于各坡度变化点上的水准尺取得前视读数，通常，前、后视读数精确至厘米即可。用视线高程减去各前视读数，即得各点的地面高程。实测时，若仪器位置安置得当，一站可测量多个断面。里程桩至各坡度变化点的水平距离可用钢尺或皮尺量出，精确至分米。

3. 经纬仪视距法

为测定横断面方向上的坡度变化点，安置经纬仪于里程桩上，用经纬仪直接定出横断面方向，然后用视距法测出各地形变化点至测站（里程桩）的距离和高差。

由于使用了经纬仪，不用直接量距，减轻了外业工作量，该方法适用于量距困难、山坡为陡峻地段的大型断面。

9.8.3 横断面图的绘制及路基设计

横断面图绘制的工作量较大，为了提高工作效率，便于现场核对，往往采取在现场边测边绘的方法。也可以采取现场记录，室内绘图，再到现场核对的方法。

和纵断面一样，横断面图也绘制在毫米方格纸上。为了计算面积时较简便，横断面图的距离和高差采用相同的比例尺，通常为 1∶100 或 1∶200。

绘图时，先在适当的位置标出里程桩，注明桩号。然后由里程桩开始，分左、右两侧按距离和高程逐一展绘各坡度变化点，用直线把相邻点连接起来，即可绘出横断面的地面线，最后适当地标注相关地物或数据等，如图 9 - 16 所示。

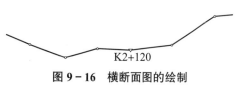

图 9 - 16　横断面图的绘制

【职业素养】 "学以致用"是测量工作人员成长进步的"催化剂"。测量工作人员必须具有丰富的理论知识和实践能力，不断强化自己的思想和素质，履职尽责。

9.9 公路施工测量

公路施工测量的主要任务是按设计要求和施工进度及时测设，并将测设结果作为施工依据；其主要内容包括线路复测、路基放样、路面放样。

9.9.1 线路复测

复测的主要目的是检验原有桩或转点的准确性。若点位精度满足要求，则不做改动；对于发生移动的要查明原因，进行测量并更改。

对于低等级公路或施工单位没有测距仪时，可用路线控制桩恢复中线，中线恢复时所用的公路平面设计资料主要有路线平面图、路线固定表、直线—曲线转角一览表等。施工前，当路线控制桩（交点桩、转点桩及路线起讫桩）恢复完成后，先恢复公路中线直线段的施工控制桩，再恢复公路中线曲线段的施工控制桩。对于曲线段公路中线的恢复，先恢复主点桩，再按施工要求设置加桩。

9.9.2 路基横断面施工放样

1. 路基路面设计的基本参数

公路中线施工控制桩恢复完成后，即可进行路基施工。路基施工前，应在地面上将路基的轮廓表示出来，也就是把路堤坡脚点（或路堑坡顶点）找出来，钉上边桩；还应把边坡的坡度表示出来，为路堤填筑和路堑开挖提供施工依据。在进行路基路面施工放样前，应了解路基路面设计的基本参数，以便在放样测量时计算放样数据。

路基路面的设计计算参数主要包括路基宽度、路面宽度、排水沟宽度（梯形排水沟的边坡坡度）、填挖高度、路堤和路堑的边坡坡度、路基的超高和加宽等。

（1）路基宽度。公路路基宽度是指行车道与路肩宽度之和。当设有中间带、变速车道、爬坡车道、应急停车带时，还包括这些设施的宽度。如图 9-17 所示。

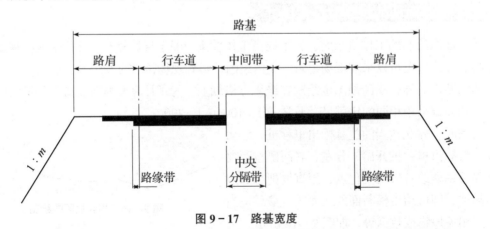

图 9-17 路基宽度

（2）边坡坡度。路基边坡坡度通常以 $1:m$ 的形式表示，即

$$i=h/d=1/m$$

式中：m——边坡的坡度；

h——边坡的高度；

d——边坡的宽度。

（3）超高。圆曲线段路面的设计超高值是常数，路面倾斜形成单向横坡；缓和曲线段路面的超高值随着缓和曲线的长度不同而变化，路面横坡倾斜由直线段的双向横坡向圆曲线的单向横坡逐步过渡。

（4）加宽。当圆曲线半径小于或等于 250m 时，在圆曲线段应按规定进行加宽，同时在曲线两端设置加宽缓和段。

2. 路基边桩放样的一般要求

公路路基的边桩包括路堤的填挖边界点和路堑的开挖边界点。此外，在路基土方施工以前，还应在地面上标定公路红线界桩和公路工程界桩。

路基边界点是指路堤（或路堑）边坡与自然地面的交点。

公路红线界桩是指为保证公路工程的正常使用和行车安全，根据公路勘测设计规范所确定的公路占用土地的分界用地界桩。界桩的设立将标明公路用地的边界范围，界桩之间连成的线称为红线。

公路工程界桩是根据公路设计的要求，表明路基、涵洞、挡土墙等边界点位实际位置的桩位，如公路的路基界桩、绿化带界桩等。公路工程界桩有时可能在公路用地的边界上，这种公路工程界桩兼有红线界桩的性质。

3. 路基横断面的放样方法

路基横断面的放样主要是指路基边桩和边坡的放样。

路基边桩放样就是在地面上将每一个横断面的路基边坡线与地面的交点用木桩标定出来。边桩的位置由横断面方向、两侧边桩至里程桩的距离来确定。常用的边桩放样方法如下：

（1）图解法。路基横断面图是路基施工的主要依据，可直接在横断面图上量取里程桩至边桩的距离，然后在实地用皮尺沿横断面方向将边桩丈量并标定出来。每个横断面都放出边桩后，再分别将路中线两侧的路基坡脚桩或路堑坡顶桩用灰线连接起来，即为路基填挖边界。在填挖方不大时，或较低等级公路的路基边桩放样时，此法应用较多。

（2）解析法。解析法就是根据路基填挖高度、边坡率、路基宽度和横断面地形情况，先计算出路基中心桩至边桩的距离，然后在实地沿横断面方向按距离将边桩放出来。一般情况下，当施工现场没有横断面设计图，只有施工填挖高度时，可用解析法放样路基边桩。解析法放样路基边桩的精度比图解法高，主要用于平坦地段的边桩放样或地面横坡坡度均匀一致地段的路基边桩放样。具体方法按下述两种情况进行：

1）平坦地段的边桩放样。如图 9 - 18 所示为填方路堤。

坡脚桩至里程桩的距离 D 为：

$$D = \frac{B}{2} + m \times H \qquad (9-28)$$

如图 9 - 19 所示为挖方路堑。

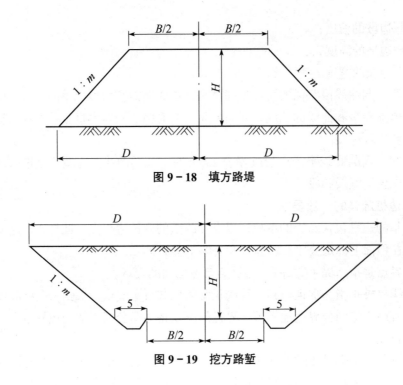

图 9-18 填方路堤

图 9-19 挖方路堑

坡顶桩至里程桩的距离 D 为:

$$D = \frac{B}{2} + S + m \times H \qquad (9-29)$$

式中: B——路基宽度;

　　　　S——路堑边沟顶宽;

　　　　m——边坡坡度;

　　　　H——填挖高度。

以上是路基横断面位于直线段时求解 D 值的方法。若横断面位于弯道上且有加宽时,按上述方法求出 D 值后,还应在加宽一侧的 D 值中加上加宽值。

2) 倾斜地段的边桩放样。在倾斜地段,计算时要考虑横坡的影响。如图 9-20 所示,路堤坡脚桩至里程桩的距离 $D_上$、$D_下$ 为:

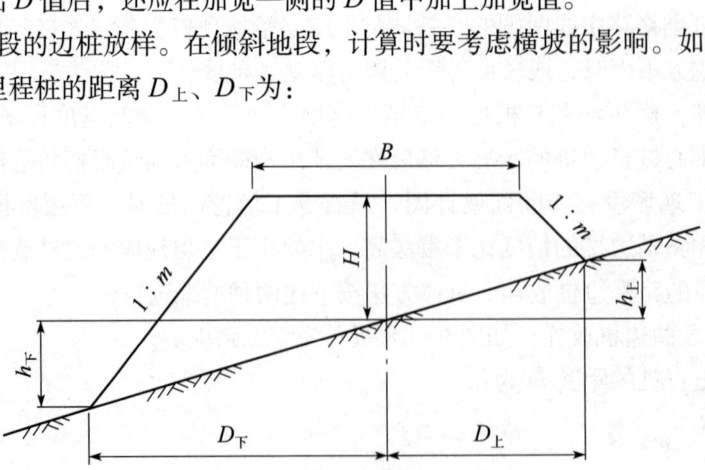

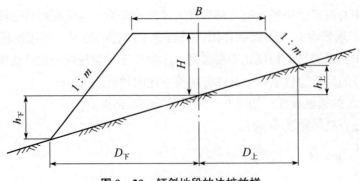

图 9-20 倾斜地段的边桩放样

$$D_{上} = \frac{B}{2} + m(H - h_{上}) \tag{9-30}$$

$$D_{下} = \frac{B}{2} + m(H + h_{下}) \tag{9-31}$$

路堑坡顶桩至里程桩的距离 $D_{上}$、$D_{下}$ 为：

$$D_{上} = \frac{B}{2} + S + m(H + h_{上}) \tag{9-32}$$

$$D_{下} = \frac{B}{2} + S + m(H - h_{下}) \tag{9-33}$$

式中：$h_{上}$、$h_{下}$ 分别为上、下两侧路基坡脚（或坡顶）至里程桩的高差。B、S 和 m 均为已知，$D_{上}$、$D_{下}$ 随 $h_{上}$、$h_{下}$ 变化而变化。由于边桩未定，所以 $h_{上}$、$h_{下}$ 均为未知数，因此还不能计算出路基边桩至里程桩的距离。因为地面横坡均匀一致，所以放样时先测出地面横坡度为 $1:n$，n 为原地面横坡率。将 $D_{上} = h_{上} \cdot n$，$D_{下} = h_{下} \cdot n$ 代入，简化整理。

如图 9-21 所示，路堤坡脚桩至里程桩的距离 $D_{上}$、$D_{下}$ 为：

$$D_{上} = \left(\frac{B}{2} + mH \right) \frac{n}{n+m} \tag{9-34}$$

$$D_{下} = \left(\frac{B}{2} + mH \right) \frac{n}{n-m} \tag{9-35}$$

路堑坡顶桩至里程桩的距离 $D_{上}$、$D_{下}$ 为：

$$D_{上} = \left(\frac{B}{2} + S + mH \right) \frac{n}{n+m} \tag{9-36}$$

$$D_{下} = \left(\frac{B}{2} + S + mH \right) \frac{n}{n-m} \tag{9-37}$$

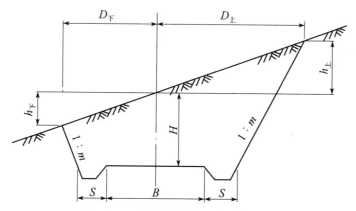

图 9-21 路堤坡脚桩至里程桩的距离

（3）渐进法。渐进法的原理是在分段丈量水平距离的同时，用水准仪或全站仪测出该段地面两点的高差，最后累计得出边桩点与里程桩点的高差，验证其水平距离是否正确。如有不符，就逐渐移动边桩，直至达到正确位置为止。该方法精度高，既可用于高等级公路，又可用于中、低等级公路。

实际工作中可采用试探法放边桩，在现场边测边标定，一般试探一两次即可。如果结合图解法则更为简便。对于倾斜地面上的边桩也可采用极坐标法放样。先计算出两侧边桩的坐标，再用坐标法确定边桩的位置。

9.9.3 路基边坡的放样

在放样出边桩后，为了保证填挖的边坡达到设计要求，还应把设计边坡在实地标定出来，以方便施工。可以用竹竿、绳索放样边坡；也可以用边坡样板放样边坡，施工前按照设计边坡坡度做好边坡样板，施工时，按照边坡样板进行放样。

路堑边坡及挖深的控制方法如下：

路堑机械开挖的过程中，通常需配合人工同时进行边坡整修工作。

（1）机械挖土时，应按每层挖土厚度及边坡坡度保持层与层之间的向内回收的宽度，防止挖伤边坡或留土过多。

（2）每挖深 1m 左右，应测设边坡、复核路基宽度，并将标杆下移至挖掘面的正确边线上。每挖 3 ～ 4m 或距路基面 20 ～ 30cm 时，应复测中线、高程、放样路基面宽度。上述方法可及时控制填方超填和挖方超挖现象。

9.10 GPS—RTK 道路放样

为提高道路施工测量的测设速度和质量，可以采用 GPS—RTK 进行道路放样。本书不详述，感兴趣的读者可参阅相关资料。

单元小结

本单元主要介绍了公路测量的测设元素的计算和外业工作。外业工作主要是中线测量以及纵、横断面测量。中线测量是指把公路的中心线（中线）标定在实地上，包括：测设公路中线各交点和转点、量距和钉桩、测量路线各偏角（α）、圆曲线主点的测设、圆曲线细部点的测设。主要方法有切线支距法（直角坐标法）、偏角法。路线纵断面测量又称路线水准测量，任务是根据水准点高程，测量路线各里程桩的地面高程，并按一定比例绘制路线纵断面图，为路线纵坡设计和挖填土方计算提供基本资料。

1. 道路组成

道路是一个三维的工程结构物。它的中线是一条空间曲线，中线在水平面的投影就是平面线形。在路线方向发生改变的转折处，为了满足行车要求，需要用适当的曲线把前、后直线连接起来，这种曲线称为平曲线。平曲线包括圆曲线和缓和曲线。道路平面线形由直线、圆曲线、缓和曲线三要素组成。圆曲线是具有一定曲率半径的圆弧。缓和曲线是在直线与圆曲线之间或两不同半径的圆曲线之间设置的曲率连续变化的曲线。我国公路缓和曲线的形式主要为回旋线。

2. 道路中线测量

通过直线和曲线的测设，将道路中线的平面位置具体敷设到地面上，并标定出里程，供设计和施工之用。道路中线测量也叫里程桩放样。

3. 公路工程测量的主要任务

阶段	任务	内容
勘测	测图	地形图、控制测量、定线
设计	用图	地形图的综合应用、定测
施工	放样	中线测量、纵断面测量、横断面测量

4. 交点测设方法

名称	定义、性质	步骤
放点穿线法	利用地形图上的测图导线点与纸上路线之间的角度和距离关系，在实地将路线中线的直线段测设出来，然后将相邻直线延长相交，定出地面交点桩的位置	放点—穿线—交点
拨角放线法	在地形图上量出纸上定线的交点坐标，反算相邻交点间的直线长度、坐标方位角及路线转角	将仪器置于路线中线起点或已确定的交点上，拨出转角，测设直线长度，依次定出各交点位置
坐标放样法	交点坐标在地形图上确定以后，利用测图导线按全站仪坐标放样法将交点直接放样在地面上	应用全站仪坐标放样法将交点直接放样在地面上

5. 圆曲线主点测设方法

名称	原理
切线支距法	切线支距法是以曲线的起点（ZY）或终点（YZ）为坐标原点，通过曲线上该点的切线 T 为 X 轴，以过原点的半径方向为 Y 轴，建立直角坐标系，从而测定各加桩点的方法
偏角法	以圆曲线起点 ZY 或终点 YZ 至曲线任一待定点 P_i 的弦线与切线方向之间的弦切角（偏角）Δ_i 和弦长 c_i 来确定 P_i 点的位置

6. 纵断面图的概念

公路纵断面图是沿中线方向绘制的表示地面起伏和纵坡设计的线状图，它反映了各路段纵坡的大小和中线位置的填挖尺寸，是线路设计和施工的重要资料。

7. 横断面测量

横断面测量就是在各里程桩处测定垂直于道路中线方向的地面起伏，然后绘成横断面图。横断面图是设计路基横断面、建（构）筑物的布置、计算土方和确定路基填挖边界等的依据。

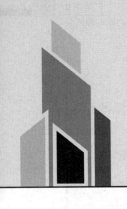

单元 10　地下工程测量

📖 **学习目标**

1. 了解地下工程的特点。
2. 掌握地下工程施工测量的内容和实施方法。
3. 能进行隧道平面控制和高程控制测量。
4. 能根据设计参数计算洞内中线点的设计坐标和高程等测设数据。
5. 能进行隧道施工测量。

10.1　地下工程测量概述

地下建筑工程所涉及的领域较多，如铁路、水利工程方面的隧道，人防工程方面的地下洞库、工厂、医院、电站等，虽然地下工程的性质、用途及结构形式各不相同，但在施工过程中，都是先由地面通过洞口在地下开挖隧道，再进行各种建（构）筑物的施工。

10.1.1　地下工程施工测量的特点

地下工程施工受工程地质和水文地质条件影响较大，且施工空间有限，光线差，粉尘多，噪声大，雾气重，通视距离短，环境差，因此施工难度较大。

由于地下工程的施工环境和对象与地面工程不同，因此具有以下特点：

（1）地下工程施工环境差（如黑暗潮湿，通视条件不好）。当点位布设在坑道顶部时，需进行点下对中；边长长短不一，测量精度难以提高。

（2）地下工程的坑道往往采用独头掘进，而洞室之间又互不相通，不便组织校核，出现错误往往不能及时发现。并且随着坑道向前掘进，点位误差的累积会越来越大。

（3）地下工程施工面狭窄，并且坑道一般只能前后通视，所以控制测量形式比较单一，大多采用导线测量形式。

（4）随着工程的进展，测量工作需要不间断地进行。一般先以低等级导线指示坑道掘进，而后布设高等级导线进行检核。

（5）由于地下工程施工的需要，往往采用一些特殊或特定的测量方法（如联系测量等）和仪器（如陀螺经纬仪等）。当采矿工程存有矿尘和瓦斯时（如井工矿），要求仪器具有较好的密封性和防爆性。

10.1.2 隧道施工测量流程

隧道工程施工前，应熟悉隧道工程的设计图纸，并根据隧道的长度、线路形状和对贯通误差的要求设计隧道施工测量方案。

隧道施工测量的任务是保证隧道各施工洞口相向开挖能够正确贯通（见图10-1），建立平面和高程施工控制网，标定隧道中心线，指示开挖方向，确定坡度，保证按规定的精度贯通，使隧道断面几何形状符合设计要求。并使各项建（构）筑物按照设计位置和尺寸修建，不得侵入限界。其中，保证隧道横向贯通精度是隧道施工测量的关键。

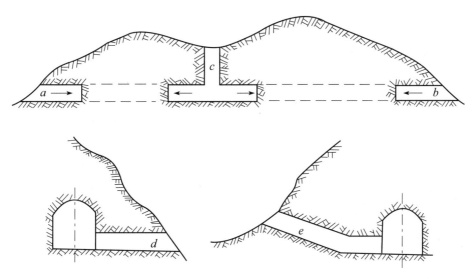

图10-1 隧道的开挖

a、b、d—平峒；*c*—竖井；*e*—斜井

一般情况下，隧道是相向开挖的。有时为了加快施工进度，需要增加工作面，即在隧道中心线上增开竖井，或者在适当的地方向中心线开挖平洞或斜洞，由几个洞口同时相向或相背开挖，如图10-1所示。开挖时互相不通视，要求在洞轴线的某一点贯通，这就要求按程序进行隧道施工测量，严格控制开挖的方向和高程。

1. 地面控制测量

（1）收集有关资料。

（2）设计测量方案。

（3）建立控制点，进行控制测量。

（4）计算整理。

2. 施工测量

随着隧道内开挖工作的不断推进，洞内施工测量需紧跟工作面。洞内施工测量的一般工作程序如下：

（1）由隧道外控制点放样到洞内点。

（2）标定开挖方向。

（3）洞内水准测量及高程放样。

（4）贯通后，调整洞中线。

（5）土方量计算。

（6）竣工测量。

10.2 地面控制测量

地面控制测量主要包括平面控制测量和高程控制测量。平面控制测量的主要任务是测定各洞口控制点的平面位置，以便根据洞口控制点将设计方向导向地下，指引隧道开挖，并能按规定的精度进行贯通。

平面控制测量一般采取以下几种方法：地面三角测量法、地面导线测量法、地面 GPS 测量法等。

高程控制测量的任务是按照设计精度施测两相向开挖隧道洞口附近水准点之间的高差，以便将整个隧道的统一高程系统引入洞内，保证按规定精度在高程方面正确贯通。一般在平坦地区采用等级水准测量，在丘陵及山区采用光电测距三角高程测量。

10.2.1 控制网布设

1. 收集资料

需要收集的资料很多，包括该区的大比例尺地形图、路线平面图、早期地面控制资料，以及气象、水文、交通资料等。

2. 现场踏勘

对搜集到的资料研究之后，必须对隧道穿越地区进行详细踏勘。观察和了解隧道两侧的地物、地貌等。注意隧道走向以及隧道与其他设施的位置关系。

3. 选点布网

结合现场踏勘选点，选定网的布设方案。布设哪一种控制网为宜，应根据现有的仪器情况、横向贯通误差大小、隧道通过地形情况等综合考虑。

10.2.2 | 地面控制测量

1. 平面控制测量

（1）地面三角测量。对于隧道较长、地形复杂的山岭地区，地面平面控制网一般布置成三角网形式，如图 10-2 所示。测定三角网的全部角度和若干条边长，或全部边长，成为边角网。三角网的点位精度比导线高，有利于控制隧道贯通的横向误差。

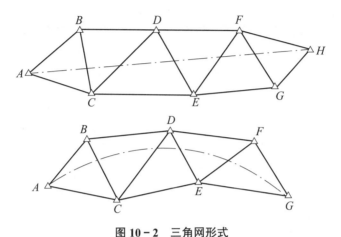

图 10-2　三角网形式

三角测量一般布设为线形三角锁，且测量一条或两条基线，布网时，三角点应尽量靠近轴线。洞口附近应布设至少两个控制点，洞口应尽量避免施工干扰，并确保点位稳定、安全。三角网的等级可按式 10-1 来计算，此时取三角网中最靠近洞轴线的路线当作一条支导线来估算。洞外三角网（锁）测量精度见表 10-1。

$$M_y^2 = \pm \left(\frac{M_\beta}{\rho}\right)^2 \sum R_y^2 + \left(\frac{M_S}{S}\right)^2 \sum d_y^2 \qquad (10-1)$$

式中：M_y——横向贯通中误差；

　　M_β——测角中误差；

　　$\sum R_y^2$——所有路线的三角点至贯通面垂直距离的平方总和，m^2；

　　$\sum d_y^2$——所有路线的边长在贯通面上的投影长度的平方总和，m^2；

　　M_S/S——三角网中最弱边相对中误差。

表 10-1　洞外三角网（锁）测量精度

等级	测角精度（″）	开挖长度（km）	最弱边相对中误差
二	±1.0	6～8	1/30 000
三	±1.8	4～6	1/25 000
四	±2.5	1.5～4	1/15 000
五	±4.0	<1.5	1/10 000

（2）地面导线测量。采用导线测量作为平面控制，导线点应尽量靠近洞轴线布设，数量不宜过多，而且相邻导线边的长度应大致相等。地面导线通常布设成闭合环或主副导线闭合环形式。闭合环与闭合环之间以一公共边连接，确保导线的测角都得到检核。主副导线点之间一般靠得较近（1～5m），两点之间的距离可用钢尺或全站仪精确测定，以增加检核条件。导线测量精度见表 10-2。

表 10-2　导线测量精度

等级	测量精度（″）	开挖长度（km）	相对中误差
二	±1.0	6～8	1/10 000
三	±1.8	4～6	1/10 000
四	±2.5	2～4	1/10 000
五	±4.0	<2	1/10 000

（3）地面 GPS 测量。采用 GPS 技术建立地面平面控制网，只需要布设洞口控制点和定向点，而且相互通视，以便施工定向之用。不同洞口之间的点不需要通视，与国家控制点或城市控制点之间的联测也不需要通视。因此，地面控制点的布设灵活方便，且定位精度优于常规控制方法。

2. 高程控制测量

高程控制测量的任务是按规定的精度施测隧道口（包括进出口、竖井口、斜井口和平洞口）附近水准点的高程，作为高程引测进洞的依据。高程控制通常采用三、四等水准测量的方法施测。

水准测量应选择连接洞口最平坦且最短的线路，以期达到设站少、观测快、精度高的要求。每一洞口埋设的水准点应不少于两个，且以安置一次水准仪即可联测为宜。两端洞口之间的距离大于 1km 时，应在中间增设临时水准点。

10.3　地下控制测量

10.3.1　地下导线测量

洞内导线测量应与地面控制建立统一的坐标系统，根据导线点的坐标放样隧道中线，指示开挖方向，保证相向开挖的隧道在要求精度范围内贯通。

隧道呈狭长状，因此洞内平面控制只能采用支导线的形式。为了保证横向贯通误差不超过限差，应减少导线转折角数，即导线边应越长越好，但为了利用导线点进行方向监控，边长又不能太长，所以，最好采用分级布设的方法布设主控导线和施工导线。因为主控导线是选择一部分施工导线点布设而成的，所以只能在施工导线布设到一定程度时才能布设。随着隧道的掘进，应首先布设施工导线，再用主控导线来检核施工导线。两种导线应布设成跳点式导线，如图 10‐3 所示。

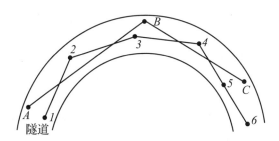

A、B、C为主导线　　1、2、3、4、5、6为施工导线

图 10‐3　洞内导线

洞内导线点通常设在隧道的洞口，每隔一定的距离（50～100m）选一中线桩作为导线点，组成洞内施工导线。导线的转折角采用 DJ₂ 级经纬仪测定，至少观测两个测回。距离用经过检定的钢尺或光电测距仪测定。洞内施工导线只能布设成支导线的形式，尽量沿线路中线布设，或与线路中线平移适当的距离布设，边长接近相等，并随着隧道的掘进逐渐延伸。支导线缺少检核条件，观测时要特别注意，转折角应观测左角和右角，边长应往返测量。根据导线点的坐标来检查和调整中线位置，技术要求见表 10‐3。

表 10‐3　技术要求

等级	测角精度（″）	导线边长（m）	边长相对中误差
一	±1.8	250	1/20 000
二	±2.5	200	1/15 000
三	±5.0	150	1/10 000

10.3.2 ｜地下水准测量

为了保证隧道的开挖符合设计的高程和坡度，应由洞外水准点向洞内引测高程。洞内水准测量与洞外水准测量方法基本相同。由于光线不好、灰粉较多，以及受施工干扰等因素影响，与洞外水准测量相比较，洞内水准测量具有以下特点：

（1）地下水准路线和洞内导线相同，在贯通之前，水准路线是支水准路线，因此只能用多次测量的方法检核水准点的高程。

（2）一般利用导线点兼作水准点。点的标志可根据洞内的具体情况埋设在洞的底部、洞顶或两边侧墙上，但都应力求稳固和便于观测，并据此测设腰线。洞内水准线路也是支水准线路，除应往返观测外，还须经常进行复测。

（3）地下水准路线是随开挖工作面的推进而延伸的。为了满足施工放样的要求，一般先布设精度较低的临时水准路线，再布设精度较高的水准路线（埋设永久水准点）。

（4）地下水准测量的精度应根据竖向贯通误差和隧道的长度来确定，也可参照《工程测量标准》（GB 50026—2020）的规定来观测。洞内每隔 20 ～ 30m 设一临时水准点，200m 左右设一固定水准点。

在地下坑道施工过程中，高程点位通常设置在坑道顶部，此时，水准尺应倒立在高程点上进行测量。如图 10 - 4 所示，A 点为已知高程 H_A 的水准点，B 点为待测设高程 H_B 的位置，由于 $H_B=H_A+a+b$，则在 B 点应有的标尺读数 $b=H_B-(H_A+a)$。因此，将水准尺倒立并紧靠 B 点木桩上下移动，直到尺上读数为 b 时，即可在尺底画出设计高程 H_B 的位置。同样，对于有多个测站的情况，也可以采用类似分析和解决方法。如图 10 - 5 所示，A 点为已知高程 H_A 的水准点，C 点为待测设高程 H_C 的点位，由于 $H_C=H_A-a-b_1+b_2+c$，则在 C 点应有的标尺读数 $c=H_C-(H_A-a-b_1+b_2)$。

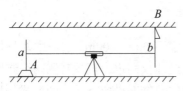

图 10 - 4　高程点设置于坑道顶部

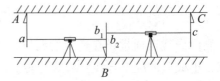

图 10 - 5　中间有转点、高程点设置于坑道顶部

当待测设点与已知水准点的高差较大时，可以采用悬挂钢尺的方法进行测设。水准尺或钢尺悬挂在支架上，零端向下并挂一重物，A 点为已知高程 H_A 的水准点，B 点为待测高程 H_B 的点位。在地面和待测设点位附近安置水准仪，分别在标尺和钢尺上读数 a_1、b_1 和 a_2。由于 $H_B=H_A+a-(b_1-a_2)-b_2$，则可以计算出 B 点处标尺的读数 $b_2=H_A+a-(b_1-a_2)-H_B$。

10.4　竖井联系测量

在地下工程施工过程中，可以通过开挖平洞、斜井、竖井等方式来增加工作面，从多面同时掘进，可以缩短贯通段的长度，加快施工进度。这时，为了保证相向开挖面能正确贯通，必须将地面控制网中的坐标、方向及高程经由竖井传递到地下。这些传递工作称为竖井联系测量。其中，坐标和方向的传递称为竖井定向测量。通过定向测量，使地下平面控制网与地面上拥有统一的坐标系统。而通过高程传递则使地下高程系统获得与地面统一的起算数据。高程联系测量是将地面高程引入地下，又称导入高程。

10.4.1　竖井联系测量

按照地下控制网与地面上联系的形式不同，定向的方法可分为下列 4 种：

（1）经过一个竖井定向（简称一井定向）。

（2）经过两个竖井定向（简称两井定向）。

（3）经过横洞（平坑）与斜井的定向。

（4）应用陀螺经纬仪定向。

竖井的联系测量可通过一个井筒，也可同时通过两个井筒进行。

陀螺仪技术在导航和测量工作中已被广泛应用。陀螺仪重量轻、体积小、精度高、使用方便，在隧道联系测量工作中，不失为一种经济、快速、影响小的现代化定向仪器。

10.4.2 几何定向

几何定向分为一井定向和两井定向。下面主要介绍经过一个竖井定向的方法。

一井定向是在井筒内挂两根钢丝，钢丝的上端在地面，下端投到定向水平面，如图 10-6 所示。在地面测算两根钢丝的坐标，同时在井下与永久控制点连接，如此达到将一点坐标和一个方向导入地下的目的。定向工作分投点和连接测量两部分。

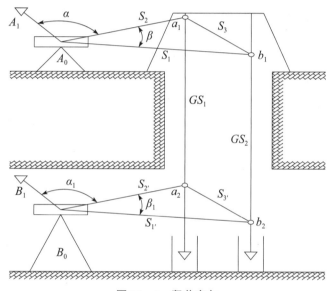

图 10-6　竖井定向

（1）投点。投点所用垂球的重量与钢丝的直径随井深而异。投点时，先用小垂球（2kg）将钢丝下放井下，然后换上大垂球，并置于油桶或水桶内，使其稳定。

由于井筒内受气流、滴水的影响，垂球线会发生偏移和摆动，故投点分稳定投点和摆动投点。稳定投点是指垂球的摆动振幅不大于 0.4mm 时，即认为垂球线是稳定的，可进行井上井下同时观测；垂球摆动振幅 >0.4mm 时，则按照观测摆动的幅度求出静止位置，并将其固定。

（2）连接测量。同时在地面和定向水平上对垂球线进行观测，地面观测是为了求得两垂球线的坐标及其连线的方位角；井下观测是以两垂球的坐标和方位角测算导线起始点的坐标和起始边的方位角。连接测量的方法很多，但普遍使用的是连接三角形法。

如图 10-7 所示，D 点和 C 点分别为地面上的近井点和连接点。A、B 为两垂球线，C、D' 和 E 为地下永久导线点。在井的上、下分别安置经纬仪于 C 点和 C' 点，观测 φ、ψ、γ 和 φ'、ψ'、γ'。测量边长 a、b、c 和 CD，以及井下的 a'、b'、c' 和 $C'D'$。由此，在井的

上、下形成以 AB 为公共边的 $\triangle ABC$ 和 $\triangle ABC'$。由图 10-7 可以看出：已知 D 点坐标和 DE 边的方位角，观测三角形的各边长 a、b、c 及 γ 角，就可推算井下导线起始边的方位角和 D' 点的坐标。

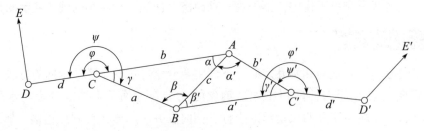

图 10-7　连接测量

用连接三角形法在井下定向的过程中，选择 C 和 C' 时应满足如下要求：

1）CD 和 $C'D'$ 的长度应大于 20m。

2）C 和 C' 点应尽可能在 AB 的延长线上，即 γ、α 和 γ'、β' 不应大于 2°。

3）b/c、b'/c 一般应小于 1.5，即 C 点和 C' 点应尽量靠近垂球线。

水平角的观测应符合规范要求；用钢尺从不同起点丈量 6 次，读至 0.5mm，观测值互差不大于 2mm，取其平均值作为最后结果。井上、井下同时量得的两垂球线之间的距离之差不得大于 2mm。

（3）内业计算。在 $\triangle CBA$ 和 $\triangle ABC'$ 中，C 和 C' 为直接丈量的边长，可用余弦定理进行计算：

$$c_{\text{算}}^2 = a^2 + b^2 - 2ab\cos\alpha$$

$$c_{\text{算}}'^2 = a'^2 + b'^2 - 2a'b'\cos\alpha'$$

因此，观测值有一差值：

$$\Delta c = c_{\text{测}} - c_{\text{算}}$$

$$\Delta c' = c_{\text{测}}' - c_{\text{算}}'$$

《工程测量标准》（GB 50026—2020）：地面上，Δc 不应超过 ±2mm；地下，$\Delta'c$ 不应大于 ±4mm。

可用正弦定理计算 α、β 和 α'、β'。

$$\begin{cases} \sin\alpha = \dfrac{a}{c}\sin\gamma \\[2mm] \sin\beta = \dfrac{b}{c}\sin\gamma \end{cases} \tag{10-2}$$

当 $\alpha < 2°$，$\beta < 178°$ 时，上式可简化为

$$\begin{cases} \alpha = \dfrac{a}{c}\gamma \\[2mm] \beta = \dfrac{b}{c}\gamma \end{cases} \tag{10-3}$$

式中：γ——地面观测值。

当 $\alpha > 20°$，$\beta > 160°$ 时，可用正弦公式计算 α 和 β。

计算出 α、β 之后，用导线计算方法计算井下导线点的坐标和起始方位角时，尽量按锐角线路推算，如选择 $D—C—A—B—C'—D'$ 线路。

$$y_{c'} = y_c + \Delta y_{CA} + \Delta y_{AB} + \Delta y_{BC'} \qquad (10-4)$$

（4）一井定向的误差。

定向误差包括：地面的连接误差 $m_{上}$；地下的连接误差 $m_{下}$；投向误差 θ。

设 φ、α 和 β'、φ' 的中误差分别为 m_φ、m_α、$m_{\beta'}$、m'_φ，则井下一次独立定向的定向边 $C'D'$ 的方位角的中误差为

$$M^2_{(C'D')} = m^2_{(DC)} + m^2_\varphi + m^2_\alpha + m^2_{\beta'} + m^2_{\varphi'} + \theta^2 \qquad (10-5)$$

在式（10-5）中，对于起始方位角的中误差 $m_{(CD)}$ 与连测角的观测误差 m_φ、m'_φ，可采取措施保证其精度。α、β 和 α'、β' 是间接观测值，影响其精度的因素是多方面的，因此要给予一定的重视。

综合上述的误差公式，可以得出以下结论：

1）联系三角形的最有利的形状为延伸型三角形，角度为锐角（α、β' 和 γ、γ'）范围为 $2° \sim 3°$，故 C 点和 C' 点应尽可能选在两垂球线连线的延长线上。

2）由式（10-4）可知，α、β（α'、β'）角的误差大小取决于 m_γ 的大小和 a/c、b/c 的比值。应尽可能保证 γ 角的观测精度，并且使 C 点尽量靠近垂球线，以减小 a、b 的长度。

3）垂球线的投向误差 θ。井筒中垂球线会受风流、滴水、钢丝的弹性等因素的影响而发生偏斜，产生投点误差，由此引起的两垂球连线方向的偏差 θ 称为投向误差。在一井定向中必须重视。

10.4.3 通过竖井传递高程

1. 用钢尺导入高程

专用钢尺的长度有 100m、500m。导入高程时将长钢尺通过井盖放入井下。钢尺零点端挂一个 10kg 垂球。地面和井下分别安装水准仪，在水准点 A 和 B 的水准尺上的读数为 a 和 b'，两台仪器在钢尺上的读数为 b 和 a'。最后在 A、B 水准点上读数，以复核原读数是否有误差。在井上、井下分别测定温度 t_1 和 t_2。

进行拉力改正：

$$\Delta l_p = \frac{l(P - P_0)}{EF} \qquad (10-6)$$

式中：$l = b - a'$；

　　P——施加垂球的重量；

　　P_0——标准拉力；

　　E——钢尺的弹性模量，$2 \times 10^6 kg/cm^2$；

　　F——钢尺的横断面积，cm^2。

进行自重拉长改正：

$$\Delta l_c = \frac{\gamma \cdot l^2}{2E} \tag{10-7}$$

式中：γ——钢尺单位体积的质量，g/cm^3。

井下 B 点的高程为

$$H_B = H_A + (a-b) + (a'-b') + \Delta l_d + \Delta l_t + \Delta l_p + \Delta l_c \tag{10-8}$$

式中，Δl_d 和 Δl_t 分别为尺长改正和温度改正。

当井筒较深时，常用钢丝代替钢尺导入高程。

2. 光电测距仪导入高程法

用光电测距仪测出井深 L，即可将高程导入地下，如图 10-8（a）所示。该方法是将测距仪水平安置在井口一边的地面上，在井口安置一个直角棱镜，将光线转折 90° 后发射到井下平放的反射镜，测出测距仪至地下反射镜的距离 $L(L = L_1 + L_2)$；在井口安置反射镜，测出距离 L_2。分别测出井口和井下的反射镜与水准点 A、B 的高差 h_1、h_2，则井下 B 点的高程：

$$H_B = H_A + h_1 - (L - L_2 + h_2) + \Delta l \tag{10-9}$$

式中：Δl——气象改正值。

此外，还有一种方式。如图 10-8（b）所示，在井口安置一个特殊的支架，该支架能使测距仪横卧，望远镜能铅直地瞄准井下水平放置的反射镜，测出井深 L；在地面安置水准仪后视水准点 A，读数为 a；将小钢尺放在测距仪的中心上，前视小钢尺，读数为 b，得高差 h_1。在井下前视 B 点，水准尺读数为 b'；同理，用小钢尺测出水平放置的反射镜的中心上的读数 a'，得高差 h_2。则井下 B 点的高程：

$$H_B = H_A + a - b - L + a' - b' + \Delta l \tag{10-10}$$

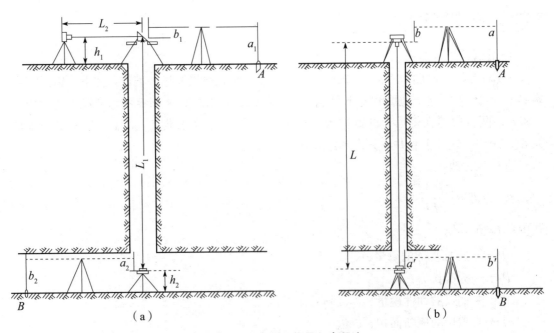

（a）   （b）

图 10-8 光电测距仪导入高程法

10.5 隧道施工测量

10.5.1 隧道施工测量的内容

隧道施工测量包括施工前洞外控制测量、洞外定向测量、施工中洞内测量及竣工测量。施工中洞内测量又包括洞内控制测量、中线测量、高程测量、断面测量及衬砌施工放样测量等。

本节着重介绍隧道施工这一阶段的测量工作。首先进行洞外定向测量，确定洞口的位置及中线掘进方向；施工过程中主要是中线测量，测设隧道中线、腰线及测定断面尺寸等。

10.5.2 洞外定向测量

隧道施工时在地面上确定洞口的位置及中线掘进方向的测量工作称为洞外定向测量，它是在控制测量的基础上，根据控制点与图上设计的隧道中线转折点、进出口等的坐标，计算出隧道中线的放样数据，在实地将洞口的位置和中线方向标定出来，这种方法又称解析定线测量。当隧道很短，且没有布设控制网时，可在实地直接选定洞口位置，并标定中线掘进方向，这种方法称为直接定线测量。

1. 解析定线测量

（1）洞口位置的标定。

在实地布设三角网时，应将图纸上设计的洞口位置在实地标定出来。如图 10-9 所示，ACB 为隧道中线，A、B 为洞口位置，C 为转折点，A 正好位于三角点上，而 C 不在三角点上，这样，可根据 5、6、7 三个控制点用角度交会法将 B 点在实地测绘出来。需要根据各控制点的坐标和 B 点的设计坐标，先用坐标反算法算出方位角，再计算出交会角。

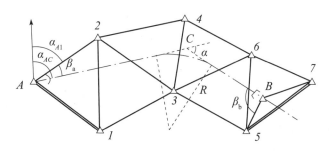

图 10-9 隧道三角网布置图

放样时，在 5、6、7 处安置经纬仪，分别测设交会角，用盘左、盘右测设平均位置，得三条方向线，若三条线相交所形成的误差三角形在允许范围内，则取其内切圆圆心为洞口 B 的位置。

（2）开挖方向的标定。

隧道贯通的横向误差主要由隧道中线方向的测设精度所决定，而进洞时的初始方向尤其重要。因此，要在隧道洞口埋设若干个固定点，将中线方向标定于地面，作为开始掘进及以后与洞内控制点联测的依据。如图 10-10 所示，用 *1*、*2*、*3*、*4* 标定掘进方向，再在洞口点 *A* 与中线垂直的方向上埋设 *5*、*6*、*7*、*8* 桩。所有固定点应埋设在不易受施工影响的地方，并测定入点至 *2*、*3*、*6*、*7* 点的平距。这样，在施工过程中可以随时检查或恢复洞口控制点的位置和进洞中线的方向及里程。

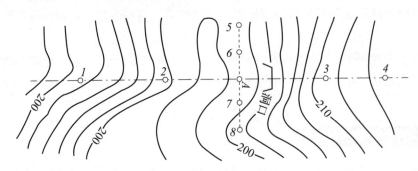

图 10-10　掘进方向的标定

2. 直接定线测量

对于较短的隧道，可在现场直接选定洞口位置，然后用经纬仪按正倒镜定直线的方法标定隧道中心线掘进方向，并求出隧道的长度。如图 10-11 所示，*A*、*B* 点为现场选定的洞口位置，且两点互不通视。欲标定隧道中心线，应首先在 *AB* 的连线上初选一点 *C'*，将经纬仪安置在 *C* 点上，瞄准 *A* 点，倒转望远镜，在 *AC'* 的延长线上定出 *D'* 点，为了提高定线精度可通过盘左、盘右观测取平均值，作为 *D'* 点的位置；然后移动仪器至 *D'* 点，同法在洞口定出 *B'* 点。通常 *B'* 与 *B* 不相重合，量取距离 *B'B*，并用视距法测得 *AD'* 和 *D'B'* 的水平长度，求出 *D'* 点的改正距离 *D'D*，即

$$D'D = \frac{AD'}{AB'} \cdot B'B$$

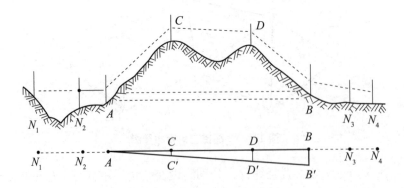

图 10-11　隧道直接定线示意图

在地面上从 *D'* 点沿垂直于 *AB* 的方向量取距离 *D'D* 得到 *D* 点，再将仪器安置于 *D* 点。依上述方法再次定线，由 *B* 点标定至 *A* 洞口，如此重复定线，直至 *C*、*D* 点位于 *AB*

直线为止。最后在 AB 两端的延长线上各埋设两个方向桩 N_1、N_2 和 N_3、N_4，以指示开挖方向。

10.5.3 中线测量

1. 洞口开挖方向标定

洞口劈坡完成后，要在劈坡面上给出隧道中心线，以指示掘进方向。如图 10 - 12 所示，在洞口 A 处放置仪器，瞄准方向桩 1、2，倒转望远镜即为隧道中线方向；采用盘左、盘右观测取平均值的方法，在劈坡面上给出隧道开挖方向。

根据施工方法，开挖的宽度以及曲线设计半径大小等不同，中线测量的方法也不同。由于洞口施工方法的特殊性，中线分为临时中线和永久中线。当隧道掘进 20m 左右，就要对临时中线点进行重新检查标定，符合要求后，标定永久中线。直线隧道的中线测设通常采用经纬仪正倒镜法、瞄直法和激光指向仪导向法。根据隧道洞口中线控制桩和中线方向桩，在洞口开挖面上测设开挖中线，并逐步往洞内引测中线上的里程桩。通常，隧道每掘进 20m 要埋设一个中线里程桩，可以埋设在隧道的底部或顶部，如图 10 - 13 所示。

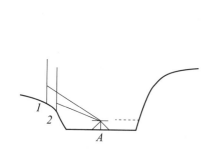

图 10 - 12　洞口开挖方向标定

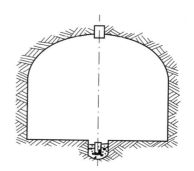

图 10 - 13　隧道中线桩

在隧道施工中，为了控制施工的标高和隧道横断面的放样，在隧道岩壁上，每隔一定距离（5 ～ 10m）测设出比洞底设计地坪高出 1m 的标高线，称为腰线。腰线的高程由引入洞内的施工水准点来测设。由于隧道的纵断面有一定的设计坡度，因此，腰线的高程按设计坡度随中线的里程而变化，它与隧道的设计地坪高程线是平行的。

2. 掘进方向指示

在隧道的开挖掘进的过程中，洞内工作面狭小，光线暗淡。对此，需要使用激光准直经纬仪或激光指向仪，以指示中线和腰线方向。它具有直观、对其他工序影响小、便于实现自动控制等优点。若采用机械化掘进设备，可用固定在一定位置上的激光指向仪，配以装在掘进机上的光电接收靶来确定掘进方向。掘进机的运动方向如果偏离了指向仪发出的激光束，则光电接收靶会自动指出偏移方向及偏移值，为掘进机提供自动控制的信息。

关于不设置曲线的折线隧道（见图 10 - 14）中线的标定：在掘进至转折点 A 时安置经纬仪，瞄准后面中线桩 B，右转角度 $180° - \alpha$ 做出方向标志 1、2，用 1、2、A 三点指导向前开挖。

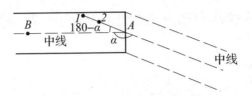

图 10 - 14　隧道折线段测设

对于设置曲线的隧道（见图 10 - 15），可采用偏角法测设曲线隧道的中线。Z、Y 分别为圆曲线的起点和终点，J 为转折点，L 为曲线全长，将其 n 等分，可求得每段曲线所对的圆心角 φ、偏角 $\varphi/2$、对应的弦长 d。

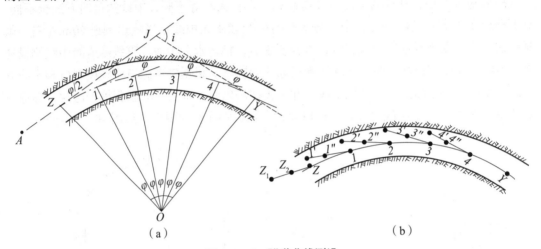

（a）　　　　　　　　　　　　　　　　（b）

图 10 - 15　隧道曲线测设

测设时，当隧道沿直线掘进至曲线的起点 Z，并略过 Z 点一小部分时，准确标出 Z 点。在 Z 点上安置经纬仪，后视中线桩 A，置角度 $0°00'00''$；再拨转角 $180°-\varphi/2$，即得 $Z—1$ 弦线方向。倒转望远镜，作出方向标志 Z_1、Z_2 点，根据 Z_1、Z_2、Z 三点的连线方向指导隧道的开挖。当掘进深度略大于弦长 d 后，按上述方法确定 $Z—1$ 方向。沿该方向用钢尺自 Z 点丈量弦长 d，即得曲线上的点 1。点 1 标定后，后视 Z 点，拨转角 $180°-\varphi$，即得 $1—2$ 方向。按上述方法掘进，沿视线方向量取弦长 d，得曲线上的点 2。用同样的方法定出各点，直至曲线终点 Y。

【职业素养】干一行，专一行，任何成就都是辛勤劳动的结果。

10.6　贯通测量

10.6.1　贯通测量概述

地下工程测量最主要的任务在于确保地下工程在预定误差范围内贯通，由于测量误差积累，会使两个相向开挖的施工中线不能理想衔接，产生的错开现象称为贯通误差，如图 10-16 所示。贯通误差在中线方向上的投影长度称纵向贯通误差，允许值一般为 ±20cm；在垂直于中线方向的水平投影长度称为横向贯通误差，其允许值一般为 ±10cm；在垂线上的投影长度称为竖向贯通误差，也称高程贯通误差，其允许值一般为 ±5cm。通常，纵向贯通误差会影响隧道的长度，高程贯通误差会影响隧道的坡度，横向贯通误差会影响隧道断面的大小。如果横向贯通误差太大则会对施工产生很大的影响，应该严格控制横向贯通误差。

贯通测量是为了使两个或多个掘进工作面能够按其设计要求在预定地点正确接通而进行的测量工作。贯通测量应遵循以下原则：要在确定测量方案和测量方法的同时，保证贯通精度；对每一项测量都应有客观独立的检查校核，严防差错。贯通测量的内容一般包括：地面联测、地下导线测量、隧道掘进测量、放样掘进方向和坡度，同时，务必经常检查其正确性；当隧道贯通后，应测定横向、纵向和竖向贯通误差。

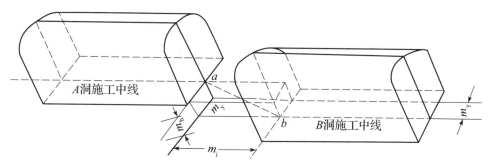

图 10-16　贯通误差示意图

10.6.2 贯通测量方法

平面贯通测量和高程贯通测量。前者是测定实际的横向和纵向贯通误差，测量方法随隧道内控制的形式而异：采用中线法施工的隧道贯通之后，应从相向测量的两个方向各自向贯通面延伸中线，并各钉一临时桩，量取两桩之间的距离，即得隧道的实际横向贯通误差，两临时桩的里程之差即为隧道的实际纵向贯通误差；若采用单导线作为洞内控制，贯通之后在贯通面上钉一临时桩，从相向测量的两个方向各自向临时桩进行支导线测量，分别测量临时桩点的平面坐标，将两组坐标的差值分别投影到贯通面上和隧道中线上，则贯通面上的投影即为横向贯通误差，在中线上的投影即为纵向贯通误差。高程贯通测量是测定实际的竖向贯通误差，通常采用水准测量方法，从隧道两端洞口附近的水准点开始，各自向洞内进行，分别测出贯通面上同一水准点的高程，其高程差即为实际的高程贯通误差。

10.6.3 隧道贯通测量作业流程与步骤

1.隧道贯通测量作业流程

进行贯通测量设计；建立洞外（地面）和高程控制；进行联系测量，布设洞口控制点或通过竖井、斜井、支洞将坐标方位角和高程传入洞内；敷设洞内基本导线、施工导线和水准路线，并随施工进展而不断延伸；在开挖层面上放样，标出拱顶、边墙和起拱线位置，立模后检测；测绘竣工断面。

2. 隧道贯通测量的工作步骤

（1）调查了解待贯通井巷的实际情况，根据贯通的容许偏差选择合理的测量方案与测量方法。对重要的贯通工程，要编制贯通测量设计书，进行贯通测量误差预计，以验证所选择的测量方案、测量仪器和方法的合理性。

（2）依据选定的测量方案和方法，进行施测和计算，每一施测和计算环节均须有独立可靠的检核，并将施测的实际测量精度与原设计书中要求的精度进行比较。若发现实测精度低于设计要求的精度，应分析其原因，采取提高实测精度的相应措施，返工重测。

（3）根据有关数据计算贯通巷道的标定几何要素，并实地标定巷道的中线和腰线。

（4）根据掘进巷道的需要，及时延长巷道的中线和腰线，定期进行检查测量，并按照测量结果及时调整中线和腰线。

（5）巷道贯通之后，应立即测量出实际的贯通偏差值，并将两端的导线连接起来，计算各项闭合差。此外，还应对最后一段巷道的中腰线进行调整。

（6）重大贯通工程完成后，应对测量工作进行精度分析与评定。

3. 贯通后实际偏差的测定

（1）平巷贯通时水平面内偏差的测定：用经纬仪把两端巷道的中心线都延长到巷道贯通接合面上，两中心线之间的距离就是贯通在水平面内的实际偏差。

（2）平巷贯通时竖直面内偏差的测定：用水准仪测量或三角高程测量方法连测两端巷道中的已知高程控制点，求出高程闭合差，它实际反映了贯通高程测量精度。

（3）竖井贯通后井中实际偏差的测定：竖井贯通后，可由地面上或由上水平的井中心挂重球到下水平，直接丈量出井筒中心之间的偏差值，即为竖井贯通的实际偏差值。

10.7 隧道竣工测量

隧道工程竣工后，为了检查工程是否符合设计要求，并为设备安装和运营管理提供基础信息，需要进行竣工测量，绘制竣工图。由于隧道工程位于地下，因此隧道竣工测量具有独特之处。验收时，注意检测隧道中心线；在隧道直线段每隔50m、曲线段每隔20m检测一点；地下永久性水准点至少设置两个，长隧道中每公里设置一个。

隧道竣工时，还要进行纵断面测量和横断面测量。纵断面应沿中线方向测定底板和拱顶高程，每隔 $10 \sim 20m$ 测一点，绘出竣工纵断面图，在图上套绘设计坡度线进行比较。直线隧道每隔10m、曲线隧道每隔5m测一个横断面。横断面测量可以用直角坐标法或极坐标法。如图 $10-17$（a）所示为用直角坐标法测量隧道竣工横断面。测量时，以横断面的中垂线为纵轴，以起拱线为横轴，量出起拱线至拱顶的纵距 x_i 和中垂线至各点的横距，还要量出起拱线至底板中心的高度 z' 等，依此绘制竣工横断面图。如图 10-17（b）所示为用极坐标法测量隧道竣工横断面。选用设有 0°～360° 刻度的圆盘，将圆盘上 0°～180° 刻度线的连线方向放在横断面中垂线的位置，圆盘中心的高程从底板中心高程量出。用长杆挑一皮尺，零端指向断面上某一点，量取该点至圆盘中心的长度，并在圆盘上读出角度，即可确定点位。在一个横断面上测定若干特征点便可绘出竣工横断面图。

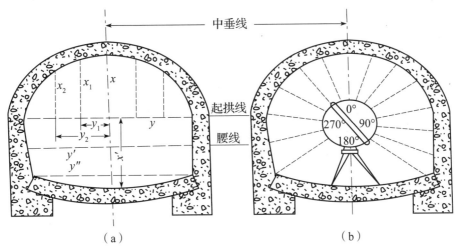

图 10-17 隧道竣工横断面测量

🔰 单元小结

1. 隧道施工测量的任务

隧道施工测量的任务是保证隧道各施工洞口相向开挖并能够按规定的精度正确贯通，保证各项建（构）筑物按照设计位置和尺寸修建，不得侵入限界。

2. 隧道施工测量的内容

隧道施工测量包括施工前洞外控制测量、洞外定向测量、施工中洞内测量及竣工测量。施工中洞内测量又包括洞内控制测量、中线测量、高程测量、断面测量及衬砌施工放样测量等。

3. 控制测量

名称	内容
平面控制测量	地面三角测量法、地面导线测量法、地面 GPS 测量法
地面高程控制测量	采用三、四等水准测量的方法施测

4. 地下导线测量

洞内导线测量与地面控制建立统一的坐标系统，根据导线点的坐标放样隧道中线，指示开挖方向，保证相向开挖的隧道在精度要求范围内贯通。在布设地下导线时最好采用分级布设的方法布设两种导线——主控导线和施工导线。

5. 竖井联系测量

（1）经过一个竖井定向（简称一井定向）。

（2）经过两个竖井定向（简称两井定向）。

（3）经过横洞（平坑）与斜井的定向。

（4）应用陀螺经纬仪定向。

6. 竖井传递高程

（1）用钢尺导入高程。

（2）光电测距仪导入高程。

7. 隧道贯通测量作业流程

进行贯通测量设计；建立洞外（地面）和高程控制；进行联系测量，布设洞口控制点或通过竖井、斜井、支洞将坐标方位角和高程传入洞内；敷设洞内基本导线、施工导线和水准路线，并随施工进展而不断延伸；在开挖层面上放样，标出拱顶、边墙和起拱线位置，立模后检测；测绘竣工断面。

8. 贯通测量的目的

使两个或多个掘进工作面能够按设计要求在预定地点正确接通。

单元 11 民用与工业建筑施工测量

学习目标

1. 熟悉建筑工程施工测量规范。
2. 能进行建筑方格网或建筑基线的测设。
3. 能进行建（构）筑物的定位与放线。
4. 能进行建筑基础施工测量。
5. 能进行墙体施工测量、轴线投测及标高传递。
6. 能进行工业建筑安装测量。
7. 能进行竣工总平面图的编绘以及变形监测。

11.1 建筑工程施工测量概述

11.1.1 施工测量的内容

各种建筑工程在施工阶段所进行的测量工作称为施工测量。施工测量的任务就是把图纸上设计的建（构）筑物的平面位置和高程，按设计和施工的要求在施工作业面上测设出来，作为施工的依据，并在施工过程中进行一系列测量工作，以指导和衔接各施工阶段和工种间的工作。施工测量贯穿于施工的始终。施工测量的内容包括：施工前施工控制网的建立；施工过程的测量，即施工期间将图纸上设计的建（构）筑物的平面位置和高程标定在实地上的测设工作；工程竣工后，测绘各种建成的建（构）筑物的实际情况的竣工测量；在施工和管理期间测定建（构）筑物在平面和高程方面产生的位移和沉降的变形观测。

11.1.2 施工测量的特点

1. 施工测量的精度

施工测量的精度要求比测绘地形图的精度要求更高，包括施工控制网的精度、建筑物轴线测设的精度和建（构）筑物细部放样的精度 3 个部分。控制网的精度是由建（构）筑物的定位精度和控制范围的大小所决定的，当定位精度要求较高和施工现场较大时，需要施工控制网具有较高的精度。建（构）筑物轴线测设的精度是指建（构）筑物定位轴线的位置对控制网、周围建筑物或建筑红线的精度，满足规范要求即可。建（构）筑物细部放样的精度是指建（构）筑物内部各轴线对定位轴线的精度。这种精度的高低取决于建（构）筑物的大小、材料、性质、用途及施工方法等因素。一般来说，高层建（构）筑物的放样精度要求高于低层建（构）筑物；钢结构建（构）筑物的放样精度要求高于钢筋混凝土结构建（构）筑物；永久性建（构）筑物的放样精度要求高于临时性建筑物；连续性自动化生产车间的放样精度要求高于普通车间；工业建筑的放样精度要求高于一般民用建筑；吊装施工方法对放样精度的要求高于现场浇筑施工方法。总之，应根据具体的精度要求进行放样。

2. 施工测量的进度计划

施工测量工作与测绘地形图不同，是一项独立的测量工作。施工测量的进度计划必须与工程建设的施工进度计划相一致，不能提前，也不能延后。提前往往不可能，因为施工作业面未出现时，无法给出施工标志；若过早给出施工标志，有可能还未到使用时标志就已经被损毁。当然，施工标志的给定不能落后于施工进度，没有标志则无法施工，不仅会影响施工进度，还会影响工程建设的工期。

11.1.3 建筑施工测量的原则

为了保证各个建（构）筑物的平面位置和高程都符合设计要求，施工测量也应遵循"从整体到局部，先控制后碎部"的原则。即在施工现场先建立统一的平面控制网和高程控制网，然后根据控制点的点位测设各个建（构）筑物的位置。施测时，为了避免施工测量错误，必须加强外业和内业的检核工作。

【职业素养】弘扬热爱测绘，乐于奉献，吃苦耐劳，不畏艰险的测绘精神，增强职业荣誉感，保质保量完成建筑工程施工测量。

11.2 建筑施工场地控制测量

11.2.1 施工控制网

在建筑施工场地上有各种建（构）筑物，且分布面较广，往往又不是同时开工兴建的。为了保证施工测量的精度和速度，使各个建（构）筑物的平面位置和高程均符合设计要求，形成统一的整体，应遵循"从整体到局部、先控制后碎部"的原则进行施工测量。施工控制网可以利用在勘测阶段建立的测图控制网。但由于在勘测阶段各种建（构）筑物的设计位置尚未确定，以及施工现场因平整场地会进行大量的土方填挖，可能破坏原来布置的控制点，因此，测图控制网在位置、密度和精度上难以满足施工测量放线的要求，对此，应在工程施工之前在原有测图控制网的基础上，为建（构）筑物的测设重新建立统一的施工控制网。

施工控制网分为平面控制网和高程控制网。

（1）平面控制网的布设形式应根据建筑总平面图、建筑场地的大小和地形、施工方案等因素来确定。对于地形起伏较大的山区或丘陵地区，常采用三角网或测边网；对于地形平坦但通视较困难的地区或建（构）筑物布置不很规则的区域，可采用导线网；对于地势平坦、建（构）筑物较多且布置比较规则和密集的工业场地或住宅小区，一般采用建筑方格网；对于地面平整的小型施工场地，常布置一条或几条建筑基线，组成简单的图形。

平面控制网应根据等级控制点进行定位、定向和起算，其等级和精度应符合下列规定：

1）建筑场地面积较大或重要工业区，宜建立相当于一级导线精度的平面控制网。

2）建筑场地较小或一般性建筑区，可根据需要建立相当于二、三级导线精度的平面控制网。

3）将原有控制网作为场区控制网时，应进行复测检查。

（2）建筑施工场地高程控制网应布设成闭合水准路线、附合水准路线或结点水准网形。高程测量的精度应满足设计要求。

11.2.2 建筑施工场地平面控制测量

1. 施工控制点的坐标换算

为了方便设计和施工放样，在建筑工程设计总平面图上，常采用施工坐标系（即假定坐标系）进行坐标表示，施工坐标系的原点设置于总平面图的西南角，以便使所有建（构）筑物的设计坐标均为正值，且坐标纵轴和横轴与主要建（构）筑物或主要管线的轴线平行或垂直。

在建立施工控制网以及进行建（构）筑物定位时，如果采用的施工坐标系（即假定坐标系）与测量坐标系不一致，在测设之前，必须将建筑方格网点和建（构）筑物的施工坐标系坐标换算成测量坐标系坐标。如图 11-1 所示，坐标换算的要素 x_o、y_o、α 一般由设计单位给出。(x_p, y_p) 设为 P 点在测量坐标系 XOY 中的坐标，(x'_p, y'_p) 为 P 点在施工坐标系 $X'O'Y'$ 中的坐标，则将施工坐标换算成测量坐标的计算公式为：

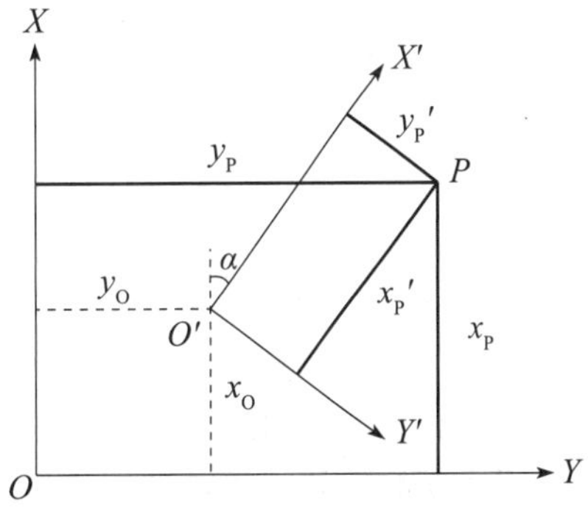

图 11-1 施工坐标系与测量坐标系

$$x_p = x_o + x'_p\cos\alpha - y'_p\sin\alpha$$
$$y_p = y_o + y'_p\sin\alpha - y'_p\cos\alpha \qquad (11-1)$$

反之，将测量坐标换算成施工坐标的计算公式为：

$$x'_p = (x_p - x_o)\cos\alpha + (y_p - y_o)\sin\alpha$$
$$y'_p = -(x_p - x_o)\sin\alpha + (y_p - y_o)\cos\alpha \qquad (11-2)$$

2. 平面控制网的布设形式

根据建筑工程的特点以及场地、地形条件等因素来确定控制网的布设形式。

（1）建筑基线。

1）建筑基线的布设形式与要求。

在面积不大、地势较平坦的建筑场地上，根据建（构）筑物的分布、场地地形等因素，布置一条或几条轴线，作为施工控制测量的基准线，简称建筑基线。建筑基线的布设形式有三点"一"字形、三点"L"字形、四点"T"字形及五点"十"字形等形式，如图 11 - 2 所示。布设时要求做到：建筑基线应平行或垂直于主要建（构）筑物的轴线，以便用直角坐标法进行测设；建筑基线相邻点间应互相通视，且点位不受施工影响；为了能长期保存，各点位要埋设永久性混凝土桩；基线点应不少于 3 个，以便检测建筑基线点有无变动。

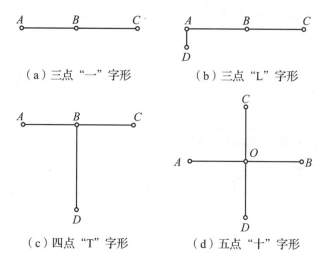

（a）三点"一"字形 　　　　　（b）三点"L"字形

（c）四点"T"字形 　　　　　（d）五点"十"字形

图 11 - 2　建筑基线的布设形式

2）建筑基线的测设方法。

① 根据建筑红线测设。由城市测绘部门测定的建筑用地界定基准线称为建筑红线。在城市建设区，建筑红线可作为建筑基线测设的依据。如图 11 - 3 所示，AB、AC 为建筑红线，1、2、3 为建筑基线点，利用建筑红线测设建筑基线的方法如下：

首先，从 A 点沿 AB 方向量取 d_2 定出 P 点，沿 AC 方向量取 d_1 定出 Q 点。然后，过 B 点作 AB 的垂线，沿垂线量取 d_1 定出 2 点，做出标志；过 C 点作 AC 的垂线，沿垂线量取 d_2 定出 3 点，做出标志；用细线拉出直线 P3 和 Q2，两条直线的交点即为 1 点，作出标志。最后，在 1 点安置经纬仪，精确观测 $\angle 213$，其与 90° 的差值应小于 ±20″。

② 根据测量控制点测设。对于新建筑区，建筑场地上没有建筑红线作为依据时，可根据建筑基线点的设计坐标和附近已有控制点的关系算出放样数据，然后放样。如图 11 - 4 所示，1、2、3 为设计选定的建筑基线点，A、B 为其附近的已知控制点。首先根据已知控制点和待测设基线点的坐标关系反算出测设数据 β_1、d_1、β_2、d_2、β_3、d_3，然后用经纬仪和钢尺采用极坐标法（也可用其他方法）测设 1、2、3 点。

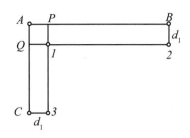

图 11-3　根据建筑红线测设建筑基线

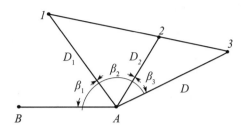

图 11-4　根据测量控制点测设建筑基线

3）建筑基线的调直方法。由于存在测量误差，测设的基线点往往不在同一直线上，且点与点之间的距离与设计值也不完全相符，因此，需要精确测出已测设直线的折角 β' 和距离 D'，并与设计值相比较。如图 11-5 所示，如果 $\Delta\beta=\beta'-180°$ 超过 $\pm15''$，则应对 A'、O'、B' 点在与基线垂直的方向上进行等量调整，调整量按下式计算：

$$\delta = \frac{ab}{a+b} \times \frac{\Delta\beta}{2\rho} \qquad (11-3)$$

式中：δ——各点的调整值，m。

如果测设距离超限，如 $\dfrac{\Delta D}{D}=\dfrac{D'-D}{D}>\dfrac{1}{10\,000}$，则以 O 点为准，按设计长度沿基线方向调整 OA、OB。

以上调整应反复进行，直到误差在允许范围之内为止。

（2）建筑方格网。

由正方形或矩形组成的施工平面控制网称为建筑方格网，或称矩形网，如图 11-6 所示。建筑方格网适用于按矩形布置的建筑群或大型建筑场地。

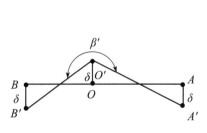

图 11-5　建筑基线的调直方法

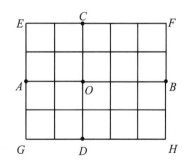

图 11-6　建筑方格网

1）建筑方格网的布设。应根据建（构）筑物、道路、管线的分布位置，结合场地的地形情况，先选定方格网的主轴线，再全面布设方格网。布设要求除与建筑基线基本相同外，还必须做到：方格网的主轴线应尽量选在建筑场地的中央，并与总平面图上所设计的主要建（构）筑物轴线平行或垂直；方格网的折角为 90°，其测设限差应在 $90°\pm5''$ 以内；方格网的边长一般为 100～300m。如图 11-6 所示，布设时，先选定方格网的主轴线 AOB 和 COD，并使其尽可能通过建筑场地中央且与主要建（构）筑物轴线平行，再全面布设成方格网。

2）建筑方格网的测设。

① 主轴线测设。主轴线测设与建筑基线测设方法相似。如图 11-6 所示，先准备测设数据。再测设两条互相垂直的主轴线 *AOB* 和 *COD*，主轴线实质上是由 5 个主点 *A*、*B*、*O*、*C* 和 *D* 组成的。最后，精确检测主轴线点的相对位置关系，并与设计值相比较，如果超限，则应进行调整。

② 方格网点测设。如图 11-6 所示，主轴线测设后，分别在主点 *A*、*B* 和 *C*、*D* 安置经纬仪，后视主点 *O*，向左右测设 90° 水平角，即可交会出田字形方格网点。随后再进行检核，测量相邻两点间的距离是否与设计值相等，测量其角度是否为 90°，误差均应在允许范围内，并埋设永久性标志。

若建筑方格网轴线与建（构）筑物轴线平行或垂直，可用直角坐标法进行建（构）筑物的定位。该方法的优点是计算简单，测设比较方便，而且精度较高；缺点是必须按照总平面图布置，其点位易被破坏，而且测设工作量也较大。

11.2.3 建筑场地的高程控制测量

高程控制网可分为首级网和加密网，相应水准点分别称基本水准点和施工水准点。建筑施工场地的高程控制测量应与国家高程控制系统联测，以便建立统一的高程系统，并在整个施工场地内建立可靠的水准点，形成水准网。水准点应布设在土质坚实、不受震动影响、便于长期使用的地点，并埋设永久标志；水准点亦可设置在建筑基线或建筑方格网点的控制桩面上，并在桩面设置一个凸出的半球状标志。场地水准点的间距应小于 1km；水准点距离建（构）筑物不宜小于 25m，距离回填土边线不宜小于 15m。水准点的密度（包括临时水准点）应满足测量放线要求，尽量做到设一个测站即可测设出待测的水准点。水准网应布设成闭合水准路线、附合水准路线或结点网形。中小型建筑场地一般可按四等水准测量方法测定水准点的高程；对于需要进行连续性生产的车间，则需要用三等水准测量方法测定水准点高程；当场地面积较大时，可将高程控制网分为首级网和加密网两级来布设。具体要求：对于基本水准点，一般的建筑场地埋设 3 个，按三、四等水准测量要求，将其布设成闭合水准路线，位置应设在不受施工影响之处。对于施工水准点，应靠近建（构）筑物，以便直接测设建（构）筑物的高程，通常设在建筑方格网桩点上。

11.3 民用建筑施工测量

11.3.1 民用建筑施工测量的准备工作

民用建筑是指住宅、办公楼、食堂、商场、俱乐部、医院和学校等建（构）筑物，分为单层、多层和高层等类型。施工测量的任务是按照设计要求，把建（构）筑物的位置测设到地面上，并配合施工进程进行放样与检测，以确保工程施工质量。进行施工测量之前，应按照施工测量规范要求选定所用测量仪器和工具，并进行检验与校正。另外，必须做好以下准备工作：

1. 熟悉设计图纸

设计图纸是施工测量的依据，在测设前应认真阅读设计图纸及其有关说明，了解施工的建（构）筑物与相邻地物间的位置关系，理解设计意图。对有关尺寸应仔细核对，以免出现差错。与测设有关的设计图纸如下：

（1）建筑总平面图。它是建筑施工放样的总体依据，建（构）筑物就是根据总平面图上所给的尺寸关系进行定位的，如图 11-7 所示。

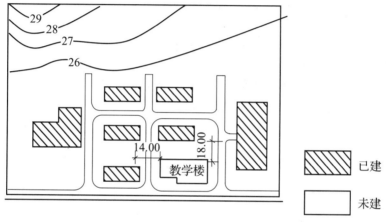

图 11-7　建筑总平面图

（2）建筑平面图。给出建（构）筑物各定位轴线间的尺寸关系及室内地坪标高等，如图 11-8 所示。

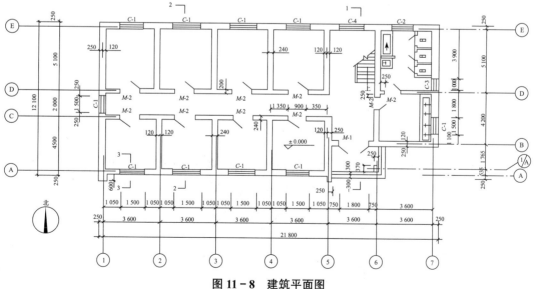

图 11-8　建筑平面图

（3）基础平面图。给出基础边线和定位轴线的平面尺寸和编号，如图 11 - 9 所示。

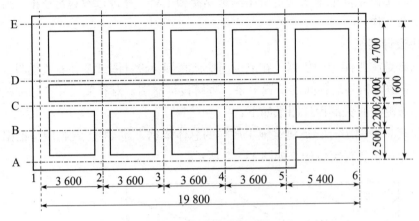

图 11 - 9　基础平面图

（4）基础详图。给出基础的立面尺寸、设计标高以及基础边线与定位轴线的尺寸关系，是基础施工放样的依据，如图 11 - 10 所示。

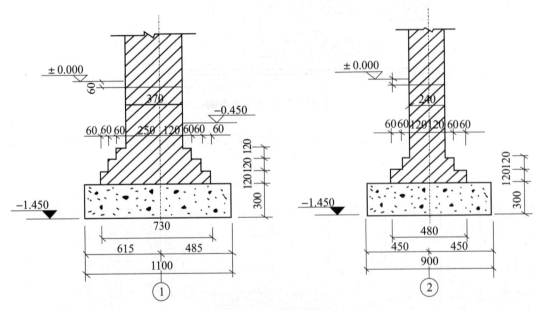

图 11 - 10　基础详图

（5）立面图和剖面图。在建（构）筑物的立面图和剖面图中，可以读出基础、地坪、门窗、楼板、屋面等设计高程，是高程测设的主要依据。

在熟悉上述主要图纸的基础上，要认真核对各种图纸的总尺寸与各部分尺寸之间的关系是否正确，防止测设时出现差错。

2. 现场踏勘

现场踏勘的目的是掌握现场的地物、地貌和原有测量控制点的分布情况，明确与施工测量相关的一系列问题，对测量控制点的点位和已知数据认真地进行检查与复核，为施工测量获得正确的测量起始数据和点位。

3. 确定测设方案

根据建筑总平面图给定的建（构）筑物位置以及现场测量控制点的情况，按照建筑设计与测量规范要求拟定测设方案，并绘制施工放样略图。在略图上标出建（构）筑物各轴线间的主要尺寸及有关测设数据，供现场施工放样时使用。

11.3.2 | 民用建（构）筑物的定位

建（构）筑物的定位是根据设计图纸将建（构）筑物外墙的轴线交点（也称角点）测设到实地，作为建（构）筑物基础放样和细部放线的依据。由于设计方案不同，其建（构）筑物的定位方法也不一样，主要有以下 3 种情况：

1. 根据与原有建（构）筑物的关系定位

在建筑区内新建或扩建建（构）筑物时，通常会在设计图上给出新建（构）筑物与附近原有建（构）筑物或道路中心线的位置关系。

（1）如图 11 – 11 所示，用钢尺沿宿舍楼的东、西墙延长出一小段距离 *l*，得 *a*、*b* 两点，并做标志。

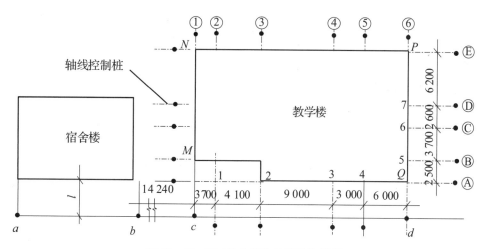

图 11 – 11 建（构）筑物的定位和放线

（2）在 *a* 点安置经纬仪，瞄准 *b* 点，并从 *b* 点沿 *ab* 方向量取 14.240m（因为教学楼的外墙厚 370mm，轴线偏里，离外墙皮 240mm），定出 *c* 点，做出标志，再沿 *ab* 方向从 *c* 点起量取 25.800m，定出 *d* 点，作出标志，*cd* 线就是测设教学楼平面位置的建筑基线。

（3）分别在 *c*、*d* 两点安置经纬仪，瞄准 *a* 点，顺时针方向测设 90°，沿此视线方向量取距离 *l*+0.240m，定出 *M*、*Q* 两点，做出标志，再量取 15.000m，定出 *N*、*P* 两点，做出标志。*M*、*N*、*P*、*Q* 四点即为教学楼外廓定位轴线的交点。

（4）检查 *NP* 的距离是否等于 25.800m，∠*N* 和 ∠*P* 是否等于 90°，其误差应在允许范围内。

如施工场地已有建筑方格网或建筑基线，可直接采用直角坐标法进行定位。

2. 根据建筑方格网定位

在建筑场地上，已建立建筑方格网，且设计建（构）筑物轴线与方格网边线平行或垂直，则可根据设计的建（构）筑物拐角点和附近方格网点的坐标，用直角坐标法在现场测设。如图 11-12 所示，由 A、B、C、D 点的坐标可算出建（构）筑物的长度 $AB=a$ 和宽度 $AD=b$，以及 MA'、$B'N$ 和 AA'、BB' 的长度。测设建（构）筑物定位点 A、B、C、D 时，首先把经纬仪安

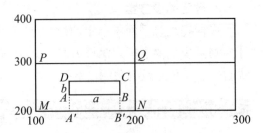

图 11-12　根据建筑方格网定位

置在方格网点 M 上，照准 N 点，沿视线方向自 M 点用钢尺量取 MA' 得 A' 点，量取 $A'B'=a$ 得 B' 点，再由 B' 点沿视线方向量取长度 $B'N$ 以做校核。然后安置经纬仪于 A' 点，照准 N 点，向左测设 90°，并在视线上量取 $A'A$ 得 A 点，再由 A 点沿视线方向继续量取建（构）筑物的宽度 b 得 D 点。最后安置经纬仪于 B' 点，同法定出 B、C 点。为了校核，应用钢尺丈量 AB、CD 及 BC、AD 的长度，看其是否等于建（构）筑物的设计长度。

3. 根据控制点的坐标定位

在建筑场地附近，如果有测量控制点可以利用，应根据控制点坐标及建（构）筑物定位点的设计坐标，反算出角度与距离，然后采用极坐标法或角度交会法将建（构）筑物测设到地面上。

11.3.3 建（构）筑物的放线

建（构）筑物的放线是指根据已定位的外墙主轴线交点桩及建（构）筑物平面图，详细测设出建筑物各轴线的交点位置，并设置交点中心桩；然后根据各交点中心桩沿轴线用白灰撒出基槽开挖边界线，以便进行开挖施工。由于基槽开挖后，各交点桩将被挖掉，为了便于在施工中恢复各轴线位置，应把各轴线延长到基槽外的安全地点，设置控制桩或龙门板，并做好标志。

1. 测设建（构）筑物定位轴线交点桩

根据建（构）筑物的主轴线，按建筑平面图所标尺寸将建（构）筑物各轴线交点位置测设于地面，并用木桩标定出来，称为交点桩。如图 11-13 所示，M、N 为通过建（构）筑物定位所标定的主轴线点。将经纬仪安置于 M 点，瞄准 N 点，按顺时针方向测设 90° 角，沿此方向量取建筑物宽，定出 R 点。同法可测出其余外墙轴线交点 O、P、Q。R、O、P、Q 点可用木桩作点位标志。定出各角点后，要通过钢尺丈量复核各轴线交点间的距离，并与设计长度比较，误差不得超过 1/2 000。然后根据建筑平面图上各轴线之间的尺寸，测设建（构）筑物其他轴线相交的中心桩的位置（如图 11-13 中的点 1、2、3…），并用木桩标定。

2. 测设轴线控制桩

轴线控制桩设置在基槽外基础轴线的延长线上，离基槽外边线的距离可根据施工场

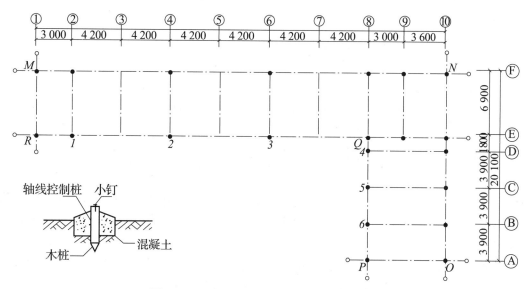

图 11 - 13　测设建（构）筑物定位轴线交点桩

地的条件来定。一般条件下，轴线控制桩离基槽外边线的距离可取 2～4m，并用木桩作点位标志；为了便于多、高层建（构）筑物向上引测轴线，便于机械化施工作业，可将轴线控制桩设在离建（构）筑物稍远的地方，如附近有已建固定建（构）筑物，最好把轴线投测到固定建筑物顶上或墙上，并做好标志。为了保证控制桩的精度，施工中最好将控制桩与交点桩一起测设。

3. 设置龙门板

在一般民用建筑中，常在基槽开挖线以外一定距离处钉设龙门板，如图 11 - 14 所示。

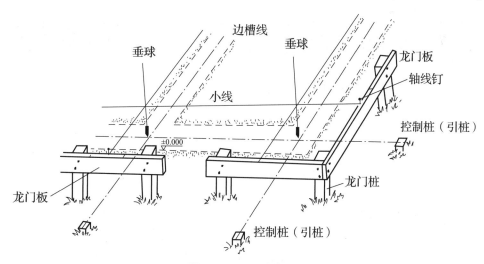

图 11 - 14　设置龙门板

设置龙门板的步骤和要求如下：

（1）在建（构）筑物四角与内纵、横墙两端基槽开挖边线以外约 1～2m（根据土质情况和挖槽深度确定）处钉设龙门桩，龙门桩要钉得竖直、牢固，木桩侧面应与基槽平行。

（2）根据建（构）筑物场地水准点，在每个龙门桩上测设 ±0 标高线。若现场条件不许可，也可测设比 ±0 标高高或低一定数值的标高线。但对于同一个建（构）筑物最好只选用一个标高。如地形起伏较大，需选用两个标高时，一定要标注清楚，以免使用时发生错误。

（3）沿龙门桩上测设的高程线钉设龙门板，这样，龙门板顶面的标高就在一个水平面上了。龙门板顶面的标高误差范围应在 ±5mm。

（4）根据轴线桩用经纬仪将墙、柱的轴线投射到龙门板顶面上，并钉小钉标明，称为轴线钉。投点误差为 ±5mm。

（5）用钢尺沿龙门板顶面检查轴线钉的间距，其相对误差不应超过 1/2 000。经检核合格后，以轴线钉为准，将墙宽、基槽宽标在龙门板上，最后根据基槽上口宽度拉线并撒出基槽开挖灰线。

随着建筑技术的发展，建（构）筑物的造型格调从单一的矩形向"S"面形、扇面形、圆筒形、多面体形等复杂的几何图形发展，给建（构）筑物的放样定位带来了一定的困难。针对这种情况，极坐标法是较为灵活且实用的放样定位方法。具体做法：首先将设计要素（如轮廓坐标、曲线半径、圆心坐标等）与施工控制网点建立关系，计算其方向角及边长，以施工控制网点作为工作控制点，按计算所得的方向角和边长逐一测定点位。将所有建（构）筑物的轮廓点位定出后，再检查是否满足设计要求。

总之，测量人员可根据施工场地的具体条件和建（构）筑物几何图形的繁简情况，选择最合适的工作方法进行放样定位。

11.4 基础施工测量

11.4.1 基槽与基坑抄平

1. 基槽开挖边线放线

在基础开挖前，按照基础详图上的基槽宽度和上口放坡的尺寸，由中心桩向两边各量出开挖边线尺寸，并做好标记；然后在基槽两端的标记之间拉一细线，沿着细线用白灰撒出基槽边线，施工时按此线进行开挖。

2. 基坑抄平（测设水平桩）

（1）设置水平桩。为了控制基槽的开挖深度，当快挖到槽底设计标高时，应用水准仪根据地面上的 ±0.000m 点，在槽壁上测设一些水平小木桩（称为水平桩），如图 11 - 15 所示，使木桩的上表面离槽底的设计标高为一固定值（如 0.500m）。

为了施工时使用方便，一般在槽壁各拐角处、深度变化处和基槽壁上每隔 3 ~ 4m 测设一水平桩。

水平桩可作为挖槽深度，以及修平槽底和基础垫层的依据。

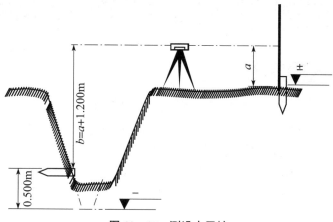

图 11-15　测设水平桩

（2）水平桩的测设方法。如图 11-15 所示，槽底设计标高为 −1.700m，欲测设比槽底设计标高高 0.500m 的水平桩，测设方法如下：

1）在地面适当地方安置水准仪，在 ±0 标高线位置上立水准尺，读取后视读数为 1.318m。

2）计算测设水平桩的应读前视读数 $b_{应}$：

$$b_{应} = 1.318 - (-1.700 + 0.500) = 2.518m$$

3）在槽内一侧立水准尺，并上下移动，直至水准仪视线读数为 2.518m 时，沿水准尺尺底在槽壁打入一小木桩。

11.4.2 基础施工测量

1. 垫层中线的投测

基础垫层打好后，根据轴线控制桩或龙门板上的轴线钉，用经纬仪或拉绳挂锤球的方法把轴线投测到垫层上，如图 11-16 所示，并用墨线弹出墙中心线和基础边线，作为砌筑基础。

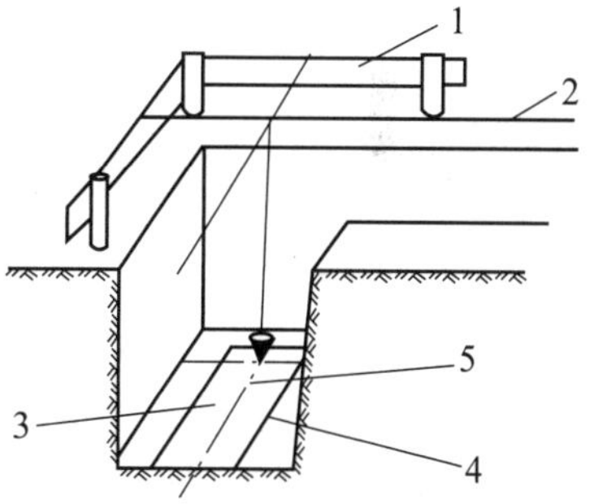

2. 垫层面标高的测设

垫层面标高的测设是以槽壁水平桩为依据在槽壁弹线，或在槽底打入小木桩进行控制。如果垫层需支架模板，则可以直接在模板上弹出标高控制线。

图 11-16　垫层中线的投测
1—龙门板；2—细线；3—垫层；
4—基础边线；5—墙中线

3. 基础墙标高控制

墙中心线投测在垫层上，用水准仪检测各墙角垫层面标高后，即可开始基础墙（±0.000m 以下的墙）的砌筑。基础墙的高度是用基础皮数杆来控制的。基础皮数杆由一根木杆制成，在杆上事先按照设计尺寸将每皮砖和灰缝的厚度一一画出，每五皮砖注上皮数（基础皮数杆的层数从 ±0.000m 向下注记），并标明 ±0.000m 和防潮层等的标高位置。

【职业素养】基础测量工作，要求严谨求实，细致及时，确保成果质量。

11.5 墙体施工测量

11.5.1 墙体轴线的投测

如图 11 - 17 所示，基础墙砌筑到防潮层后，借助轴线控制桩或龙门板上的轴线和墙边线标志，用经纬仪或用拉细线绳挂锤球的方法将轴线投测到基础面或防潮层上，然后用墨线弹出墙中线和墙边线。检查外墙轴线交角是否等于 90°，符合要求后，把墙轴线延伸到基础墙的侧面上并画出标志，作为向上投测轴线的依据。同时，在外墙基础面上画出门、窗和其他洞口的边线标志。

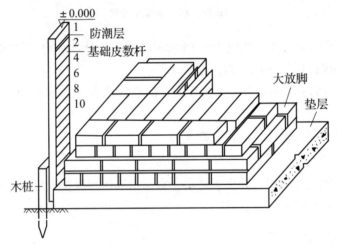

图 11 - 17　基础墙标高控制

11.5.2 墙体各部位标高控制

在墙体砌筑施工中，墙身上各部位的标高通常是用皮数杆来控制和传递的。皮数杆应根据建（构）筑物剖面图画出每块砖和灰缝的厚度，并注明墙体上窗台、门窗洞口、过梁、雨篷、圈梁、楼板等构件的高度和位置，如图 11 - 18 所示。在墙体施工中，可用皮数杆控制墙身各部位构件的准确位置，并保证每批砖灰缝厚度均匀，并处于同一水平面上。皮数杆一般立在建（构）筑物拐角和隔墙处。立皮数杆时，先在地面上打一木桩，用水准仪测出 ±0.000 标高位置，并画一横线作为标志；然后把皮数杆上的 ±0.000 线与木桩上的 ±0.000 线对齐，钉牢。皮数杆钉好后要用水准仪进行检测，并用垂球来校正皮数杆的垂直度。当墙砌到窗台时，要在外墙面上根据房屋的轴线量出窗台的位置，以便砌墙时预留窗洞的位置。通常，设计图上的窗口尺寸要比实际窗户的尺寸大 2cm，因此，按设计图上的窗洞尺寸砌墙即可。

为了施工方便，采用里脚手架砌砖时，皮数杆应立在墙外侧；采用外脚手架时，皮数杆应立在墙内侧；如是框架或钢筋混凝土柱间墙，可不立皮数杆，而是将每层皮数杆直接画在构件上。

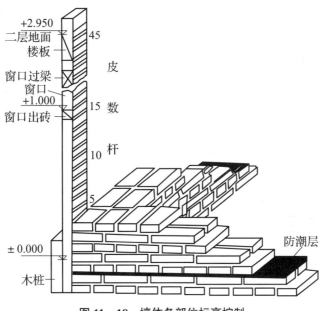

图 11 - 18　墙体各部位标高控制

墙体砌筑到一定高度后（1.5m左右），应在内外墙上测设出 +0.500m 标高的水平基线，称为 +50 线。外墙 +50 线作为向上传递各楼层的标高依据；内墙 +50 线作为室内地面施工及室内装修的标高依据。

多层建筑施工时，要将标高由下至上传递到新的施工楼层，以便使新楼层墙体的标高符合设计要求。标高传递可利用皮数杆或悬吊钢尺按水准测量原理将高程传递上去。墙的竖直用托线板（见图 11-19）进行校正，将托线板的侧面紧靠墙面，看托线板上的垂球线是否与板的墨线重合，如果有偏差，可以校正砖的位置。

图 11 - 19　托线板

现代化建筑的特征是从小块砖石材料的砌筑过渡到大块材料。用大块材料建造房屋时，要按施工图进行装配，施工图上应表示出大块材料的说明及位置。基础建成以后，块料及其连接缝的放样应在固定于基础上的木板上进行。这种木板设置在各个屋角和若干连接墙上，木板上的高程要用水准仪来测设。用块料筑成的每一楼层都要用水准仪进行检核。

11.6　高层建筑施工测量

11.6.1　高层建筑施工测量的特点和任务

高层建筑的特点是层数多，高度高，结构复杂。因结构竖向偏差会直接影响工程受力情况，故在施工测量中对竖向投点的精度要求很高，所选用的仪器和测量方法要适应结构类型、施工方法和场地情况。由于高层建筑结构复杂，设备和装修标准较高，特别是高速电梯的安装等，因此对施工测量精度的要求亦较高，一般情况会在设计图纸中说明，包括各项允许偏差值，施工测量误差必须控制在允许偏差值以内。因此，面对建筑平面、立面造型的复杂多变，要求在工程开工前确定施工测量方案，包括仪器配置及测量人员分工，方案须经工程指挥部组织有关专家论证后方可实施。

高层建筑施工测量的主要任务是将建（构）筑物的基础轴线准确地向高层引测，并保证各层相应的轴线位于同一竖直面内，要控制与检核轴线向上投测的竖向偏差每层不超过5mm，全楼累计不大于20mm；在高层建筑施工中，要由下层楼面向上层传递高程，以使上层楼板、门窗口、室内装修等工程的标高符合设计要求。

11.6.2 轴线投测

轴线投测关键：控制竖向偏差，即精确向上引测轴线。

1. 经纬仪投测法

高层建（构）筑物的平面控制网和主轴线是根据复核后的红线桩或平面控制坐标点来测设的，平面控制网的控制轴线包括建（构）筑物的主轴线，间距为 30 ～ 50m，并组成封闭图形，对其量距精度要求较高，且向上投测的次数越多，对距离测设精度要求越高，一般不得低于 1/10 000，测角精度不得低于 20″。高层建（构）筑物的基础工程完工后，须用经纬仪将建（构）筑物的主轴线（又称中心轴线）精确地投测到建（构）筑物底部侧面，并设标志，以供下一步施工与向上投测之用。另以主轴线为基准，重新把建（构）筑物角点投测到基础顶面，并对原来所作的柱列轴线进行复核。然后分量各开间柱列轴线间的距离，往返丈量距离的精度要求与基础轴线测设精度相同。随着建（构）筑物的升高，要逐层将轴线向上投测传递，如图 11 - 20（a）所示，向上投测传递轴线时，是将经纬仪安置在远离建（构）筑物的轴线控制桩 A_1、A_1' 和 B_1、B_1' 上，分别以正、倒镜两个盘位照准建（构）筑物底部侧面所设的轴线标志 a_1、a_1' 和 b_1、b_1'，向上投测到每层楼面上，取正、倒镜两投测点的中点，即得投测在该层上的轴线点 a_2、a_2' 和 b_2、b_2'。a_2a_2' 和 b_2b_2' 两线的交点 O_2 即为该层楼面的投测中心。当建（构）筑物层数增至一定高度时（一般为 10 层以上），经纬仪向上投测的仰角增大，投点误差也随着增大，投点精度降低，且不方便观测和操作。因此，必须将主轴线控制桩引测到远处的稳固地点或附近大楼的屋面上，如图 11 - 20（b）所示。所选轴线控制桩的位置距建（构）筑物宜控制在（0.8 ～ 1.5）H（m）外（H 为建（构）筑物总高），以减小仰角。

为了保证投测质量，必须对经纬仪进行检验校正，尤其是照准部水准管轴应精确垂直于仪器竖轴。投测时，应精密整平。为避免日照、风力等不良影响，宜在阴天、无风时进行投测。

2. 激光铅垂仪投测法

激光铅垂仪是一种用于铅直定位的专用仪器，适用于高层建筑、烟囱和高塔架的铅直定位测量，主要由激光管、竖轴、水准管和基座等部件组成，基本构造如图 11 - 21 所示。

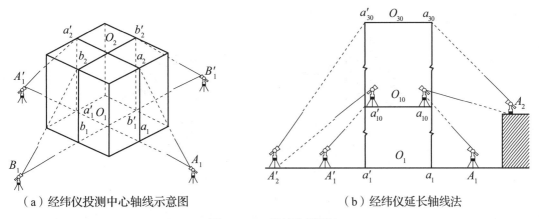

（a）经纬仪投测中心轴线示意图　　　　　　　（b）经纬仪延长轴线法

图 11-20　经纬仪投测法

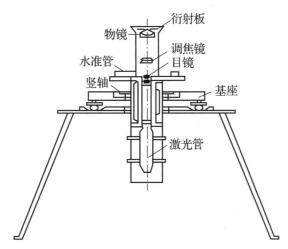

图 11-21　激光铅垂仪

　　激光器通过两组固定螺钉固装在套筒内。竖轴是一个空心轴，两端有螺扣，激光器套筒安装在下端（或上端），发射望远镜装在上端（或下端），即构成向下（或向上）发射的激光铅直仪。仪器上设置有两个互成 90° 的管水准器，分划值一般为 20″/mm。仪器配有专用激光电源，使用时利用激光器底端（全反射棱镜端）所发射的激光束进行对中，通过调节基座整平螺旋，使管水准器气泡严格居中，从而使发射的激光束铅垂。为了将建（构）筑物轴线投测到各层楼面上，根据梁、柱的结构尺寸，投测点距轴线 500～800mm 为宜。每条轴线至少需要两个投测点，其连线应严格平行于原轴线。为了使激光束能从底层直接达到顶层，需在各层楼面的投测点处预留孔洞，或利用通风道、垃圾道以及电梯升降道等。如图 11-22 所示，将激光铅垂仪安置于底层测站点 O，进行严格对中、整平，接通电源，激光器发射铅垂激光束，作为铅垂基准线。通过发射望远镜调焦，使激光束会聚成红色耀目光斑，投射到上层施工楼面预留孔的绘有坐标网的接收靶 P 上，水平移动接收靶 P，使靶心与红色光斑重合，靶心位置即为测站点 O 的铅垂投影位置，并以此作为该层楼面上的一个控制点。

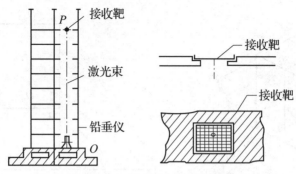

图 11 - 22　激光束发射至接收靶

当建（构）筑物不太高（一般在 100m 以内），且垂直控制测量精度要求不太高时，亦可用重锤法代替激光铅垂仪法投测。悬挂重锤的钢丝表示铅垂线，重锤重量随施工楼面高度而异，高度在 50m 以内时重锤重量约 15kg，100m 以内时重锤重量约 25kg，钢丝直径为 1mm。投测时，重锤浸在废机油中并采取挡风措施，以减少摆动。此外，配有 90° 弯管目镜的经纬仪也可作为光学铅垂仪使用，其原理与激光铅垂仪一样，不同之处在于一个呈现激光斑，一个呈现光学视线点。

3. 吊线坠法

吊线坠法是利用钢丝悬挂重锤球的方法进行轴线竖向投测。这种方法一般用于高度为 50 ～ 100m 的高层建筑施工中，锤球的重量为 10 ～ 20kg，钢丝的直径为 0.5 ～ 0.8mm。投测时，在预留孔上面安置十字架，挂上锤球，对准首层预埋标志。当锤球线静止时，固定十字架，并在预留孔四周做标记，作为以后恢复轴线及放样的依据。此时，十字架中心即为轴线控制点在该楼面上的投测点。

用吊线坠法实测时，要采取一些必要措施，如用铅直的塑料管套着坠线或将锤球浸于油中，以减少摆动。

11.6.3 ┃ 高层建筑高程传递

1. 利用皮数杆传递高程

在皮数杆上自 ±0.000m 标高处起，门窗口、过梁、楼板等构件的标高都已注明。一层楼砌好后，则从一层皮数杆起一层一层往上接。

2. 利用钢尺直接丈量

在标高精度要求较高时，可用钢尺沿某一墙角自 ±0.000m 标高处起向上直接丈量，把高程传递上去。然后根据下层传递上来的高程立皮数杆，作为该层墙身砌筑和安装门窗、过梁及室内装修、地坪抹灰等环节控制标高的依据。

3. 悬吊钢尺法

在楼梯间悬吊钢尺，钢尺下端挂重锤，使钢尺处于铅垂状态，通过水准仪在下面与上面楼层分别读数，按水准测量原理将高程传递上去。

11.7 工业建筑施工测量

11.7.1 工业建筑施工测量概述

工业建筑多以厂房为主体，分单层和多层厂房。目前，我国较多采用预制钢筋混凝土柱装配式单层厂房。其施工中的测量工作包括：厂房矩形控制网测设、厂房柱列轴线放样、杯形基础施工测量、厂房构件与设备的安装测量等。与民用建筑施工测量一样，在进行施工放样前，应做好准备工作，熟悉各种图纸。另外，还必须做好以下两项工作：

1. 制订厂房矩形控制网放样方案并计算放样数据

厂区已有控制点的密度和精度往往不能满足厂房放样的需要，因此，对于每幢厂房，还应在厂区控制网的基础上建立满足厂房外形轮廓及厂房特殊精度要求的独立矩形控制网，作为厂房施工测量的控制基础。

对于一般的中小型工业厂房，在其基础的开挖线以外约 4m 处测设一个与厂房轴线平行的矩形控制网，即可满足放样的需要。对于小型厂房，也可采用民用建筑定位的方法进行控制。对于大型厂房或设备基础复杂的工业厂房，为了使厂房各部分精度一致，需先测设主轴线，再根据主轴线测设矩形控制网。

厂房矩形控制网的放样方案是根据厂区平面图、厂区控制网和现场地形情况等资料制订的。主要内容包括确定主轴线、矩形控制网、距离指标桩的点位及其测设方法和精度要求等。在确定主轴线及矩形控制网的位置时，必须保证控制点能长期保存，因此要避开地上和地下管线，并与建（构）筑物基础开挖边线保持 1.5 ～ 4m 的距离。距离指标桩的间距一般为柱子间距的整数倍，但不超过所用钢尺的长度。矩形控制网可根据厂区建筑方格网用直角坐标法进行放样。

2. 绘制放样略图

根据设计总平面图和施工平面图，按一定比例绘制施工放样略图。图上标注厂房矩形控制网点相对于建筑方格网点的平面尺寸。

认真核对控制点点位及有关数据，进行现场踏勘，拟定施工放样计划，并对测量仪器进行检验与校正。

11.7.2 厂房矩形控制网的测设

工业厂房一般应建立厂房矩形控制网，作为厂房施工测设的依据。下面介绍根据建筑方格网，采用直角坐标法测设厂房矩形控制网的方法。

如图 11-23 所示，H、I、J、K 点是厂房的房角点，从设计图中已知 H、J 点的坐标。S、P、Q、R 点为布置在基础开挖边线以外的厂房矩形控制网的 4 个角点，称为厂房控制桩。厂房矩形控制网的边线到厂房轴线的距离为 4m，厂房控制桩 S、P、Q、R 的坐标可按厂房角点的设计坐标加或减 4m 算得。

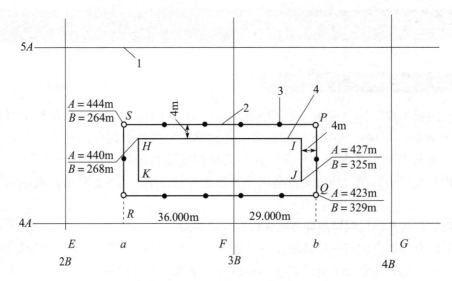

图 11 – 23　厂房矩形控制网的测设

1—建筑方格网；2—厂房矩形控制网；3—距离指标桩；4—厂房

测设方法如下：

1. 计算测设数据

根据厂房控制桩 S、P、Q、R 的坐标，计算利用直角坐标法进行测设时所需的测设数据，计算结果标注在图 11 – 23 中。

2. 厂房控制点的测设

（1）从 F 点起沿 FE 方向量取 36m，定出 a 点；沿 FG 方向量取 29m，定出 b 点。

（2）在 a 点与 b 点安置经纬仪，分别瞄准 E 点与 F 点，顺时针方向测设 90°，形成两条视线，沿视线方向量取 23m，定出 R 点和 Q 点。再向前量取 21m，定出 S 点和 P 点。

（3）为了便于细部测设，在测设矩形控制网的同时，可沿控制网测设距离指标桩，距离指标桩的间距一般等于柱子间距的整倍数。

3. 检查

（1）检查 $\angle S$、$\angle P$ 是否等于 90°，其误差不得超过 ±10″。

（2）检查 SP 是否等于设计长度，其误差不得超过 1/10 000。

以上这种方法适用于中小型厂房，对于大型或设备复杂的厂房，应先测设厂房控制网的主轴线，再根据主轴线测设厂房矩形控制网。

11.7.3　厂房柱列轴线测设与柱基施工测量

1. 厂房柱列轴线测设

根据厂房平面图所注的柱间距和跨距尺寸，用钢尺沿矩形控制网各边量出各柱列轴线控制桩的位置，如图 11 – 24 中的 1′、2′、…，并打入大木桩，桩顶用小钉标出点位，作为柱基测设和施工安装的依据。丈量时应以相邻的两个距离指标桩为起点分别进行，以便检核。

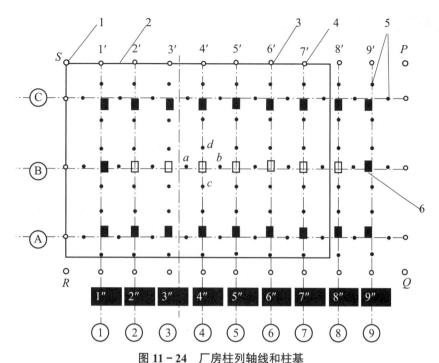

图 11 - 24　厂房柱列轴线和柱基

1—厂房控制桩；2—厂房矩形控制网；3—柱列轴线控制桩；
4—距离指标桩；5—定位小木桩；6—柱基

2. 柱基定位和放线

（1）安置两台经纬仪，在两条互相垂直的柱列轴线控制桩上，沿轴线方向交会出各柱基的位置（即柱列轴线的交点），此项工作称为柱基定位。

（2）在柱基的四周的轴线上打入 4 个定位小木桩 a、b、c、d，如图 11 - 24 所示，其桩位应在基础开挖边线以外且比基础深度大 1.5 倍的地方，作为修坑和立模的依据。

（3）按照基础详图所注尺寸和基坑放坡宽度，用特制角尺放出基坑开挖边界线，并撒出白灰线以便开挖，此项工作称为基础放线。

（4）在进行柱基测设时，应注意柱列轴线不一定都是柱基的中心线，而进行立模、吊装时通常习惯用中心线，因此，应将柱列轴线平移，定出柱基中心线。

3. 柱基施工测量

（1）基坑开挖深度的控制。当基坑挖到一定深度时，应在基坑四壁离基坑底设计标高0.5m 处测设水平桩，作为检查基坑底标高和控制垫层的依据。

（2）杯形基础立模测量。杯形基础立模测量包括以下 3 项工作：

1）基础垫层打好后，根据基坑周边定位小木桩，用拉线吊锤球的方法，把柱基定位线投测到垫层上，弹出墨线，用红漆画出标记，作为柱基立模板和布置基础钢筋的依据。

2）立模时，将模板底线对准垫层上的定位线，并用锤球检查模板是否垂直。

3）将柱基顶面设计标高测设在模板内壁，作为浇灌混凝土的高度依据。

11.7.4 厂房预制构件的安装测量

（1）柱子安装的精度要求。

1）柱子中心线应与相应的柱列轴线保持一致，其允许偏差为 ±5mm。

2）牛腿顶面及柱顶面的实际标高应与设计标高一致，其允许误差为 ±（5～8）mm，柱高大于 5m 时为 ±8mm。

3）柱身垂直允许误差：当柱高≤5m 时，为 ±5mm；当柱高为 5～10m 时，为 ±10mm；当柱高超过 10m 时，为柱高的 1/1 000，但不得大于 20mm。

（2）吊装前的准备工作。

1）投测柱列轴线。在杯形基础拆模以后，使用经纬仪依柱列轴线控制桩把柱列轴线投测在杯口顶面上，如图 11－25 所示，并弹上墨线，用红漆画上"▲"标志，作为吊装柱子时确定轴线方向的依据。当柱列轴线不通过柱子中心线时，应在杯形基础顶面加弹柱子中心线。在杯口内壁，用水准仪测设一条标高线，并用"▼"标明。从该线起向下量取一个整分米数即到杯底的设计标高，用于检查杯底标高是否正确。

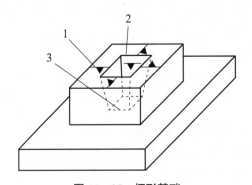

图 11－25　杯形基础
1—柱中心线；2——60cm 标高线；3—杯底

2）柱身弹线。柱子安装前，应按轴线位置对每根柱子进行编号。在每根柱子的 3 个侧面弹出柱中心线，并在每条线的上端和下端近杯口处画出"▲"标志。根据牛腿面的设计标高，从牛腿面向下用钢尺量出 −0.600m 的标高线，并画出"▼"标志。

3）杯底找平。先量出柱子的 −0.600m 标高线至柱底面的长度，再在相应的柱基杯口内量出 −0.600m 标高线至杯底的高度，并进行比较，以确定杯底找平厚度，然后用水泥沙浆在杯底进行找平，使牛腿面符合设计高程。

（3）柱子的安装测量。柱子安装测量的目的是保证柱子平面和高程符合设计要求，柱身铅直。

1）预制的钢筋混凝土柱子插入杯口后，应使柱子三面的中心线与杯口中心线对齐，并用木楔或钢楔临时固定，如图 11－26（a）所示。

2）柱子立稳后，用水准仪检测柱身上的 ±0.000m 标高线，其容许误差为 ±3mm。

3）将两台经纬仪分别安置在柱基纵、横轴线上，离柱子的距离不小于柱高的 1.5 倍，

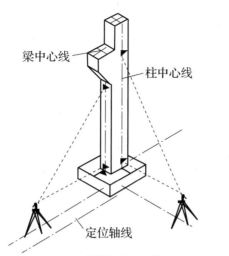
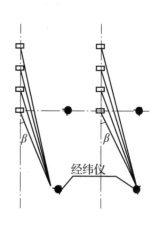

（a）经纬仪垂直度校正　　　（b）经纬仪在轴线上垂直校正

图 11 - 26　柱子垂直度校正

先用望远镜瞄准柱底的中心线标志，固定照准部后，缓慢抬高望远镜，观察柱子偏离十字丝竖丝的方向，指挥施工人员用钢丝绳拉直柱子，直至从两台经纬仪中观测到的柱子的中心线都与十字丝竖丝重合为止。

4）在杯口与柱子的缝隙中浇筑混凝土，以固定柱子的位置。

5）在实际安装时，通常会一次竖起多根柱子，同时进行垂直校正。对此，可把两台经纬仪分别安置在纵、横轴线的一侧，一次便可校正多根柱子，如图 11 - 26（b）所示。注意经纬仪偏离轴线的角度应在 15°以内。

（4）柱子安装测量的注意事项。必须对使用的经纬仪进行严格校正。操作时，应使照准部水准管气泡严格居中。校正时，除注意柱子是否垂直外，还应随时检查柱子中心线是否对准杯口柱列轴线标志，以防柱子安装就位后产生水平位移。在校正变截面的柱子时，经纬仪必须安置在柱列轴线上，以免产生差错。在日照下校正柱子的垂直度时，应考虑日照使柱顶向阴面弯曲的影响。为避免此种影响，宜在早晨或阴天校正。

11.7.5 | 吊车梁的安装测量

吊车梁安装测量的目的是保证吊车梁中线位置和吊车梁的标高满足设计要求。

（1）吊车梁安装前的准备工作。

1）在柱面上量出吊车梁顶面标高。根据柱子上的 ±0.000m 标高线，用钢尺沿柱面向上量出吊车梁顶面设计标高线，作为调整吊车梁顶面标高的依据。

2）在吊车梁上弹出梁的中心线。如图 11 - 27 所示，在吊车梁的顶面和两端面上用墨线弹出梁的中心线，作为安装定位的依据。

图 11 - 27　在吊车梁上弹出梁的中心线

3）在牛腿面上弹出梁的中心线。根据厂房中心线，在牛腿面上投测出吊车梁的中心线，投测方法如下：

如图 11−28（a）所示，利用厂房中心线 A_1A_1，根据设计轨道间距，在地面上测设出吊车梁中心线（即吊车轨道中心线）$A'A'$ 和 $B'B'$。在吊车梁中心线的一个端点 A'（或 B'）上安置经纬仪，瞄准另一个端点 A'（或 B'），固定照准部，抬高望远镜，即可将吊车梁中心线投测到每根柱子的牛腿面上，并用墨线弹出梁的中心线。

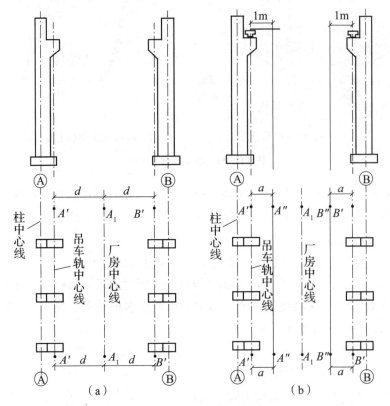

图 11−28　吊车梁的安装测量

（2）吊车梁的安装测量。安装时，使吊车梁两端的梁中心线与牛腿面梁中心线重合，将吊车梁初步定位。采用平行线法对吊车梁的中心线进行检测。

1）如图 11−28（b）所示，在地面上，从吊车梁中心线向厂房中心线方向量出长度 a（1m），得到平行线 $A''A''$ 和 $B''B''$。

2）在平行线的一个端点 A''（或 B''）上安置经纬仪，瞄准另一个端点 A''（或 B''），固定照准部，抬高望远镜进行测量。

3）另一测量人员在梁上移动横放的木尺，当视线对准尺上的一米刻划线时，尺的零点应与梁面上的中心线重合。如不重合，可用撬杠移动吊车梁，直至吊车梁中心线到 $A''A''$（或 $B''B''$）的间距等于 1m 为止。

吊车梁安装就位后，先按柱面上定出的吊车梁设计标高线对吊车梁面进行调整，然后将水准仪安置在吊车梁上，每隔 3m 测一点高程，并与设计高程比较，误差应在 3mm 以内。

11.7.6 屋架的安装测量

（1）屋架安装前的准备工作。用经纬仪或其他方法在柱顶面上测设出屋架定位轴线。在屋架两端弹出屋架中心线，以便进行定位。

（2）屋架的安装测量。屋架吊装就位时，应使屋架的中心线对准柱顶面上的定位轴线，允许误差为5mm。屋架的垂直度可用锤球或经纬仪进行检查。用经纬仪检查的方法如下：

1）如图11-29所示，在屋架上安装3把卡尺：一把卡尺安装在屋架上弦中点附近，另外两把分别安装在屋架的两端。自屋架几何中心沿卡尺向外量出一定距离，一般为500mm，做出标志。

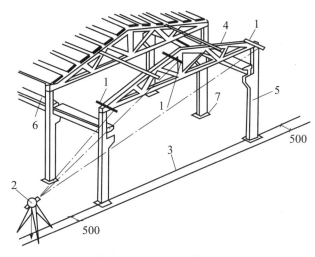

图 11-29 屋架安装测量

1—辅助工具尺；2—经纬仪；3—屋架中线；4—屋架；5—牛腿柱；6—吊车梁；7—柱基

2）在地面上，距屋架中线同样的距离处安置经纬仪，观测3把卡尺的标志是否在同一竖直面内，如果屋架竖向偏差较大，则用机具校正，最后将屋架固定。

垂直度允许偏差：薄腹梁为5mm；桁架为屋架高的1/250。

单元小结

1. 建筑施工测量的原则

建筑施工测量应遵循"从整体到局部，先控制后碎部"的原则。

2. 平面控制网的布设形式

平面控制网可根据建筑总平面图、建筑场地的大小和地形、施工方案等因素布设成导线网、建筑基线、建筑方格网等形式。

3. 建筑基线

建筑基线是根据建（构）筑物的分布、场地地形等因素，布置一条或几条轴线，作为施工控制测量的基准线。

4.建筑方格网的测设

建筑方格网的测设一般分为两步：第一步是主轴线的测设，第二步是方格网的测设。测设时注意控制测角和测距的精度。

5.民用建筑施工测量的内容、方法及步骤

序号	施工测量的内容	施工测量的方法及步骤
1	施工测量的准备工作	① 熟悉图纸：阅读设计图纸，理解设计意图，仔细核对相关尺寸。 ② 现场踏勘：了解地形，掌握测量控制点的情况，并对测设已知数据进行检核。 ③ 制定测设方案：按照建筑设计与测量规范要求，拟定测设方案，绘制施工放样略图
2	建（构）筑物的定位与放线	① 建（构）筑物的定位：根据与原有建（构）筑物的关系定位；根据建筑方格网定位；根据控制点的坐标定位。 ② 建（构）筑物的放线：测设建（构）筑物定位轴线交点桩；测设轴线控制桩（或设置龙门板）
3	建（构）筑物基础施工放线	① 基槽开挖边线放线与基坑抄平：根据基槽宽度和上口放坡尺寸，放出基槽开挖边线，并用白灰撒出基槽边线，供施工时开挖用；当基槽开挖深度接近槽底时，用水准仪根据已测设的 ±0 标志或龙门板顶面标高测设高于槽底设计高程 0.3～0.5m 的水平桩高程，以作为挖槽深度、修平槽底和打基础垫层的依据。若基坑过深，用一般方法不能直接测定坑底标高时，可用悬挂的钢尺来代替水准尺把地面高程传递到深坑内。 ② 基础施工放线：基础施工包括垫层和基础墙施工。垫层打好后应进行垫层中线的测设和垫层标高的测设；基础墙施工时，首先将墙中心线投在垫层上，用水准仪检测各墙角垫层面标高后，即可开始基础墙（±0.000 以下的墙）的砌筑，基础墙的高度用基础皮数杆来控制
4	墙体施工测量	① 墙体轴线的投测：基础墙砌筑到防潮层以后，借助轴线控制桩或龙门板上的轴线和墙边线标志，用经纬仪或用拉细线绳挂锤球的方法进行墙体轴线的投测。 ② 墙体标高的控制：墙体砌筑时，墙体标高常用墙身皮数杆来控制
5	高层建筑施工测量	① 轴线投测：包括经纬仪投测法和激光铅垂仪投测法两种。经纬仪投测法是将经纬仪安置在远离建（构）筑物的轴线控制桩上，照准建（构）筑物底部所设的轴线标志，向上投测到每层楼面上，即得投测在每层楼的轴线点。随着经纬仪向上投测的仰角增大，投点误差也随着增大，投点精度降低，且观测操作不方便。为此，必须将主轴线控制桩引测到远处的稳固地点或附近大楼的屋面上，以减小仰角。测设前应对经纬仪进行严格检校。为避免日照、风力等不良影响，宜在阴天、无风时进行投测。激光铅垂仪投测法是通过将激光束投射到标靶上进行投测定位。激光铅垂仪可向上投点，也可向下投点。 ② 高程传递：利用皮数杆传递高程；利用钢尺直接丈量；采用悬吊钢尺法传递高程。 ③ 框架结构吊装：以梁、柱组成的框架可作为建（构）筑物的主要承重构件，然后将楼板置于梁上

6. 水准网的布设

水准网应布设成闭合水准路线、附合水准路线或结点网形，测量精度不宜低于三等水准测量的精度，测设前应对已知高程控制点进行认真检核。

7. 预制钢筋混凝土柱装配式单层厂房的施工测量工序

厂房矩形控制网测设→厂房柱列轴线放样→杯形基础施工测量→厂房构件与设备的安装测量等。

8. 矩形控制网

矩形控制网是为厂房建筑施工和设备安装测量建立的平面控制网，与厂房轴线平行。其测设方法一般是先选定与厂房柱列轴线或设备基础轴线重合或平行的纵、横轴线作为主轴线，然后根据主轴线在厂房基础开挖边线，测设矩形控制网。

9. 距离指标桩

距离指标桩是为了厂房细部施工放线而在测定矩形控制网各边时按一定间距测设的一些控制桩。其间距通常等于厂房柱子间距的整数倍，且位于厂房柱行列线或主要设备中心线的方向上。

10. 柱基定位

柱基定位是指将两台经纬仪安置在两条互相垂直的柱列轴线的轴线控制桩上，沿轴线方向交会出每一个柱基中心的位置。注意柱列轴线不一定都是柱基中心线。

单元 12　市政工程测量

📖 学习目标

1. 了解市政工程测量的任务和内容。
2. 掌握管线施工测量的方法。
3. 熟悉管道施工测量的实施过程。
4. 能进行管道中线测量，纵、横断面测量，以及地下管道施工测量。

12.1　管道工程测量概述

市政工程是指城市建设中的公共交通、给水、排水、燃气、城市防洪、环境卫生及照明等基础设施工程，是城市生存和发展必不可少的物质基础，是提高人民生活水平和对外开放的基本条件。

随着城市的发展，市政工程中的各类管道工程建设（如给水管道、排水管道、煤气管道、热力管道、输油管道和电缆）越来越多，形式复杂多样。这就要求管道工程测量在勘察设计阶段为管道工程设计提供准确的地形图和断面图，并结合现场勘查，在图纸上确定拟建管道的主点（起点、终点、转折点）位置；在施工阶段按设计的平面位置和高程将管道位置准确测设于实地，指导管道施工；在竣工后进行竣工测量，为维修管理提供依据。

由于管道大多敷设于地下，且纵横交错，上下穿插，分布面广，因此市政工程施工测量必须严格按设计位置测设并且按规定校核。施工测量的精度取决于工程性质、所在位置和施工方法等因素。

12.1.1　管道工程测量的内容

（1）收集规划设计区域的已有地形图以及原有管道平面图和断面图等资料。

（2）现场踏勘，进行纸上定线和规划。

（3）带状地形图的测绘。

（4）管道中线测量。

（5）纵、横断面图测量。

（6）管道施工测量。

（7）管道竣工测量。

12.1.2 控制测量

1. 建立平面、高程施工控制网

控制测量由平面控制测量和高程控制测量两部分组成。

根据市政管道工程的特点和施工测量要求，平面控制网采用导线网作为基本控制形式。在建立高程控制网时，根据工程特点并考虑到节省开支，可将平面控制网与高程控制网的控制点合而为一，这样既可减少混凝土标桩的造价，又便于提高施测精度、方便施工放样。

2. 水准点的布设与施测

为了满足渠线或管线的高程测量和纵断面测量的需要，在渠道或管道选线的同时，应沿渠线或管线每隔1～2km在施工范围以外布设一些水准点，并组成附合或闭合水准路线，当路线不长（15km以内）时，也可组成往返观测的支水准路线。水准点的高程一般用四等水准测量的方法施测（大型渠道或管道工程可采用三等水准测量）。

市政管道工程施工测量必须采用城市或厂区的同一坐标和高程系统，严格按设计要求进行，做到"步步有校核"，以保证施工质量。

12.2 管道中线测量

中线测量的任务是将设计的管道位置在现场测设出来，并用木桩标定，其主要工作内容包括主点（即管道的起点、终点与转向点）的测设和里程桩的埋设等，以及检查井的位置，并注明检查井编号、距离、方向，利用点之记做好记录工作。

12.2.1 主点测设数据的准备和测设方法

根据管线的起点、终点和转向点的设计坐标与附近地面已有控制点或固定地物点的坐标，可用解析法或图解法求出测设数据，为主点测设做好准备。

1. 解析法

当管道规划设计图上已给出主点坐标（或已在图上求出主点坐标），而且主点附近有控制点时，可以用解析法求测设数据。如图12-1所示，*A*、*B*、*C*为管道点，*1*、*2*、*3*、*4*为控制点，根据控制点坐标和管道点坐标，按坐标反算公式即可得到测设数据。

2. 图解法

图解法就是在规划设计图上直接量取测设所需数据。如图12-2所示，*A*、*B*点为原有管道检修井位置，*1*、*2*、*3*点为设计管道的主点。要在地面上测设出*1*、*2*、*3*点，可根

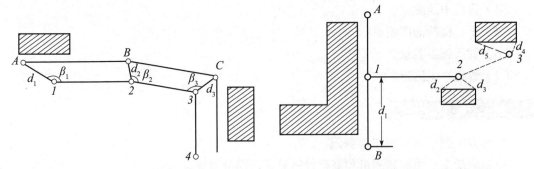

图 12-1　解析法计算测设数据	图 12-2　图解法计算测设数据

据比例尺在图上直接量出 d_1、d_2、d_3、d_4 和 d_5，即得测设数据。

主点测设的方法有直角坐标法、极坐标法、距离交会法、角度交会法等。主点测设完毕后必须进行检核，通常用钢尺丈量两相邻主点间的水平距离，判断其是否与设计长度相符。

12.2.2　中桩的测设

1. 定里程桩和加桩

为了测定管道长度和测绘纵、横断面图，沿管道中线由起点每隔一定距离（一般为20m、30m或50m）设一里程桩，也叫整桩。相邻里程桩之间的重要地物处及地面坡度变化处应钉加桩。里程桩和加桩均以该桩到管道起点的距离编定桩号，如某桩号为：0+150，即此桩离起点距离150m，并用红漆将桩号写在桩侧面或附近建（构）筑物上。

2. 距离测量

一般用皮尺或测距仪沿中线丈量。为了便于计算路线长度和绘制纵断面图，沿路线方向每隔100m、50m或20m钉一木桩，以距起点的里程进行编号来确定里程桩（整数）。如起点（渠道是以其引水或分水建（构）筑物的中心为起点；而管道由于种类不同，其起点也不同，如排水管道一般以下游出水口为起点，给水管道以水源作为起点，煤气、热力管道以煤气站、锅炉房为起点，电力电信管道以电源作为起点）的桩号为0+000，若每隔100m钉一木桩，则以后各桩的桩号为0+100、0+200等，"＋"号前的数字为千米数，"＋"号后的数字是米数，如1+500表示该桩离渠道或管道起点1km又500m。在两整数里程桩间如遇重要地物、计划修建的工程建（构）筑物（如渠道中的涵洞、跌水等）或地面坡度变化较大的地方，都要增钉木桩，称为加桩，其桩号也以里程编号。如图12-3所示，1+185、1+233及1+266为路线跨过沟边及沟底时的加桩。

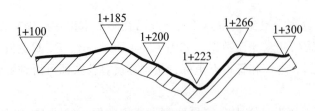

图 12-3　路线跨沟时的中桩设置

里程桩和加桩通称中线桩（简称中桩），将桩号用红漆书写在木桩一侧，面向起点打入土中，为了防止以后测量时漏测加桩，还应在木桩的另一侧依次书写序号。

在距离丈量时，为避免出现差错，一般用测距仪或皮尺丈量两次取平均值。

12.2.3 转向角测量

管道转变方向时，转变后的方向与原方向之间的夹角称为转向角。渠道或管道从一直线方向转向另一直线方向，此时，将经纬仪安置在转折点，测出前一直线的延长线与改变方向后的直线间的夹角 I，称为偏角，偏角应注明左或右，在延长线左的为左偏角，在右的为右偏角。如图 12-4 所示，IP_1 处为右偏角，即 $I_{右}=23°20'$。

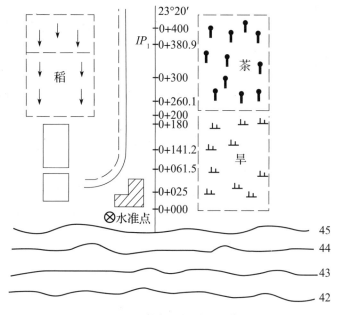

图 12-4　偏角及渠道测量草图

根据规范要求：当 $I<6°$ 时，不测设曲线；当 $I=6°\sim12°$ 时，或 $I>12°$ 但曲线长度 $L<100m$ 时，只测设曲线的 3 个主点桩；当 $I>12°$ 且曲线长度 $L>100m$ 时，需要测设曲线细部。在量距的同时，还要在现场绘出草图，如图 12-4 所示。直线表示渠道或管道中心线，直线上的黑点表示里程桩和加桩的位置，IP_1（桩号为 0+380.9）为转折点，该点处的偏角 $I_{右}=23°20'$，即渠道或管道中线在该点处改变方向右转 $23°20'$。但在绘图时改变后的渠线或管线仍按直线方向绘出，仅在转折点用箭头表示转折方向（此处为右偏，箭头画在直线右侧），并注明偏角值。对于管道来说，转向角要满足定型弯头的转向角要求，例如给水铸铁管弯头的转向角有 90°、45°、22.5° 等。至于渠道或管道两侧的地形则可根据目测勾绘。中线测量完成后，对于大型渠道一般应绘出渠道测量路线平面图，并在图上绘出渠道走向、各弯道上的圆曲线桩点等，再将桩号和曲线的主要元素数值（I、L 和曲线半径 R、切线长 T）注在图中的相应位置。

【职业素养】 钻研工程测量技术，知其然，更要知其所以然。

12.3 纵断面测量

纵断面测量是指根据水准点高程测定中线上各里程桩和加桩处的地面高程，然后根据测得的高程和相应的里程桩号绘制纵断面图。纵断面图用于表示管道中线上地面的高低起伏和坡度陡缓情况，是设计管道埋深、坡度和计算土方量的主要依据。

12.3.1 水准点的布设

为了满足纵断面测量和施工需要，应沿管道方向布设一定密度的水准点。通常 $1 \sim 2km$ 设置一个永久性水准点，$300 \sim 500m$ 设置一个临时性水准点。水准点可设在稳固的建（构）筑物上以红漆标绘，也可埋设混凝土标桩或木桩。

水准测量的任务是测量各水准点的高程，精度要求根据管道设计要求而定。

12.3.2 纵断面水准测量

渠道或管道纵断面测量是以沿线测设的三、四等水准点为依据，按四等水准测量的要求从一个水准点开始引测，测出一段管线或渠线上各中桩的地面高程后，附合到下一个水准点进行校核，其闭合差不得超过 $50\sqrt{L}$ mm（L 为管道长度，以 km 为单位）。

【例 12 - 1】如图 12 - 5 所示，从 BM_1（高程为 76.605m）引测高程，依次对 0+000、0+100 进行观测。由于这些桩相距不远，按渠道或管道测量的精度要求，在一个测站上读取后视读数后，可连续观测几个前视点（水准尺距仪器最远不得超过150m），然后转至下一站继续观测。（本例计算高程时采用"视线高法"较为方便。）

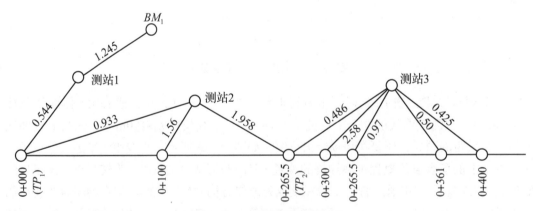

图 12 - 5　纵断面测量示意图

观测记录及计算步骤如下：

（1）读取后视读数，并计算视线高程。

$$视线高程 = 后视点高程 + 后视读数 \tag{12-1}$$

在第 1 站上后视点 BM_1，读数为 1.245，则视线高程为：

$$76.605m + 1.245m = 77.850m$$

（2）观测前视点并分别记录前视读数。

由于在一个测站上前视要观测好几个桩点，其中仅有一个点是起传递高程作用的转点，而其余各点只需读出前视读数就能得出高程，为区别于转点，将其余各点称为中间点。中间点上的前视读数精确到 cm 即可，而转点上的观测精度将影响到以后各点，要求精确到 mm，同时还应注意仪器到两转点的前、后视距离应大致相等（差值不大于 20m）。用中心桩作为转点，置尺垫于桩一侧的地面，将水准尺立在尺垫上，若尺垫与地面高差小于 2cm，可代替地面高程。观测中间点时，可将水准尺立于紧靠中心桩旁的地面，直接测算地面高程。

（3）计算测点高程。

$$测点高程 = 视线高程 - 前视读数 \qquad (12-2)$$

例如，表 12-1 中，0+000 作为转点，其高程 $H=77.850-0.544=77.306$m（第 1 站的视线高程 - 前视读数），精确后取 77.31m 为该桩的地面高程。0+100 为中间点，其高程 $H=78.239-1.56=77.679$m（第 2 站的视线高程 - 前视读数），精确后取 77.68m 为该桩的地面高程。

表 12-1 纵断面水准测量记录

测站	测点	后视读数（m）	视线高（m）	前视读数（m）中间点	前视读数（m）转点	高程（m）	备注
1	BM_1	1.245	77.850			76.605	已知高程
	0+000（TP_1）	0.933	78.239		0.544	77.306	
2	100			1.56		76.68	
	200（TP_2）	0.486	76.767		1.958	76.281	
3	265.5			2.58		74.19	
	300			0.97		75.80	
	361			0.50		76.27	
	400（TP_3）				0.425	76.342	
…	…	…	…	…	…	…	
7	0+800（TP_6）	0.848	75.790		1.121	74.942	
	BM_2				1.324	74.466	已知高程为 74.451
计算校核		Σ 8.896 11.035（- -2.139			11.035	74.466 76.605（- -2.139	

（4）计算校核和观测校核。

经过数站（表 12-1 中为 7 站）观测后，附合到另一水准点 BM_2（高程已知，为 74.451m），检核这段管线或渠线测量成果是否符合要求。为此，要检查各测点的高程计算是否有误，即

$$后视读数 - \sum 转点前视读数 = BM_2 \text{的高程} - BM_1 \text{的高程} \qquad (12-3)$$

如例中（表 12 - 1）∑后 - ∑前（转点）与终点高程（计算值）- 起点高程均为 -2.139m，说明计算无误。

但 BM_2 的已知高程为 74.451m，而测得的高程是 74.466m，则此段渠线的纵断面测量误差为 $74.466 - 74.451 = +15$mm。此段共设 7 个测站，允许误差为 $\pm 10\sqrt{7} = \pm 26$mm，观测误差小于允许误差，成果符合要求。由于各桩点的地面高程在绘制纵断面图时仅需精确至 cm，因此其高程闭合差可不进行调整。

12.3.3 纵断面图的绘制

纵断面图一般绘制在毫米方格纸上，以水平距离为横轴，比例尺通常取 1∶1 000 ～ 1∶10 000，依渠道或管道大小而定；以高程为纵轴，为了明显表示地面起伏情况，纵轴比例尺比横轴距离的比例尺大 10 ～ 50 倍，可取 1∶50 ～ 1∶500，依地形类别而定。

纵断面图如图 12 - 6 所示，其水平距离比例尺为 1∶5 000，高程比例尺为 1∶100，由于各桩点的地面高程一般都很大，为了节省纸张和便于阅读，图上的高程可不从零开始，而从一合适的数值（如 72m）起绘。根据各桩点的里程和高程在图上标出相应地面点的位置，依次连接各点绘出地面线。然后按设计的渠道或管道起点高程和渠道或管道比降绘出渠底或管底设计线。各桩点的渠底或管底设计高程可根据起点（0+000）的渠底或管底设计高程、渠道或管道比降和距离起点的距离求解，并注在图下"渠底高程或管底高程"一栏的相应点处，然后根据各桩点的地面高程和渠底或管底高程，即可算出各点的挖深或填高数，分别填在图中相应位置。

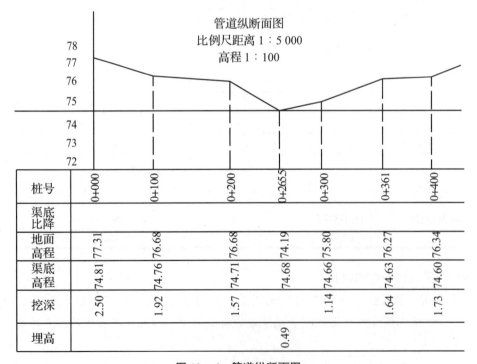

图 12 - 6　管道纵断面图

12.4 横断面测量

横断面测量是指在中线的各桩处，测出垂直于中线的方向上各特征点距中线的距离和高程，然后根据这些数据绘制横断面图，是计算土方量和施工时确定开槽边界的依据。

12.4.1 确定横断面方向

横断面施测的宽度由管道的直径和埋深来确定，一般每侧为 20m。横断面的方向可用简易的十字架定出，用小木桩或测钎标出特征点的位置。特征点到中线的距离用皮尺丈量，其高程通常与纵断面水准测量同时施测。横断面上各特征点均作为中间点看待，用视线高程减去各中间视线读数，即得横断面上各特征点的高程。

12.4.2 测出坡度变化点间的距离和高差

进行横断面测量时，以中桩为起点测出横断面方向上地面坡度变化点间的距离和高差。测量的宽度随渠道大小而定，也与填挖深度有关，较大的渠道或管道、挖方或填方大的地段应该宽一些，一般以能在横断面图上绘出设计横断面为准，并留有余地。其施测方法如下：

测量时以中桩为零起算点，面向渠道或管线下游分为左、右侧。较大的渠道或管道可采用经纬仪视距法或水准仪测高配合量距法（或视距法）进行测量；较小的渠道或管道可用皮尺拉平配合测杆读取两点间的距离和高差。如图 12-7 所示，读数时，一般取至0.lm，按表 12-2 的格式做好记录。如 0+100 桩号左侧第 1 点的记录表示该点距中心桩3.0m，低 0.5m；第 2 点表示它与第 1 点的水平距离是 2.9m，低于第 1 点 0.3m；第 2 点以后坡度无变化，与上一段的坡度一致，注明"同坡"。

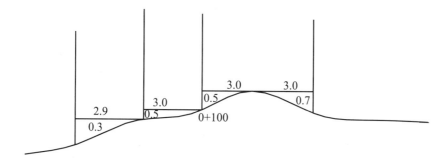

图 12-7 横断面测量示意图

表 12-2 横断面测量手册

高差 距离	左侧		中心桩 高程	右侧		高差 距离
同坡	$\frac{-0.3}{2.9}$	$\frac{-0.5}{3.0}$	$\frac{0+000}{77.37}$	$\frac{+0.5}{3.0}$	$\frac{-0.7}{3.0}$	同坡
同坡	$\frac{-0.3}{2.9}$	$\frac{-0.5}{3.0}$	$\frac{0+100}{76.64}$	$\frac{+0.5}{3.0}$	$\frac{-0.7}{3.0}$	平

12.4.3 横断面图的绘制

绘制横断面图时，以中线桩为原点，以水平距离为横坐标，以高程为纵坐标绘在毫米方格纸上。为了计算方便，要求水平比例尺与高程比例尺相同。一般取 1∶100 或 1∶200，小型渠道或管道也可采用 1∶50。绘图时，在方格纸适当位置定出中心桩点，如图 12−7 所示的 0+100 点，从表 12−2 可知，由该点向左侧按比例量取 3.0m，再向下（高差为正时向上）量取 0.5m，即得左侧第 1 点，同时绘出其他各点，用实线连接各点得地面线，即为 0+100 桩号的横断面图。

12.5 管道施工测量

为了合理地敷设给水、排水、燃气、热力、输电、输油等各种管道，为城市建设和发展提供保障，首先应做好规划设计，确定管道中线主点的位置并给出定位数据（管道的起点、转向点及终点的坐标、高程），然后将图纸上设计的中线测设于实地，作为施工依据。管道施工测量的主要任务是根据工程进度及要求随时向施工人员提供中线方向和标高位置。

12.5.1 准备工作

1. 收集和熟悉管道的设计图纸

了解管道的性质和敷设方法对施工的要求，以及管道与其他建（构）筑物的相互关系。认真核对设计图纸，了解精度要求和工程进度安排等。深入施工现场，熟悉地形，找出各桩点的位置。

2. 校核中线

若设计阶段在地面上标定的中线位置就是施工时所需要的中线位置，且各桩点完好，则仅需校核一次，不重新测设。若有部分桩点丢损或施工的中线位置有所变动，则应根据设计资料重新恢复旧点或按改线资料测设新点。

3. 加密水准点

为了便于在施工过程中引测高程，应根据设计阶段布设的水准点，于沿线附近每隔约 150m 增设临时水准点。

12.5.2 地下管道施工测量

管道施工测量的主要任务是根据工程进度要求，为施工测设各种标志，便于施工人员随时掌握中线方向和高程位置。

1. 地下管道放线

（1）测设施工控制桩。

管道中线定出以后，就可根据中线位置和管道开挖宽度，在地面撒灰线表明开挖边界。在开沟挖管道槽时，标定中线的各木桩将被挖掉，为了便于恢复中线和附属建（构）

筑物的位置，应在不受施工干扰、便于引测和保存点位处测设施工中线控制桩。中线控制桩一般测设在管道起点、终点及各转点处的延长线上，附属建（构）筑物控制桩则测设在管道中心线的垂直线上，如图 12-8 所示。因此，当沟槽开挖到一定深度以后，必须重新测设管道中线的位置。首先将中线上的各转折点测设到沟槽中标定，再把经纬仪安置在管道起点，瞄准管道另一端点木桩上的标志，视线方向即为管道中线方向，按此方向把木桩标定在沟槽中。为了标明沟槽开挖的深度，还要在木桩上标上高程标志。根据附近的控制水准点，测定各桩标顶面高程。

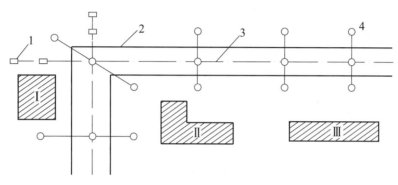

图 12-8　施工控制桩
1—控制桩；2—槽边线；3—中心线；4—构筑物位置控制桩

（2）管道施工测量中细部坐标和细部高程测量的内容。

细部坐标：起点、终点、转点、交叉点（皆测管道中线或管沟中线）以及管道上大口井的井位中心、顶管工作坑坑位中心。

细部高程：地面、管顶、管底等高程。

高程测量：先在工作井内设置一临时水准点，再将水准仪安置于井内，后视临时水准点，前视立于管内待测点的标尺（小于管径的自制标尺），即可求得待测点的高程。将测得的高程与管底设计高程相比较，其差数超过 ±1cm 时就需要校正。

（3）槽口放线。

开槽前，先在检查井井位上埋设一块样板（用平直的撑板即可，长度为槽上口宽度加 2m），然后将中线及上口线移至样板上。如机械挖槽，可先用白灰撒好边线，待沟槽土方挖完后，仍应补上样板，以确保管中心线的位置准确。根据实测地面高程计算出槽深、上口宽度，并用木桩或白灰放出管道和检查井的开槽边线，如图 12-9 所示。

槽口开挖宽度视管径大小、埋设深度以及土质情况确定。若地表横断面坡度比较平缓，如图 12-9（a）所示，槽口开挖宽度可用下列公式计算：

$$D=d+2mh \qquad (12-4)$$

式中：D——槽口宽度；

d——槽底宽度；

m——管槽放坡系数；

h——中线上的挖土深度。

若地表横断面坡度较陡，中线两侧槽中宽度不等，半槽口开挖宽度按下式计算：

$$D_1 = d/2 + m_1 h_1 + m_3 h_3 + C \qquad (12-5)$$

$$D_2 = d/2 + m_2 h_2 + m_3 h_3 + C \qquad (12-6)$$

式中，m_1、m_2、m_3 和 h_1、h_2、h_3 分别表示挖槽的放坡系数及深度（左、中、右）。

若埋设深度较浅，土质坚实，管槽可垂直开挖。

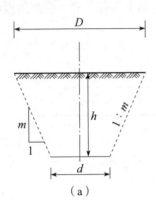 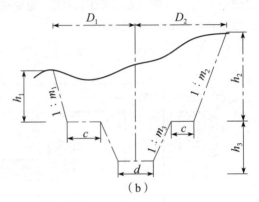

图 12 - 9　槽口放线

2. 地下管道施工测量

（1）龙门板法。

每隔 10m 或 20m 设置一个坡度板，横跨在沟槽的上方，作为施工时控制中线和构筑物的位置以及掌握管道设计高程的标志。

坡度板必须稳固，其顶面应保持水平。将经纬仪安置在中线控制桩上，前视远处中线控制桩的中心点，把管道中心线测设到坡度横板上，钉中心钉。安装管道时，可在中心钉上悬挂垂球，将中心位置投影到管槽内，以便控制管道中线。

为了控制管槽开挖深度，在附近水准点用水准仪测出各坡度板顶的高程。管底设计高程可在横断面设计图上查得（未包括管壁和垫层的厚度），坡度板顶与管底设计高程之差即为坡度板顶往下开挖的深度，称为下返数。由于下返数往往非整数，而且各坡度板的下返数都不相同，因此施工检查时会很不方便。为了使一段管道内的各坡度板具有相同的整分米的下返数（预先确定的下返数），可按下式计算每一坡度板顶向上或向下量取的调整数。

调整数 = 预先确定的下返数 −（板顶高程 − 管底设计高程）

为使下返数成为一个整数 C，必须计算出每一坡度板顶向上或向下量取的调整数 h。

$$h = C - (H_1 - H_2) \qquad (12-7)$$

式中：H_1——坡度板顶高程；

　　　H_2——管底设计高程。

根据调整数，在高程板上确定点位，钉上小钉，称为坡度钉。两相邻的坡度钉的连线即为管底坡度线的平行线。在全段施工中，只需制作一根木杆，并在杆上标出选定的下返数的位置，便可随时检查槽底是否挖到管底设计高程，确保管道符合设计的坡度。

高程板上的坡度钉是控制高程的标志，因此在钉好坡度钉后应重新进行水准测量，检查是否有误。施工中容易碰到龙门板，尤其在雨后，龙门板可能出现下沉现象，因此需要进行定期检查。

下面结合表 12-3 说明坡度钉的测设方法。

表 12-3　坡度钉测设手簿　　　　　　　　　　　　　　　（单位：m）

序号	距离	设计坡度	管底设计高程 H_1	坡度板顶高程 H_2	H_1-H_2	选定下返数 C	调整数	坡度钉高程
0+000			42.800	45.437	2.637		-0.137	45.300
0+010	10		42.770	45.383	2.613		-0.113	45.270
0+020	10		42.740	45.364	2.624		-0.124	45.240
0+030	10	-3‰	42.710	45.315	2.605	2.500	-0.105	45.210
0+040	10		42.680	45.310	2.630		-0.130	45.180
0+050	10		42.650	45.246	2.596		-0.096	45.150
0+060	10		42.620	45.268	2.648		-0.148	45.120

先将水准仪测出的各坡度板顶高程列入第 5 栏。根据第 2 栏、第 3 栏计算各坡度板处的管底设计高程，列入第 4 栏。如 0+000 高程为 42.800，坡度为 3‰，0+000 至 0+010 之间距离为 10m，则 0+010 的管底设计高程为：

$$42.800+10i=42.800-0.030=42.770\ (\text{m})$$

用同样的方法可以计算出其他各处管底的设计高程。第 6 栏为坡度板顶高程减去管底设计高程，如 0+000 处为：

$$H_1-H_2=45.437-42.800=2.637\ (\text{m})$$

其余以此类推。为了施工检查方便，选定下返数 C 为 2.500m，列在第 7 栏。第 8 栏是每个坡度板顶向下量（负数）或向上量（正数）的调整数，如 0+000 处的调整数为：

$$h=2.500-2.637=-0.137\ (\text{m})$$

如图 12-10 所示为 0+000 处管道高程龙门板法施工测量示意图。

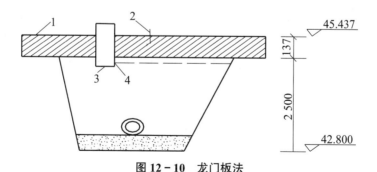

图 12-10　龙门板法

1—坡度板；2—中线钉；3—高程板；4—坡度钉

（2）平行轴腰桩法。

当现场条件不便采用龙门板时，对精度要求较低的管道，可用本法测设施工控制标志。开工之前，在管道中线一侧或两侧设置一排平行于管道中线的轴线桩，桩位应落在开挖槽边线以外,如图 12-11 所示。平行轴线与管道中线的距离为 d,各桩间距控制在 10～20m 为宜,各检查井位也相应地在平行线上设桩。

为了控制管底高程,在槽沟坡上打一排与平行轴线桩对应的桩,称为腰桩。先设定腰桩到管底的下返数 h 为某一整数,并通过管底设计高程计算出各腰桩的高程,然后用水准仪测设各腰桩,并用小钉标出腰桩的高程位置。施工时只需用水准尺量取小钉到槽底的距离,再与下返数 h 比较,便可确定是否挖到管底设计高程。此时各桩小钉的连线与设计坡度平行,并且小钉的高程与管底设计高程之差为一常数 h。

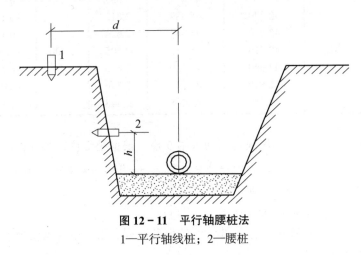

图 12-11　平行轴腰桩法
1—平行轴线桩;2—腰桩

3.顶管施工测量

当地下管道需要穿越铁路、公路或重要建(构)筑物时,为了保证正常的交通运输并避免拆迁重要建(构)筑物,往往不允许从地表开挖沟槽。此时常采用顶管施工法,即在管道一端或两端预先挖好工作坑,在坑内安装导轨,将管筒放在导轨上,用顶镐将管筒沿中线方向顶入土中,然后将管内的土方挖出来。因此,顶管施工测量的主要工作是控制好顶管的中线方向和高程。为此,施工前必须做好工作坑内顶管测量的准备工作。例如,设置顶管中线控制桩,用经纬仪将中线分别投测到前、后坑壁上,并用木桩 A、B 或小钉作标志,如图 12-12 所示;同时在坑内设置临时水准点并进行导轨的定位和安装测量等。准备工作结束后,便可进行施工,转入顶管过程中的中线测量和高程测量。

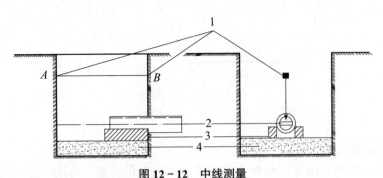

图 12-12　中线测量
1—中线控制桩;2—木尺;3—导轨;4—垫尺

（1）中线测量。

进行顶管中线测量时，通过两坑壁顶管中线控制桩拉紧一条细线，线上挂两个垂球，垂球的连线即为管道中线的控制方向。这时在管道内侧的前端，用水准器放平一中线木尺，木尺长度等于或略小于管径，读数刻划以中央为零点向两端增加。若两垂球连线通过木尺零点，则表明顶管在中线上；若左右误差超过 1.5cm，则需要进行中线校正。

（2）高程测量。

在工作坑内安置水准仪，以临时水准点为后视点，在管内待测点上竖一根小于管径的标尺作为前视点，将所测得的高程与设计高程进行比较，其差值超过 1cm 时，就需要进行校正。

在顶管过程中，为了保证施工质量，每顶进 0.5m 就需要进行一次中线测量和高程测量。距离小于 50m 的顶管，可按上述方法进行测设。当距离较长时，应分段施工，可每隔 100m 设置一个工作坑，采用对顶的施工方法，并确保贯通误差不超过 3cm。若有条件，可在顶管施工过程中采用激光经纬仪和激光水准仪进行导向，加快施工进度，保证施工质量。

全线管道安装完毕后，应再次检查管道中线和检查井的位置，并测定管顶及检查井的高程，编绘竣工图表，供日后维修管线之用。

12.5.3 架空管道施工测量

架空管道主点的测设与地下管道相同。架空管道的支架的基础开挖测量工作和基础模板的定位均与厂房柱子基础相同。架空管道安装测量与厂房构件安装测量基本相同。每个支架的中心桩均会在开挖基础时被挖掉，为此，必须将其位置引测到互为垂直方向的 4 个定位桩上，再根据定位桩确定开挖边线，进行基础施工。

【职业素养】管道工程测量工作枯燥而艰苦，却是市政建设中的重要一环，测量中一分一毫的误差都有可能给社会及公众造成不可估量的损失，因此，同学们必须养成吃苦耐劳、爱岗敬业的精神，以精益求精的态度投入测量工作。

12.6 竣工总平面图的绘制

竣工总平面图是设计总平面图在施工后对实际情况的全面反映。由于在施工过程中可能会结合实际情况合理变更设计，因此设计总平面图不能完全代替竣工总平面图。编绘竣工总平面图的目的：一是把变更设计的情况通过测量全面反映到竣工总平面图上；二是将竣工总平面图应用于对各种设施的管理、维修、扩建、事故处理等工作，特别是对地下管道等隐蔽工程的检查和维修；三是可为企业的扩建提供原有各项建（构）筑物、地上和地下管线及交通线路的坐标、高程资料。

通常采用边竣工、边编绘的方法来编绘竣工总平面图。竣工总平面图的编绘包括室外实测和室内资料编绘两个方面。

12.6.1 竣工测量的内容

在每一个单项工程完成后，必须由施工单位进行竣工测量。提供工程的竣工测量成果，作为编绘竣工总平面图的依据。其内容包括以下几个方面：

（1）工业厂房及一般建（构）筑物。包括房角坐标、各种管线进出口的位置和高程，以及房屋编号、结构层数、面积和竣工时间等资料。

（2）铁路与公路。包括起点、终点、转折点、交叉点的坐标，曲线元素，桥涵、路面、人行道等建（构）筑物的位置和高程。

（3）地下管网。窨井、转折点的坐标，井盖、井底、沟槽和管顶等的高程，管道及窨井的编号、名称、管径、管材、间距、坡度和流向等注释。

（4）架空管网。包括转折点、结点、交叉点的坐标，支架间距，基础面高程等。

（5）特种构筑物。包括沉淀池、烟囱、煤气罐等及其附属建（构）筑物的外形和四角坐标，圆形构筑物的中心坐标，基础面标高，烟囱高度和沉淀池深度等。

（6）路线的起始点、转折点、曲线起始点、曲线元素、交叉点坐标，挡土墙、桥梁、隧道等建（构）筑物的位置和高程。

（7）地下管线的转折点、起点和终点的坐标，检查井的位置和井盖、井底、槽、井内敷设物和管顶等的高程，管道和检查井的编号、名称、管径、管材、间距、坡度和流向等注释都要绘制在竣工总平面图中。

竣工测量完成后，应提交完整的资料，包括工程名称、施工依据和施工成果，作为编绘竣工总平面图的依据。

12.6.2 竣工总平面图的编绘

竣工总平面图上应包括建筑方格网点、水准点、建（构）筑物辅助设施、生活福利设施、架空及地下管线、铁路等建（构）筑物的坐标和高程，以及相关区域内空地等的地形。有关建（构）筑物的符号应与设计图例相同，有关地形图的图例应使用国家地形图图式符号。建筑区地上和地下所有建（构）筑物绘在一张竣工总平面图上时，往往会因线条过于密集而不醒目，为此可分类编图。如分为综合竣工总平面图、交通运输总平面图和管线竣工总平面图等。竣工总平面图绘制完成后要进行适当的整饰并由设计、施工单位技术负责人审核签字。

🗐 单元小结

1. 管道施工测量的主要任务

阶段	任务	内容
勘测	测图	地形图
设计	用图	地形图的综合应用
施工	放样	测设定位、放线

2. 管道施工控制测量

控制	任务	内容
平面控制	点平面坐标	导线网
高程控制	点高程	附合水准路线

3. 中线测量的任务

将设计的管道位置在现场测设出来，并用木桩标定，其主要工作内容包括主点（即管道的起点、终点与转向点）的测设和里程桩的埋设等。

4. 中线纵、横断面测绘

阶段	任务	内容
纵断面	测与绘	测定中线上各里程桩和加桩处的地面高程，并绘制纵断面图
横断面	测与绘	测出垂直于中线的方向上各特征点距中线的距离和高程，并绘制横断面图

5. 管道施工测量

阶段	任务	内容
准备工作	资料与校核	收集和熟悉管道的设计图纸，校核中线
地下管道放线	放线	（1）测设施工控制桩； （2）管道施工中细部坐标、细部高程的测量； （3）槽口放线
地下管道施工测量	放样	（1）龙门板法； （2）平行轴腰桩法
顶管施工测量		（1）中线测量； （2）高程测量

6. 竣工测量的内容

在每一个单项工程完成后，必须由施工单位进行竣工测量。提出工程的竣工测量成果，作为编绘竣工总平面图的依据。测量对象包括：工业厂房及一般建（构）筑物、铁路与公路、地下管网、架空管网、特种构筑物、路线各关键点、地下管线各关键点等。

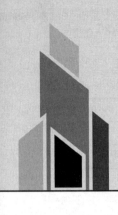

单元 13　工程变形监测

1. 掌握变形观测的原理并能实施变形观测。
2. 掌握沉降观测的方法。
3. 掌握水平位移观测的原理和方法。
4. 掌握倾斜观测的方法。

13.1　工程变形监测概述

各类建（构）筑物在施工过程和使用初期，由于荷载的增加以及外力的影响（如机械振动等），会引起变形，若变形超过规定限度，将直接影响建（构）筑物的正常使用，严重时会危及建（构）筑物的安全，引起坍塌、滑坡、沉陷、倾斜、裂缝等灾难性后果，给社会和人民的生活带来巨大的损失。因此，对于各类建（构）筑物，特别是高层建筑、大型工业厂房柱基、重型设备基础、桥梁、隧道等大型工程，在施工环节、竣工后一段时间以及使用过程中应进行变形观测，以分析和评价建（构）筑物的安全状态；验证设计参数及施工质量；进行变形预报。

建（构）筑物变形观测是测定建（构）筑物及其地基在其荷载和外力作用下随时间变形的状况的工作。实施观测时，一般在建（构）筑物特征部位埋设变形观测标志，在变形影响范围之外埋设基准点，定期测量观测点相对于基准点的变形量。依据对历次观测结果的比较，分析变形随时间发展的情况。变形观测周期随单位时间内变形量的大小而定，变形量较大时，观测周期宜短些；变形量减小且建（构）筑物趋向稳定时，观测周期则相应延长。

工程变形观测的内容包括：沉降观测、倾斜观测、裂缝观测和水平位移观测。

13.2 垂直位移观测

建（构）筑物的沉降是地基、基础和上层结构共同作用的结果。沉降观测是测量建（构）筑物上所设置的观测点与水准点之间的高差变化量。人们通过垂直位移观测，研究、解决地基沉降问题，分析相对沉降差异，以确保建（构）筑物的安全。

13.2.1 水准基点和沉降观测点的设置

1. 水准基点的设置

建（构）筑物的沉降观测是依据埋设在建（构）筑物附近的水准点进行的，为了相互校核并防止由于某个水准点的高程变动造成差错，一般至少布设 3 个水准基点，以便于基准点保护、恢复和稳定性分析。应将它们埋在建（构）筑物基础压力影响范围以外；锻锤、轧钢机、铁路、公路等震动影响范围以外；离开地下管道至少 5m。埋设深度至少要在冰冻线及地下水位变化范围以下 0.5m，以保证水准点的稳定性，但又不能离观测点太远（不应大于 100m），以保证沉降观测的精度。基准点的标志采用混凝土桩或钢管加筋桩。对于高层建（构）筑物或大型建（构）筑物，基准点应钻孔至基岩。

2. 观测点的设置

观测点的数目和位置设定要能全面、正确地反映建（构）筑物沉降情况，这与建（构）筑物的大小、荷重、基础形式和地质条件有关。一般来说，在民用建筑中，沿房屋的周围每隔 6 ～ 12m 设立一个观测点；另外，在房屋转角及沉降缝两侧也应设立观测点。当房屋宽度大于 15m 时，还应在房屋内部纵轴线上和楼梯间设立观测点。在工业厂房中，除在承重墙及厂房转角处设立观测点外，还应在最容易发生沉降变形的地方设立观测点，如设备基础、柱子基础、伸缩缝两旁、基础形式改变处、地质条件改变处。高大的圆形烟囱、水塔或配煤罐等，可在其周围或轴线上设立观测点。观测点标志要与结构体牢固结合，同时具有一定的深度。埋设标志时应结合施工图纸，使其既便于立尺观测，又便于保护，同时不会被后续施工所掩埋。如图 13 - 1 所示为沉降观测点的设立形式。

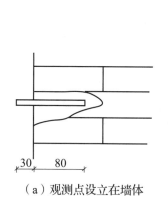

（a）观测点设立在墙体

（b）观测点设立在柱体

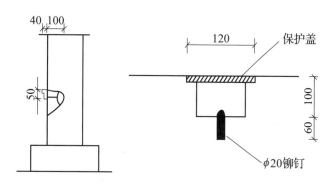

（c）观测点设立在地面

图 13 - 1 沉降观测点的设立

13.2.2 沉降观测

1. 观测时间

当埋设的观测点稳固后，应立即进行第一次观测。施工期间，在增加较大荷重的前后（如浇灌基础，回填土，安装柱子和厂房屋架，砌墙，设备安装，设备运转，烟囱高度每增加 15m 左右等）一般都要进行沉降观测。如果中途停工时间较长，应在停工时和复工前进行观测。当基础附近地面荷重突然增加，周围大量积水及暴雨后，地震或周围大量挖方后均应进行观测。工程竣工后要进行连续观测，观测时间的间隔可按沉降量的大小而定，开始可间隔 1～2 个月观测一次，以每次沉降量在 5～10mm 以内为限度，否则要增加观测次数。以后随着沉降量的减小，可逐渐延长观测周期，直至沉降稳定为止。

2. 观测方法与精度

沉降观测实质上是通过精密水准仪对水准点定期进行水准测量，以测出建（构）筑物上观测点的高程，从而计算其沉降量，所以要经常检测水准点高程有无变动。测定时一般应用 S_1 级水准仪进行往返观测。对于连续生产的设备基础和动力设备基础、高层钢筋混凝土框架结构及地基土质不均匀区的重要建（构）筑物，往返观测水准点间的高差的观测闭合差不应超过 $\pm 1 \sqrt{n}$ mm（n 为测站数）。观测应在成像清晰、稳定的时间内进行，应尽量在不转站的情况下测出各观测点的高程，以保证精度。前后视观测采用同一根水准尺，水准尺离仪器的距离不应超过 50m，为确保距离符合要求，可用皮尺丈量。测完观测点后必须再次后视水准尺，先后两次后视读数之差不应超过 ± 1mm。对于一般厂房的基础或建（构）筑物，往返观测水准点的高差较差不应超过 $\pm 2 \sqrt{n}$ mm，同一后视点先后两次后视读数之差不应超过 ± 2mm。

13.2.3 沉降观测的成果整理

1. 观测数据检查与计算

沉降观测应采用专用的外业手簿，详细注明建（构）筑物的施工情况，随时整理。主要内容包括：建（构）筑物平面图以及观测点布置图；基础的长度、宽度与高度；挖槽或钻孔后发现的地质土壤及地下水情况；施工过程中的荷重增加情况；建（构）筑物观测点周围的工程施工及环境变化的情况；建（构）筑物观测点周围的笨重材料及重型设备堆放的情况；施测时所引用的水准点号码、位置、高程及其变动情况；地震、暴雨日期及积水情况；裂缝出现的日期及停工期间现场情况；等等。

每次观测结束后，应检查手簿中的数据和计算是否合理、正确，精度是否合格，然后把历次各观测点的高程列入成果表，计算两次之间的沉降量和累计沉降量，并注明观测日期和荷重情况。建（构）筑物沉降观测成果可参考表 13 - 1 的格式来汇总。

表 13 - 1　建（构）筑物沉降观测成果

工程名称：××××综合楼　　　　　　　　　　　　　　　　　　　　　　　编号：

观测次数	观测日期	No.1			No.2			No.3			No.4		
		高程（m）	本次沉降（mm）	累计沉降（mm）	高程（m）	本次沉降（mm）	累计沉降（mm）	高程（m）	本次沉降（mm）	累计沉降（mm）	高程（m）	本次沉降（mm）	累计沉降（mm）
1	2022.11.6	9.5798	±0	0	9.5804	±0	0	9.5777	±0	0	9.5698	±0	0
2	2022.11.19	9.5786	-1.2	-1.2	9.5794	-1.0	-1.0	9.5765	-1.2	-1.2	9.5692	-0.6	-0.6
3	2022.11.29	9.5766	-2.0	-3.2	9.5782	-1.2	-2.2	9.5757	-0.8	-2.0	9.5676	-1.6	-2.2
4	2022.12.12	9.5757	-0.9	-4.1	9.5775	-0.7	-2.9	9.5746	-1.1	-3.1	9.5667	-0.9	-3.1
5	2022.12.23	9.5741	-1.6	-5.7	9.5761	-1.4	-4.3	9.5729	-1.7	-4.8	9.5648	-1.9	-5.0
6	2022.12.30	9.5720	-2.1	-7.8	9.5741	-2.0	-6.3	9.5714	-1.5	-6.3	9.5629	-1.9	-6.9
7	2023.1.7	9.5701	-1.9	-9.7	9.5730	-1.1	-7.4	9.5687	-2.7	-9.0	9.5615	-1.4	-8.3
8	2023.3.2	9.5674	-2.7	-12.4	9.5702	-2.8	-10.2	9.5668	-1.9	-10.9	9.5600	-1.5	-9.8
9	2023.5.4	9.5663	-1.1	-13.5	9.5689	-1.3	-11.5	9.5653	-1.5	-12.4	9.5592	-0.8	-10.6
10	2023.7.10	9.5658	-0.5	-14.0	9.5682	-0.7	-12.2	9.5649	-0.4	-12.8	9.5590	-0.2	-10.8

2. 绘制沉降曲线

为了预估下一次观测沉降的大约数和沉降过程是否渐趋稳定或已经稳定，可分别绘制时间与沉降量的关系曲线和时间与荷重的关系曲线。以沉降量 S 为纵轴，时间 T 为横轴，根据每次观测日期和每次下沉量按比例画出各点位置，然后将各点连接起来，并在曲线一端注明观测点号码，形成沉降（S）—时间（T）关系曲线；以荷载（P）为纵轴，根据观测日期和每次荷重画出各点，将各点连接起来便形成荷载（P）—时间（T）关系曲线。最终形成的沉降—荷载—时间关系曲线如图 13 - 2 所示。

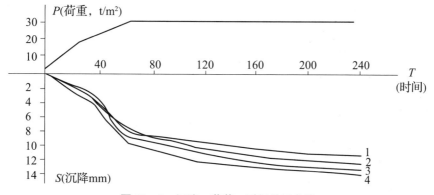

图 13 - 2　沉降—荷载—时间关系曲线

3. 沉降观测分析报告

根据沉降观测资料撰写分析报告。

13.2.4 沉降观测注意事项

在施工期间，经常遇到的情况是沉降观测点被毁，对此，一方面可以适当增加沉降观测点的密度，对重要的位置如建（构）筑物的四角设立双点；另一方面，观测人员应经常注意观测点的变动情况，如有损坏及时设立新的观测点。

建（构）筑物的沉降量一般随着荷重的加大及时间的延长而增加，但有时也会出现回升现象，这时需要具体分析原因。

建（构）筑物的沉降观测是一项较长期的、系统的观测工作，为了保证资料的正确性，应尽可能地固定观测人员，固定所用的水准仪和水准尺，按规定日期、方式及路线从固定的水准点出发进行观测。

【职业素养】工程测量人员要严格遵守测量工作规范，每一个数据都必须经过实际测量，确保测量成果精确可靠，决不能弄虚作假。

13.3 建（构）筑物的倾斜观测

建（构）筑物产生倾斜的原因有地基承载力不均匀，建（构）筑物形体复杂，设计承载力不足，外力作用等。

建（构）筑物的倾斜观测是测定建（构）筑物顶部相对于底部，或各层间上层相对于下层的倾斜位移值，分别计算整体或分层的倾斜度、倾斜方向以及倾斜速度。

倾斜观测的方法有直接观测法和间接观测法。

（1）直接观测法：经纬仪法、角度前方交会法、激光铅锤仪法、垂线法等，直接观测法多用于基础面积较小的超高建（构）筑物，如电视塔、烟囱、高桥墩、高层楼房等。

（2）间接观测法：倾斜仪测记法，采用的倾斜仪（如水管式倾斜仪、水平摆倾斜仪、气泡倾斜仪或电子倾斜仪）应具有连续读数、自动记录和数字传输的功能；测定基础沉降差法，在基础上设立观测点，采用水准测量方法，以所测各周期的基础沉降差换算求得建（构）筑物整体倾斜度及倾斜方向。

13.3.1 直接观测法

建（构）筑物主体的倾斜观测示意图如图 13-3 所示，利用仪器测定建（构）筑物顶部观测点相对于底部观测点的偏移值 ΔD，再根据建（构）筑物的高度计算建（构）筑物主体的倾斜度，即

$$i = \tan\alpha = \Delta D / H \qquad (13-1)$$

式中：i——建（构）筑物主体的倾斜度；

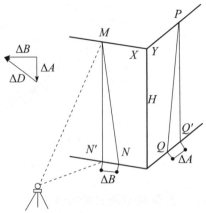

图 13-3 建（构）筑物主体的倾斜观测

ΔD——建（构）筑物顶部观测点相对于底部观测点的偏移值，m；

H——建（构）筑物的高度，m；

α——倾斜角，°。

1. 经纬仪法

将经纬仪安置在固定测站上，该测站到建（构）筑物的距离应为建（构）筑物高度的 1.5 倍以上。瞄准建（构）筑物 X 墙面上部的观测点 M，用盘左、盘右分中投点法定出下部的观测点 N。用同样的方法，在与 X 墙面垂直的 Y 墙面上定出上观测点 P 和下观测点 Q。M、N 和 P、Q 即为所设观测标志。隔一段时间后，在原固定测站上安置经纬仪，分别瞄准上观测点 M 和 P，用盘左、盘右分中投点法得到 N' 和 Q'。如果 N 与 N'、Q 与 Q' 不重合，说明建（构）筑物发生了倾斜。用尺子量出观测点在 X、Y 墙面的偏移值 ΔA、ΔB，然后用矢量相加的方法计算该建（构）筑物的总偏移值 ΔD，即：

$$\Delta D = \Delta A^2 + \Delta B^2 \qquad (13-2)$$

根据总偏移值 ΔD 和建（构）筑物的高度 H 即可计算出其倾斜度 i。

塔式建（构）筑物的倾斜观测示意图如图 13-4 所示。该类建（构）筑物的倾斜观测是在互相垂直的两个方向上，测定其顶部中心对底部中心的偏移值。

在烟囱底部横放一根标尺，在标尺的垂线方向上安置经纬仪，经纬仪到烟囱的距离为烟囱高度的 1.5 倍。

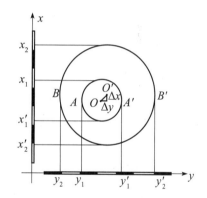

图 13-4　塔式建（构）筑物的倾斜观测

用望远镜将烟囱顶部边缘两点 A、A' 及底部边缘两点 B、B' 分别投到标尺上，得到读数 y_1、y_1' 及 y_2、y_2'。烟囱顶部中心 O 对底部中心 O' 在 Y 方向上的偏移值 Δy 为：

$$\Delta y = \frac{y_1 + y_1'}{2} - \frac{y_2 + y_2'}{2} \qquad (13-3)$$

用同样的方法，可测得顶部中心 O 对底部中心 O' 在 X 方向上的偏移值 Δx 为：

$$\Delta x = \frac{x_1 + x_1'}{2} - \frac{x_2 + x_2'}{2} \qquad (13-4)$$

用矢量相加的方法，计算出顶部中心 O 对底部中心 O' 的总偏移值 ΔD，即

$$\Delta D = \sqrt{\Delta x^2 + \Delta y^2} \qquad (13-5)$$

根据总偏移值 ΔD 和圆形建（构）筑物的高度 H 即可计算出其倾斜度 i。另外，亦可采用激光铅垂仪或悬吊锤球的方法直接测定建（构）筑物的倾斜量。

2. 角度前方交会法

当测定偏距 e 的精度要求较高时，可以采用角度前方交会法，如图 13-5 所示。首先在圆形建（构）筑物周围标定 A、B、C 三点，观测其转角和边长，则可求得其坐标，然后

分别设站于 A、B、C 三点，观测圆形建（构）筑物顶部两侧切线与基线的夹角，并取其平均值；以同样的方法观测圆形建（构）筑物底部；按角度前方交会定点的原理，即可求得圆形建（构）筑物顶部圆心 O' 和底部圆心 O 的坐标。先用角度前方交会公式计算出 O' 点和 O 点的坐标，再用式（13-6）计算出偏距 e，最后用式（13-1）即可求出建（构）筑物的倾斜值。

$$e = \sqrt{(x_{O'} - x_O)^2 + (y_{O'} - y_O)^2} \tag{13-6}$$

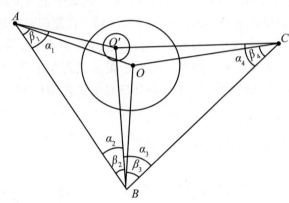

图 13-5　角度前方交会法

观测要求所选基线与观测点组成最佳构形，交会角宜为 $60° \sim 120°$。水平位移可直接由两周期观测方向值之差解算坐标变化量的方向差求得，也可按每周期计算观测点坐标值，再以坐标差来计算。

3. 激光铅锤仪法

在顶部适当位置安置接收靶，在其垂线下的地面或地板上安置激光铅锤仪或激光经纬仪，按一定周期观测，在接收靶上直接读取或量出顶部的水平位移量和位移方向。实际作业中，仪器应严格对中整平，并应旋转 $180°$ 观测两次取其中数。对超高层建筑，当仪器设在楼体内部时，应考虑大气湍流影响。

4. 正、倒垂线法

垂线宜选用直径为 $0.6mm$ 的不锈钢丝或铟瓦丝，并采用无缝钢管保护。采用正垂线法时，垂线上端可锚固在通道顶部或所需高度处设立的支点上。采用倒垂线法时，垂线下端可固定在锚块上，上端设浮筒，用于稳定重锤。观测时，由观测墩上安置的坐标仪、光学垂线仪、电感式垂线仪等设备，按一定周期测出各测点的水平位移量。

13.3.2　间接观测法

1. 基础倾斜观测

建（构）筑物的基础倾斜观测一般采用精密水准测量的方法，定期测出基础两端点 S_1、S_2 沉降量的差值 Δh，如图 13-6 所示，再根据两点间的距离 L，即可算出基础的倾斜度：

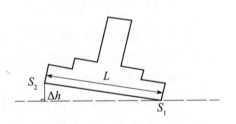

图 13-6　基础倾斜观测

$$i = \frac{\Delta h}{L} \qquad\qquad (13-7)$$

2. 上部倾斜观测

沉降量差值推算法。用精密水准测量方法测定建（构）筑物基础两端点的差异沉降量 Δh，再根据建（构）筑物的宽度和高度 H，推算出上部的倾斜值，如图 13 - 7 所示。设顶部倾斜位移值为 Δ，倾斜度为 i，则

$$\Delta = iH = \frac{\Delta h}{L} H \qquad\qquad (13-8)$$

3. 悬挂垂球法

首先在建（构）筑物的上部设点挂下垂球，根据上、下应在同一位置上的特点，直接测定倾斜位移值 Δ。

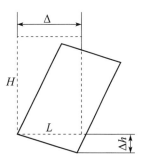

图 13 - 7　上部倾斜观测

13.4　建（构）筑物的裂缝观测与位移观测

建（构）筑物由于受不均匀沉降、地基处理不当、地表和建（构）筑物相对滑动以及设计问题等影响，会导致局部出现过大的拉应力。混凝土受浇灌、养护、水温、气温或其他外界因素的影响，会导致墙体产生裂缝。发现裂缝后，应全面检查并画出裂缝分布图，量出每一裂缝的长度、宽度和深度，并在裂缝处设置观测标志，进行裂缝发展变化的观测。

13.4.1　建（构）筑物的裂缝观测

1. 裂缝观测方法

（1）石膏板标志。在裂缝两端抹一层石膏，长约 250mm，宽约 50mm，厚约 10mm。石膏干固后，用红漆喷一层宽约 5mm 的横线，横线跨越裂缝两侧且垂直于裂缝。若裂缝继续扩张，石膏会开裂，每次测量红线处裂缝的宽度。

（2）白铁皮标志。用两片白铁皮，一片为 150mm×150mm 的正方形，固定在裂缝的一侧；另一片为 50mm×200mm 的矩形，固定在裂缝的另一侧，使两片白铁皮的边缘相互平行，并部分重叠（50mm×200mm 的白铁皮在上面）。在两片白铁皮的表面涂上红油漆。如果裂缝继续发展，两片白铁皮将被逐渐拉开，露出下面的白铁皮原来被覆盖住而没有被涂上油漆的部分，其宽度即为裂缝加大的宽度，可用尺子量出。如图 13 - 8 所示。

（3）金属标志。对于重要的裂缝，也可以选择具有代

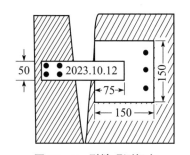

图 13 - 8　裂缝观测标志

表性的位置埋设标志，即在裂缝的两侧打孔埋设金属标志，定期用游标卡尺测量两标志点间的距离变化，即可精确测得裂缝宽度的变化情况。对于面积较大且不便于人工测量的裂缝，可采用近景摄影测量的方法。需要连续观测裂缝变化时，可通过裂缝计或传感器自动测记。

2. 裂缝观测周期

裂缝观测的周期应视裂缝变化速度而定，初始阶段通常半月一次，以后一月一次。发现裂缝加大时，应增加观测次数，直至几天一次或一天一次。测量裂缝时，应精确至0.1mm。每次观测均应量出裂缝位置、形态和尺寸，注明日期并附照片资料。

13.4.2 建（构）筑物的水平位移观测

对于大型建（构）筑物，由于存在自重大、混凝土收缩、地基沉陷及温度变化等原因，建筑物会发生水平位移。适时观测建（构）筑物的水平位移量，确定建（构）筑物水平位移的大小及方向，能有效掌握建（构）筑物的安全状况，及时根据实际情况采取适当的加固措施。

水平位移观测比沉降观测要困难，精度要求更高。

水平位移观测的方法包括：基准线法、三角网测量法、精密导线测量法、交会法等。

进行水平位移观测，一是要在建（构）筑物附近十分稳定的地面上建立测点，测点宜按两个层次设立，即由控制点组成首级网（控制网）、由观测点及所联测的控制点组成次级网（拓展网）；对于单个建（构）筑物上部或构件的位移观测，可将控制点连同观测点按单一层次设立。二是在建（构）筑物上设立位移观测点。

控制点应稳定可靠，能够长期保存，且应建立在便于观测的稳妥的地方。观测点应与变形体密切结合，且能代表该部位变形体的变形特征。

本教材主要介绍基准线法，也称方向线法。其基本原理是以通过或平行于建（构）筑物轴线的固定不变的铅直平面为基准面，根据它来测定建（构）筑物垂直于基准面方向的水平位移。根据手段不同，一般可分为以下几种方法：

1. 视准线法

视准线法是指通过经纬仪视线建立基准面的方法。如图 13－9 所示，A、B 为控制点，P 为观测点，只要定期测量观测点 P 与基准线
AB 的角度变化值 $\Delta\beta$ 即可计算出位移量。

$$\delta = D_{AP}\frac{\Delta\beta}{\rho''} \qquad (13-9)$$

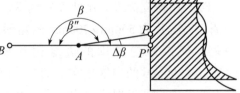

图 13－9　视准线法

式中：D_{AP}——A、P 两点间的水平距离；

　　　$\Delta\beta$——两期观测角度的变化；

　　　$\rho = 206\,265''$。

2. 测小角法

如图 13－10 所示，如需观测某方向上的水平位移 PP'，可在观测区域一定距离以外选定控制点 A，水平位移观测点的设立应尽量与控制点在一条直线上。沿观测点与控制点

的连线方向在一定距离处（100～200m）选定一个控制点 B，作为零方向。在 B 点安置觇牌，用测回法观测水平角 $\angle BAP$，测定一段时间内观测点与控制点连线与零方向间的角度变化值 $\Delta\beta$，根据下式计算水平位移：

$$\delta = \Delta\beta \times S/\rho$$

式中：S——观测点 P 至控制点 A 的距离；

$\rho = 206\,265''$——弧度值。

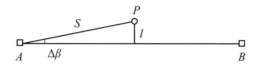

图 13-10　测小角法

3. 引张线法

所谓引张线，就是在两个控制点间拉紧一根不锈钢丝而设立的一条基准线。通过该基准线对设置在建筑上的变形观测点进行偏离量的观测，从而求得各测点的水平位移。引张线法是精密基准线测量的主要方法之一，广泛应用于各种工程测量。

13.4.3 挠度观测

建（构）筑物在应力的作用下产生弯曲和扭曲时，应进行挠度观测。

对于水平的构件，在两端及中间设置 3 个沉降点进行沉降观测，可以测得在某时间段内 3 个点的沉降量，分别为 h_a、h_b、h_c，则该构件的挠度值 τ 为：

$$\tau = \frac{1}{2}(h_a + h_c - 2h_b)\frac{1}{S_{BC}} \tag{13-10}$$

式中：h_a、h_c——构件两端点的沉降量；

h_b——构件中间点的沉降量；

S_{BC}——构件两端点间的平距。

对于直立的构件，要设置上、中、下 3 个位移观测点进行位移观测，利用 3 点的位移量求出挠度。

【职业素养】工程测量人员要向珠峰高程测量队学习祖国至上，顽强拼搏，不畏艰险，勇攀高峰的精神。

单元小结

1. 沉降观测的目的和内容

观测建（构）筑物在垂直方向上的位移（沉降）可确保建（构）筑物及其周围环境的安全。沉降观测时应测定建（构）筑物地基的沉降量、沉降差及沉降速度，并计算基础倾斜、局部倾斜、相对弯曲及构件倾斜。

2. 沉降观测点的设立

观测点的数目和位置设定要能全面、正确地反映建（构）筑物沉降情况，这与建（构）筑物的大小、荷重、基础形式和地质条件有关。

水平位移观测方法有基准线法、三角网测量法、精密导线测量法、交会法等。本教材主要介绍基准线法，其根据观测手段不同还可分为视准线法、测小角法、引张线法。

3. 倾斜观测

建（构）筑物的倾斜观测是测定建（构）筑物顶部相对于底部，或各层间上层相对于下层的倾斜位移值，分别计算整体或分层的倾斜度、倾斜方向以及倾斜速度。

4. 倾斜观测的方法

（1）直接观测法：经纬仪法、角度前方交会法、激光铅锤仪法、垂线法。

（2）间接观测法：倾斜仪测记法、测定基础沉降差法。

参考文献

［1］ 李章树，刘蒙蒙，赵立．工程测量学．北京：化学工业出版社，2019．

［2］ 顾孝烈．测量学．上海：同济大学出版社，2018．

［3］ 王晓峰，许光．建筑工程测量．北京：中国电力出版社，2015．

［4］ 林长进．建筑施工测量．北京：北京出版社，2014．